国家出版基金项目
NATIONAL PUBLICATION FOUNDATION

★ ★ ★
———— "十四五"时期 ————
国家重点出版物出版专项规划项目·重大出版工程

———— 空间科学与技术研究丛书 ————

深空探测太阳帆推进技术

SOLAR SAIL PROPULSION TECHNOLOGY FOR DEEP SPACE EXPLORATION

刘宇飞　成正爱　黄小琦　著

北京理工大学出版社
BEIJING INSTITUTE OF TECHNOLOGY PRESS

图书在版编目（ＣＩＰ）数据

深空探测太阳帆推进技术／刘宇飞，成正爱，黄小琦著．－－北京：北京理工大学出版社，2022.8
ISBN 978－7－5763－1569－1

Ⅰ．①深… Ⅱ．①刘… ②成… ③黄… Ⅲ．①空间探测－太阳帆－太阳能推进－研究 Ⅳ．①V514

中国版本图书馆 CIP 数据核字（2022）第 141013 号

出版发行／北京理工大学出版社有限责任公司	
社　　址／北京市海淀区中关村南大街 5 号	
邮　　编／100081	
电　　话／(010)68914775(总编室)	
(010)82562903(教材售后服务热线)	
(010)68944723(其他图书服务热线)	
网　　址／http://www.bitpress.com.cn	
经　　销／全国各地新华书店	
印　　刷／三河市华骏印务包装有限公司	
开　　本／710 毫米×1000 毫米　1/16	
印　　张／23.5	
彩　　插／12	责任编辑／封　雪
字　　数／380 千字	文案编辑／封　雪
版　　次／2022 年 8 月第 1 版　2022 年 8 月第 1 次印刷	责任校对／周瑞红
定　　价／126.00 元	责任印制／李志强

前　言

　　亚瑟·克拉克的科幻小说《太阳帆船》："紧紧系在悬索上的大圆盘形太阳帆，已经鼓满了宇宙间的长风，像一名斗志昂扬、整装待发的勇士。"电影《阿凡达》中，人类飞抵 4 光年外的比邻星所使用的巨大宇宙飞船采用了 16 平方千米的巨大太阳帆作为动力。刘慈欣小说《三体Ⅲ·死神永生》的"阶梯计划"中，人类举全球之力发射了一艘辐射帆飞船，此飞船经受了上千次核爆的考验，帆的面积达到 50 平方千米，但是只有 50 千克。非常有意思的是，之前很多科幻小说包括动漫里的某些内容，都会变成现实，像是预言一样。太阳帆推进技术也是这样一种充满科幻色彩的空间创新技术。20 世纪 70 年代，美国国家航空航天局（NASA）提出利用太阳帆实现与哈雷彗星交会的方案，需要一个边长 800 米的正方形太阳帆。到了 2010 年日本就发射了一个名叫伊卡洛斯的航天器，也是世界上第一个太阳动力帆航天器，在其星际巡航阶段，部分采用了太阳光压力推进。在经过近 60 年后，科幻变为现实。太阳帆推进技术需要轻薄的材料、巧妙的折展结构、先进的控制，更需要的是多学科之间复杂的总体优化设计，达到质量面积比的极小化，从而使得 1 平方千米理想薄膜上最大 9 牛的太阳光压力能够推动航天器星际航行。

　　国际上太阳帆航天器一直都在受到各国的重视，各种创新的任务方案和航天器方案不断涌现，关键技术逐渐被攻克。目前国内在小型太阳帆或者小型薄膜帆领域进步也很快，近几年，以拦截帆、技术验证帆为目的的薄膜结构也成功在空间展开多次。作者所在的中国空间技术研究院钱学森空间技术实验室获得国家国防科技工业局、国家自然科学基金委等多个项目的支持，从"十二五"开始持续关注深空探测任务、在轨服务任务中的太阳帆推进技术。在多个协作单位的支持下，从总体层面对大型太阳帆的各项关键技术进行了初步探索，取得了一定的成果。本书的主要目的是为各位同领域的研究者展示团队的研究思路和研究成果。如果能够为各位学者提供微小的借鉴或者启示，作者将不胜荣幸。

本书的主要研究内容需要感谢清华大学龚胜平老师团队，中科院空间中心高东、杨萱、钱航、马鑫等老师和同学，哈尔滨工业大学卫剑征老师团队、荣思远老师团队，中国空间技术研究院 510 所冯熠东研究员团队，中国空间技术研究院物资部高鸿研究员团队，钱学森空间技术实验室张兴华、刘海涛、贾海鹏等多位同事。特别感谢钱学森空间技术实验室王立研究员等领导的关怀和指导。

作者能力有限，虽然经过多次修改，但是书中肯定还存在很多不足之处，请各位读者不吝指教。

作　者

目　录

第 1 章
绪　　论

　　快速、高效、低成本、低风险、高生存能力是 21 世纪航天技术发展要达到的重要目标。而现代飞行器越来越受到了化学燃料火箭能量和其能携带的燃料质量的制约，如燃料在航天飞机起飞时的质量占比接近 95%；而为了深空探测的距离更远和更长期在轨完成更多的空间任务，飞行器的质量也随着增大，这就必然需要携带更多的燃料并付出更加高昂的代价，如 2003 年 6 月 2 日欧洲发射的火星探测器"火星快车"质量达 2 t，耗资 3 亿欧元。为了克服这些缺点，许多新型高效的发动机如核子火箭发动机、电火箭发动机和离子火箭发动机等已经出现并应用于空间飞行任务，但它们都不能摆脱燃料的束缚，飞行器寿命仍受制于所携带的燃料的多少。

　　为了摆脱庞大的运载工具，且能使航天器携带更多的载荷，达到"更快、更廉价、更好"的目标，一种新型的航天器——太阳帆航天器近年来受到国内外航天界的广泛关注。太阳帆航天器依靠面积巨大但质量很小的太阳帆反射太阳光获得源源不断的推力，是唯一不依靠反作用推进实现飞行控制的飞行器，它不需消耗燃料，在太空中的寿命不受有限燃料的制约；高性能材料的采用使其结构质量很小，可大大减小发射质量，从而使发射费用更低。利用太阳光压的连续加速度，经过长时间加速，太阳帆航天器可以以 93 km/s 的速度前进，这个速度比当今火箭推进的最快航天器快 4~6 倍。

　　太阳光产生的压力很小，理想情况下全反射时在 1 AU 处每平方米可产生大约 9 μN 的压力。为了获得大的推力，太阳帆航天器需要有很大的反射面；而为了获得更大的加速度，太阳帆航天器质量必须非常小。通过控制太阳帆与太阳光线的夹角，可以使太阳帆航天器向太阳系中心或远离太阳系飞行。

太阳帆航天器是唯一的不依赖于反作用质量的飞行器，它可以适应各种任务，如星际探测、取样返回、太阳极点观测等，高性能的太阳帆也可完成过去一些无法实施的任务，如沿非开普勒轨道绕地球或太阳运行，或发射有商业价值的极地通信卫星。从现代航天器无法到达的地方观测星体，增加了探测宇宙的视角与方法，在空间平台任务中有着一定的应用前景。因此太阳帆航天器必将对空间平台任务产生深远的影响。

本章主要概述主带小行星探测任务对象和太阳帆推进技术进展，既为读者提供概念认知，也为后续章节提供研究对象。首先介绍在小行星探测领域的国内外主要进展，进而针对主带小行星探测任务，描述其探测意义、目标选择以及有效载荷建议。接下来主要介绍利用太阳帆推进技术的特点和近期发展情况。

■ 1.1 利用太阳帆开展主带小行星探测概述

1.1.1 小行星探测国内外发展现状

在 20 世纪 90 年代以前，人们主要通过地面天文观测研究小行星，同时还对陨落到地面的小行星碎片进行研究，从而得到小行星物质组成和化学成分。随着人类深空探索的深入，国外对小行星的探测日益增多。美国、欧洲和日本先后发射了多颗小行星探测器，有的实现了小行星表面物质的取样返回。我国也通过探月任务实现了小行星飞越探测任务。

1. 美国（NASA）主要探测史

美国于 1996 年 2 月发射的近地小行星交会（NEAR）探测器（此为美国"发现"计划实施的深空探测飞行之一），于 1997 年 6 月 27 日从 253 号小行星马蒂尔达近旁飞过，拍摄了多张图像，最后于 2001 年 2 月成功地在 433 号小行星爱神上着陆。

1998 年 10 月发射的"深空一号"小型探测器，除试验若干新技术之外，对 1992KD 小行星的探测也是其飞行任务的主要目的之一。

1999 年 2 月，彗星探测器"星尘"在美国的佛罗里达州发射升空，预计在

2004 年 1 月飞到怀尔德 2 彗星采集尘埃并送回地球。

2006 年 1 月发射的"新地平线"探测器，除了探测冥王星及其卫星外，还将探测 Kuiper 带的冰冻小行星。

NASA 于 2007 年 9 月 27 日发射了"黎明"号探测器，其科学目标为了解太阳系开始形成时的条件和过程，测量灶神星（Vesta）和谷神星（Ceres）小行星的质量、形状等（现在将谷神星归为矮行星），同时考察两颗小行星的内部结构并进行对比研究。2011 年 7 月 16 日，该探测器被灶神星捕获并进入其轨道，它也成为首个进入太阳系小行星带主要小行星轨道的探测器。

NASA 还定于 2016 年发射"奥西里斯"号探测器，其主要目的是采集 150 g 小行星（101955 号，1999RQ36）样本返回地球。定于 2025 年以前，实施"普利茅斯岩石"计划，实现载人小行星探测。

- "黎明"号小行星探测器

"黎明"号计划是第一个探测这个重要区域的人类探测器，也是世界上第一个先后环绕两个天体的无人探测器，如图 1 - 1 所示为"黎明"号任务轨道。此前也曾有航天器飞经体积较小的小行星，并绕其轨道飞行甚至在小行星上降落。在将来，预计还会有更多探测小行星的航天计划。但是，过去从未出现过同一航天器先后环绕两个天体飞行的情况。来自美国加利福尼亚大学洛杉矶分校的科学家克里斯多弗·拉塞尔是"黎明"号计划的领导者。

科学家认为，探测灶神星和谷神星将有助于了解太阳系的起源，因此将这个项目取名为"黎明"。整个"黎明"号计划耗资 3.57 亿美元，其中并不包括德尔塔 2 型火箭的造价。NASA 官员拒绝透露火箭的成本。

"黎明"号探测器的测量目标是：探测谷神星和灶神星的内部结构、密度和均匀性；确定它们的大小、形状、成分和质量；观测它们的表面形态；确定核的热史和大小；了解水在控制小行星演化中的作用；检验当前灶神星作为紫苏钙长无球粒陨石（howardite）、钙长辉长无球粒陨石（eucrite）和古铜无球粒陨石（diogenite）［HED］母体范例，及其地质的来龙去脉并确定哪种陨石来自谷神星。

根据上述测量目的，"黎明"号探测器的科学载荷包括：分幅摄像机、可见光与红外光谱仪、γ 射线与中子谱仪（GR/NS）、无线电科学仪器。

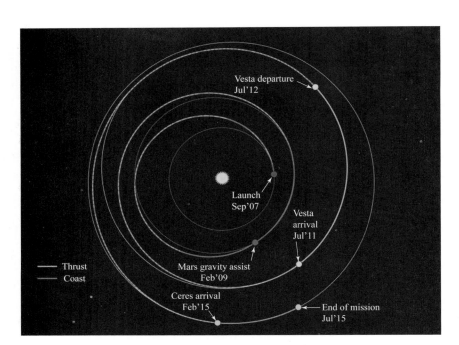

图 1 - 1 "黎明"号任务轨道

● "冥王"号探测器（OSIRIS - REx）

据 NASA 的报道，"冥王"号探测器（OSIRIS - REx）已经在 2020 年年底完成对小行星贝努的采样工作，并在 2021 年 5 月从贝努小行星上点火起飞，返回地球。预计在 2023 年 9 月 24 日，"冥王"号将会回到地球。

2. 欧洲（ESA）主要探测史

早在 1989 年 10 月 18 日发射的"伽利略"号航天器，就飞越了 951 号小行星 Gaspra 和 243 号小行星 Ida，获得了第一张高分辨率的小行星照片。

2004 年 3 月发射的罗塞塔（ROSETTA）（图 1 - 2）与 67p/Churyumov - Gerasimenko 彗星交会，飞越了 2867 号 Steins 和 21 号 Lutetia 小行星。

● "罗塞塔"号彗星探测器

"罗塞塔"号的着陆器"菲莱"将在丘留莫夫 - 格拉西缅科彗星的彗核表面钻一个深度超过 20 cm 的洞，从彗核的表层以下提取物质，然后放到显微镜下研究。环绕彗核飞行的将近两年时间里，"罗塞塔"号还将目睹彗核逐渐接近太阳的时候，彗核上的物质（主要是冰）逐渐升华，形成彗发和彗尾的过程。

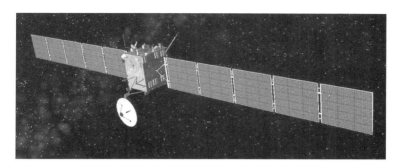

图 1 - 2 "罗塞塔"号彗星探测器

轨道卫星有效载荷：紫外线成像分光计（ALICE）、彗核无线电波探测实验设备（CONSERT）、彗星次级粒子质量分析仪（COSIMA）、颗粒碰撞分析仪和尘埃收集器（GIADA）、微型成像尘埃分析系统（MIDAS）、"罗塞塔"轨道卫星微波设备（MIRO）、光学分光计和红外线远程成像系统（OSIRIS）、"罗塞塔"轨道卫星离子和中子分析分光计（ROSINA）、可见光和红外线热成像分光计（VIRTIS）、"罗塞塔"等离子体组合仪器（RPC）。

着陆器有效载荷：明确稳定同位素成分轻元素确定与认识方法/托勒密实验设备（MODULUS/Ptolemy）、阿尔法粒子与 X 射线分光计（APXS）、全景和显微成像系统（CIVA，即彗核红外与可见光分析）、彗星采样与成分实验设备（COSAC）、微波发射彗核探测实验设备（CONSERT）、表面与亚表面科学多用途传感器（MUPUS）、表面电震动与声学监测实验设备（SESAME）、"罗塞塔"着陆器磁强计与等离子体监测仪（ROMAP）、样品与分发装置（SD2）。

3. 日本（JAXA）主要探测史

日本在小行星探测中虽然起步相对较晚，但是进步很快。

2003 年 5 月发射的日本"隼鸟"（图 1 - 3）于 2005 年 10 月到达近地小行星 1998 SF36，进行交会与采样，2010 年 6 月返回地球。

2014 年发射"隼鸟 2 号"，探测小行星 1999 JU3，并采样返回。

● "隼鸟"号小行星探测器

"隼鸟"号上的有效载荷为：小行星多光谱带摄像机（AMICA）、光探测和定位设备（LIDAR）、近红外线分光计（NIRS）、X 射线荧光分光计（XRS）。

图 1-3　"隼鸟"号小行星探测器

4. 我国研究情况

2012 年 12 月国防科工局传来我国深空探测新突破的佳音——"嫦娥二号"卫星在距离地球约 700 万 km 外的深空，飞越"战神"图塔蒂斯小行星并进行探测，如图 1-4 所示。

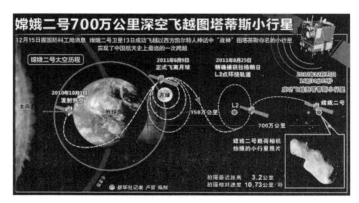

图 1-4　我国探测图塔蒂斯小行星示意图

2021 年 6 月 12 日在北京举办新闻发布会表示，国家航天局目前正在制订航天发展"十四五"规划，并按照国家建设航天强国决策部署，加快推动空间科学、空间技术、空间应用的全面协调发展，未来一段时期，重点提升航天科技创新动力、经济社会发展的支撑能力，同时积极开展更加广泛的国际交流合作；将继续实施国家重大科技工程，提升航天综合实力；将重点推进行星探测、月球探测、载人航天、重型运载火箭、可重复使用天地往返运输系统、国家卫星互联网等重大工程。中国将在 2025 年前后实施近地小行星取样返回和主带彗星环绕探测任务。

中国空间技术研究院针对我国小行星探测提出了取样返回任务设想。将小行星取样返回任务总结为"一次发射，两类探测目标（近地小行星和主带彗星），三种探测模式（绕飞、附着、采样返回）"。在文章中提到"为实现百米级近距离探测，实现小行星的全球覆盖，需研究绕飞、悬停等多种飞行轨道和探测模式""针对可能的'碎石堆'或'独石'特性，以及表面不同大小的碎石粒径分布特性，除了触碰采样方式外，还需考虑设计悬停采样和附着采样等多种模式和手段，确保能可靠采集到样品"。

1.1.2　主带小行星探测意义

小行星带是太阳系内介于火星和木星轨道之间的小行星密集区域。在已经被编号的 120 437 颗小行星中，有 98.5% 是在这里被发现的。这些小行星大多集中在火星与木星轨道之间，其中大约有 95% 的小行星轨道半长径在 2.17~3.64 AU，该区域称为小行星的主环带。小行星是由岩石或金属组成，围绕着太阳运动的小天体。因为在比较上这是小行星最密集的区域，估计为数多达 50 万颗，所以这个区域被称为主小行星带，简称"主带"。

小行星带由原始太阳星云中的一群星子（比行星微小的行星前身）形成。木星的引力阻碍了这些星子形成行星，并造成许多星子相互间高能量的碰撞，于是清扫了这一区域，造成许多残骸和碎片。小行星绕太阳公转的轨道，继续受到木星的摄动，形成了与木星的轨道共振。在这些轨道距离（即柯克伍德空隙）上的小行星会被很快地扫进其他轨道。

主带内最大的三颗小行星是智神星、婚神星和灶神星，它们的平均直径都超过 400 km；在主带中只有一颗矮行星——谷神星，直径大约 950 km；其余的小行星都不大，有些甚至只有尘埃那样大。小行星带的物质非常稀薄，已经有好几艘太空船平安地通过而未曾发生意外。在主带内的小行星依照它们的色彩和主要形式分成三类：碳质、硅酸盐和金属。小行星之间的碰撞可能形成拥有相似轨道特征和成色的小行星族，这些碰撞也是产生黄道光的尘土的主要来源。

主带小行星探测意义主要包括如下几点：

1. 探索太阳系小行星的成因和演化历史

目前的理论认为，小行星的形成是与太阳系同步进行的。在 46 亿年前的太阳系初期，固体物质不断从原始太阳星云中凝聚出来，形成行星子（planetes-imals）。有些行星子被附近的大行星吸积而捕获，有些则不断增长而形成小行星。目前已发现的小行星有 20 多万颗，绝大多数位于火星和木星轨道之间，距离太阳约 3 AU。在众多的小行星中，有些小行星的轨道特征和光谱类型很接近，它们被划分为很多族。同一族内的小行星可能由一颗较大的小行星原星子破裂而成。另外，不同光谱类型的小行星在空间轨道分布上也有一定的统计规律，原始型小行星（如 C 型）一般分布在小行星主带的外侧，而熔融分异型小行星（如 S 和 M 型）分布在靠近太阳的小行星主带内侧。小行星的成因机制、碰撞历史及空间轨道的分布规律，是当今行星科学研究的一个重要课题。小行星深空探测可以为我们提供近距离全方位的观测数据，使我们更清楚地了解小行星，进而揭开太阳系起源的奥秘。

2. 建立小行星与陨石之间的直接联系

除了少数月球和火星陨石，绝大多数陨石都是来自小行星的碎片。目前全世界已收集到 3 万多块陨石样品，其中 80% 是普通球粒陨石，其余为碳质球粒陨石、顽火辉石球粒陨石和分异陨石（无球粒石陨石、石铁陨石和铁陨石）。原始球粒陨石自形成以来没有受过重大变质作用，其化学成分与太阳系平均组成非常相似，它们是原始太阳星云分馏凝聚的产物，代表了太阳系最原始的物质组成；而分异陨石的化学成分和矿物组合变化很大，从玄武质无球粒石陨石，到石铁陨石和铁陨石，它们是太阳系早期小行星内部岩浆熔融分异的产物。要充分认识这些陨石的特性以及它们在太阳系形成过程中的作用，我们必须首先了解陨石的来源和陨石母体的特性。长期以来，人们试图寻找陨石与小行星的关系，如果能确定某种陨石来自某一特定类型的小行星，那么研究这些陨石样品就能了解小行星的形成、内部熔融分异和演化历史。按一般常理，普通球粒陨石的小行星母体应该普遍存在于小行星带内，因为普通球粒陨石是最常见的陨石样品。然而，长期以来的天文观测并没有在小行星带中找到与普通球粒陨石的反射光谱相同的小行星。这是当今行星科学面临的一大困惑，因此寻找普通球粒陨石的小行星母体也成为行星科学的一大科学目标。

3. 探寻新的太阳系原始物质

目前全世界已收集到 3 万多块各种类型的陨石，大多可能来自 S 型、C 型和 M 型小行星。但是，还有很多类型的小行星（如 T、D、O、Ld 型等），与其相对应的物质却不在陨石之列。这些类型的小行星物质的化学成分和矿物组成有什么特性？是否代表了太阳系的原始物质？有没有经历了水变质和热变质作用的影响？对这类小行星的深空探测有望能为我们提供新的线索。

4. 对研究地球上的生命起源提供新的思路小行星含有有机成分

小行星含有有机成分，对研究地球上的生命起源提供新的思路。氨基酸（amino acids）是地球生物圈的重要组成单元。早在一个多世纪以前，Pasteur 发现地球上的生命大都唯一地选择具有左旋手性的氨基酸，这为探索生命的起源奠定了重要的基础。有的理论认为，生命起源于无手性的有机分子，而生物在长期的演化过程中有选择性地利用了特定手性的有机分子。另一种理论认为，在生命起源以前，地球上已存在大量左旋手性的有机分子，生命就是从这些有机物中发展和演化而成。然而在早期的地球环境下发生的化学反应却不能产生适量的具有左旋手性的有机分子。于是，有人认为组成生命的左旋手性有机分子（如氨基酸）是由陨石、彗星和宇宙尘埃带入地球的；这些天外来客为地球布下了生命的种子。

富含挥发性成分的碳质球粒陨石含有多种有机分子，包括氨基酸、咖啡碱、嘧啶磷等生命起源所需的重要有机分子。C 型小行星的反射光谱与碳质球粒陨石非常相似，表面物质富含碳和水，有机物含量也很高。C 型小行星是最普遍的小行星，占小行星总数的 75%。这类小行星将是深空探测的一个重要目标，从 C 型小行星上采集样品返回地球，将对研究生命的起源有极其重大的意义。

5. 试验和开发航空航天新技术

小行星的重力场很弱，深空探测器的设计要求将与探月器和火星飞船有很多不同之处。目前，全世界对小行星的探测工作还处于初级阶段，有很多技术是开创性的，有待于进一步试验和完善。比如对小行星进行伴飞活动、小行星探测器的自导航系统、动力系统和通信系统，技术要求很高，我国的航天工业将面临新的挑战。

目前世界各国的航天技术仍然采用反作用力的推进形式，通过自带的燃料进行喷气来实现对小行星的飞跃、伴飞和取样返回，由于燃料是有限的，并不能进行真正意义上的长时间的科学探测，科学投入和产出相对较低，但是，随着太阳帆推进技术的出现，这种情况会得到相当大的改观。

太阳帆在太阳光压力作用下，不断地加速，长时间后能够获得相当可观的速度，而且太阳帆以太阳光为推进动力，无须携带推进剂，理论上它的比冲无限大。持续的加速能力和"永不枯竭"的能量来源决定了太阳帆非常适用于深空探测。美国、欧洲、日本和俄罗斯均开展了太阳帆推进技术的深入研究，特别是2010年日本"伊卡洛斯"（Ikaros）太阳帆航天器的成功发射，更增强了人们利用太阳帆技术进行深空探测的信心。

太阳帆航天器可以将深空探测器推进到太阳系深处，或者使探测器脱离黄道面到达太阳极轨进行对日观测，或者实现悬浮轨道等非开普勒轨道等，非常适合于探测距离比较远的主带小行星。

1.1.3 主带小行星探测的目标选择

太阳帆推进技术能够为未来的深空探测任务提供新的轨道方案，小行星的引力比较低，太阳帆可以通过调整帆面使航天器与小行星长时间甚至近距离伴飞。对于主带小行星探测的任务来说，如果结合无需燃料的太阳帆作为推进方式，则可以长时间地探测多颗主带小行星，是非常合适的匹配方案。

与近地小行星相比，主带小行星无论从数量还是从质量、体积上都占有很大的优势，尤其（它）位于火星和木星间，这就为我们向太阳系外甚至更远的地方提供了一个可供休整的"驿站"，可以减少进行深空探测的成本。所以我们需要对小行星的属性（物理参数、地址特性等）进行研究，从而得到理想的太空中转站。

由于 M 类小行星主要由金属组成，其丰富的矿产资源令人类垂涎欲滴，而主带小行星的相当一部分是 M 类小行星，通过对它进行研究，不但可以了解它的矿物组成，而且可以为将来的"太空采金"做好准备。

地球上的生命是如何形成的一直是人类探索的目标。目前的一种猜想就是小行星与地球相撞而带到地球上来的，主带小行星与近地小行星相比，其更可能保留着太阳系原始的生命元素，所以探测主带小行星是探究人类起源的主要方向。

1. 主带小行星目标选择

对于利用太阳帆推进技术进行深空探测任务而言，由于太阳帆航天器是利用太阳光压力作为动力，理论上可以到达太阳系的任何地方，所以我们的探测目标选择在离地球比较远同时更具科研价值的主带小行星上，同时对小行星实施伴飞探测。由于主带小行星主要分为碳质、硅酸盐和金属类，根据优选原则，故选取3 颗具有代表性的小行星作为目标。候选目标主要包括如下具有特色的对象。

C 类小行星——健神星

健神星（Hygiea）：它是主带小行星内第四大的小行星，稍微有一些椭圆，直径有 300 ~ 500 km，并且估计占有小行星带 3% 的质量。

在主带中，它是黑暗的 C 型小行星，也是这一区内最大的一颗小行星。C 型小行星是主带外缘最主要的小行星，分布在 2.82 天文单位的柯克伍德空隙之外。它黑暗的表面和与太阳的距离大于平均距离，使从地球观测到的它在大的小行星中显得很黯淡。事实上，在早先发现的 23 颗小行星中，它是第三暗的，只有芙女星（13 号小行星）和海女星（17 号小行星）在冲的时候仍比它暗淡。

在大部分冲的时刻，健神星的视星等大约是 + 10.2 等，比灶神星暗了 4 星等，至少要口径 4 英寸①以上的望远镜才能看见。在近日点的冲，健神星的亮度可以达到 + 9.1 等，使用 10 × 50 的双筒望远镜可能正好可以看见，不像 704 Interamnia 和 511 Davida 随时都能用双筒望远镜看见。

健神星表面的原始组成是碳质，与地球上的球粒陨石相似。作为健神星族的主要成员，它几乎占有家族全部的质量（至少超过 90%）。与其他的巨大小行星如灶神星比较，目前原始的表面构造表明健神星在太阳系的早期并未被融化。健神星略呈椭圆的形状，使它成为四大小行星（还有矮行星的谷神星、智神星和灶神星）中最被注意的。除了在四颗中是最小之外，另一个重要的原因是健神星相对来说有着较低的密度，这是与木星或土星的冰卫星，甚至类地行星与石质小行星比较的。

在主带的四大小行星之中，我们对健神星特性的所知依然很贫乏。它的轨道

---

① 　1 英寸 = 2.54 厘米。

比谷神星、智神星和 704 Interamnia 更接近黄道，但 12% 的离心率比谷神星和智神星更为偏离圆形。它的近日点黄经与灶神星和谷神星相似，但是它的升交点和降交点却与它们的位置是相对的。虽然它的近日点距离极为接近谷神星和智神星的平均距离，但是健神星和这些巨大的伴侣是不可能发生碰撞的，因为在这个距离上时，它们总是在黄道上相对的另一侧。健神星的远日点在小行星带的边缘，为与木星有 3∶2 共振的希尔达族在近日点上提供了助力。

它的自转异常缓慢，每 27 小时 37 分钟自转一圈，而其他巨大小行星的自转周期通常只有 6 小时到 12 小时。目前仍不知道它的自转方向，这是因为它两倍于正常的自转速度使光度曲线的品质恶化，即使利用望远镜进行一整晚的观测也只能得到自转周期的部分资料。光度曲线的分析显示健神星的自转轴指向黄道坐标 $(\beta, \lambda) = (30°, 115°)$ 或 $(30°, 300°)$，误差大约 $10°$，两个指向的转轴倾角大约都是 $60°$。

S 类小行星——婚神星

婚神星（Juno）是人类发现的第三颗小行星，也是小行星带中最大的小行星之一，是由较重的石质组成的 S - 型小行星。它在 1804 年 9 月 1 日被德国天文学家卡尔·路德维希·哈丁以一架普通的 2 英寸口径望远镜发现的，以罗马神话中位阶最高的婚姻之神朱诺来命名。

婚神星是质量最大的小行星之一，质量约占整个小行星带的 1.0%，在大小排序上也在前 10 名之内。它与司法星争夺石质的 S - 型小行星中最大者的荣衔，但最新测量已使婚神星屈居第二。在 S - 型小行星之中，它有异常的反射率，可能表示它的表面有着不同的性质，它是婚神星族主要的一分子。

婚神星以顺行自转，北极指向黄纬 $27°$、黄经 $103°$ $(\beta, \lambda) = (27°, 103°)$，但有 $10°$ 的晃动（不确定性），自转轴与黄道夹角达到 $51°$。

光谱研究显示婚神星表面含球粒陨石的成分，以及普通的石陨石中都有的含铁的硅酸盐，像是橄榄石和辉石等，可能是球粒陨石的来源。在 2001 年 10 月 2 日于日正当中时，测得的表面最高温度约为 293 K，换算可得在日心坐标的近日点位置时温度可以达到 301 K（28 ℃）。

红外线影像揭露在表面可能有直径达 100 km 的坑洞或是喷发形状，应该是在地质学上年轻的冲击结果。

M 类小行星——灵神星

灵神星（Psyche）为一颗巨大的小行星，也很有可能是最大的 M – 型小行星，质量估计占所有小行星带天体的 0.6%，是由意大利天文学家安尼巴莱·德·加斯帕里斯在 1852 年 3 月 17 日发现的，这是他发现的第 5 颗小行星，后来以希腊神话中的普叙刻（灵魂的化身）来命名。天文学家给予最早发现的 15 颗小行星一个速写的天文符号。

雷达观测显示灵神星是纯粹由铁与镍所构成的。灵神星似乎是一个更大天体裸露的金属核心。与其他 M – 型小行星不同，灵神星在表面并没有水或含水矿物存在的迹象，与它是金属天体的推测相符合。目前发现有少量的辉石仍然存在于灵神星上。

如果灵神星是一个更大星体的核心残余，那么在相同的轨道上预期会有其他的小行星。不过灵神星并不属于任何小行星家族。其中一个假设是这次碰撞发生在太阳系史上非常早期的时代，所以其他的残余被后来的碰撞磨成碎片，或是轨道被改变。

因为灵神星的体积大到足够可以计算出它对其他小行星的摄动，所以也可以计算出灵神星的质量。它的密度相对于金属而言是比较低的（虽然对这类小行星而言是比较普遍的），这显示出灵神星拥有一个较高的多孔性，达到 30%～40%，表示它很可能是一个巨大的砾石堆。

灵神星拥有相当规则的表面，它大约是个椭球体。光度变化曲线显示灵神星极点的黄道坐标（ecliptic coordinate）为黄纬（β）– 9°、黄经（λ）35°或是黄纬 – 2°、黄经 215°，其中大约有 10°的误差。灵神星的轴倾角（axial tilt）为 95°。

目前灵神星有两次明显的掩星被观测过，一次在墨西哥被观测到，发生在 2002 年 3 月 22 日，另一次则是在 2002 年 5 月 16 日。灵神星的光度变化也显示它并不是球状天体，与雷达的观测结果及光度变化曲线相符合。

体积较大的小行星——智神星

智神星是第二颗被发现的小行星，由德国天文学家奥伯斯于 1802 年 3 月 28 日发现。其平均直径为 520 km。智神星是第三大的小行星，体积与灶神星相似（并不确定），但是质量较低是值得注意的。

若不计算外海王星天体，智神星是太阳系内仍未被直接观测（以望远镜或探测器）其表面的天体中最大的。它也有可能是太阳系内最大的不规则物体，即自身的重力不足以将天体聚成球形（另一个候选天体是外海王星天体 2003 EL61）。智神星体积虽然甚大，但作为小行星带中间的天体，它的轨道却相当倾斜，而且偏心率较大。近年从测光的结果表明，智神星的自转轴倾角接近 60°（地球只有23.5°），这代表智神星上不同地区的日照长度有强烈的季节性。另外，天文学家仍未能就智神星的自转方向有一致的看法。透过掩星及测光方法，天文学家能间接推测智神星的形状。

此外，有研究指出智神星的光谱特征与一些碳质球粒陨石相似。

含淡水可能比地球还多的矮行星——谷神星

谷神星（Ceres）是太阳系中最小的，也是唯一一颗位于小行星带的矮行星。由意大利天文学家皮亚齐发现，并于 1801 年 1 月 1 日公布。谷神星的直径约950 km，是小行星带之中已知最大最重的天体，约占小行星带总质量的 1/3。

在长达半世纪之久的时间里，谷神星被称为第 8 颗行星。它的名称源自刻瑞斯，是掌管植物生长、收获和慈爱的罗马神。最近的观测显示它外表呈现球状，不同于其他较小且重力较低而呈现不规则形状的小行星。谷神星的表面可能是各种水冰和水合矿物（如碳酸盐岩和黏土等）的混合物。谷神星也出现了分化，有岩石化的核心和以冰为主的地函，表面可能有液态水海洋下形成的海湾。

谷神星所含淡水可能比地球还多。这颗小行星在其他方面也很像地球。天文学家利用哈勃太空望远镜为谷神星拍摄了 267 幅图像。由美国康奈尔大学学者彼得·托马斯领导的小组发现，谷神星几乎为球状。这表明它的形状受到重力控制。此外，这颗小行星的物质并非均匀地分布在其内部。电脑模型表明，谷神星的内部分为不同层次：稠密物质在核心，比较轻的物质靠近表层。它可能包括一个富含冰水的表层，里面是一个多岩石的核心。美国太空望远镜科学研究所发表的一份报告说，如果谷神星表层 25% 由水构成，那么其淡水含量就比地球还多。

从地球看谷神星，它的视星等在 6.7 至 9.3 之间变化着，这种光度太暗以至于不能用裸眼看见。在 2007 年 9 月 27 日，NASA 发射了"黎明"号太空船前往探测灶神星（2011 年 7 月抵达）和谷神星（预计 2015 年抵达）。

被撞击产生很多小天体的小行星——灶神星

灶神星（图 1-5）是火星和木星之间小行星带里个头最大的成员，灶神星是第二大的小行星，仅次于谷神星。并且是在 2.5 天文单位的柯克伍德空隙内侧最大的小行星。它的体积与智神星相似（在误差范围内），但更为巨大些。灶神星的形状似乎已经受到重力的影响而呈扁圆球形，但是大的凹陷和突出使它在国际天文联合会第 26 届的大会中被断然地排除在行星之外。因此，灶神星将继续归类为小行星，仍属于太阳系内的小天体。对小行星而言，它的自转（5.342 小时）是比较快的，方向为顺行，北极点指向赤经 20 h 32 m、赤纬 +48°，误差（不确定值）约 10°，转轴倾角为 29°。对其表面温度的估计当日正当中时是 – 20 ℃；在冬天，极点的温度低至 – 190 ℃，正常的白天与夜晚的温度各为 – 60 ℃和 – 130 ℃。以上的估计是在 1996 年 5 月 6 日，当灶神星非常接近近日点的时候完成的，细节则会随着季节有些许的变化。

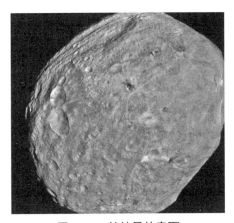

图 1 – 5　灶神星的表面

对于灶神星，科学家有大量有力的样品可以研究，有超过 200 颗以上的 HED陨石可以用于洞察灶神星的地质历史和结构。灶神星被认为有以铁镍为主的金属核心，外面包覆着以橄榄石为主的地幔和岩石的地壳。

依照 V – 型小行星的大小（经过大撞击期间被抛出的灶神星外壳碎片），与南极坑穴的深度估计，外壳厚度大约是 10 km。最明显的特征是在邻近南极点有一个巨大的，直径 460 km 的火山口，它的宽度达到灶神星直径的 80%，坑穴底部的深度达到 13 km，外缘比周围的地形高出 4 ~ 12 km，总高低差达到 25 km，中心有一座 18 km 高的山峰突起。估计这次撞击大约将灶神星体积的 1% 抛出，灶神星家族的 V – 型小行星就是由这次撞击产生的。除了这个陨石坑外，还有几个比较大的陨石坑，直径约在 150 km、深度 7 km 左右，也曾被观察到。一个宽达 200 km 反射率黑暗的区域已经被命名为奥伯斯，以尊崇灶神星的发现者。但在等高线图中并未显示出奥伯斯，因此它是个新生成的坑穴还是古老的玄武岩表面，目前尚无从得知。它被选定为经度 0°的参考点，定义上的本初子午线就穿过它的中心。

东半球和西半球显示出明显不同的地形，对哈勃太空望远镜影像的初步光谱分析，东半球显示有几种高反射率的地区，伴随着老年风化层的沉重坑穴高地地形和深度足以探测火成岩地层的坑穴。另一方面，西半球的大片地区被认为是玄武岩的黑暗地质组织占据的表面，或许类似于月海。

太阳系内许多种的小天体被认为是灶神星被撞击后产生的碎片，灶神星族的小行星和 HED 陨石就是例子。属于 V - 型小行星的（1929）Kollaa 已经被确认有和钙长辉长无粒陨石类似的成分堆积着，显示它的来源是灶神星地壳的深处。因为有些陨石相信是来自灶神星的碎片，灶神星也就成为太阳系中五个有样本可供研究的天体。其余的是火星、月球、Wild2 彗星和地球本身。

2. 三个具有较大科学意义的探测方案建议

方案一：主要探测健神星，顺途可飞越其他主带小行星

（1）探明健神星上现在或者过去存在水的痕迹。

"健神星"和"智神星"这两颗小行星上据信过去都曾有过水，也都出现过碳基有机化合物。现在这两颗小行星上存在着比地球上更原始的化学成分，这些成分与太阳系形成早期时的条件更为相似。通过研究这些成分，能够为人类了解生命在地球上的形成提供更多的科学依据。

（2）探明健神星的自转方向，绘制其表面高分辨图像。

由于健神星两倍于正常的自转速度使光度曲线的品质恶化，目前它的自转方向仍然未知，可以利用可见波段和红外多谱段成像仪对它的大小、形态、自转特征进行确定。以我国现有的技术手段还能够摄取健神星表面高分辨的图像。

（3）探测健神星的化学元素分布。

虽然健神星是太阳系四大小行星之一，但它是质量最小的一颗，另一个重要的原因是健神星相对来说有着比木星或土星的冰卫星，甚至类地行星与石质小行星较低的密度，那么就有必要采用 X 射线和 γ 射线分光计对小行星表面主要化学元素的全星分布图进行测绘。

（4）探测健神星内部的物质组成。

小行星内的物质是组成行星的基本要素。由于健神星位于小行星带内，而小行星带处于有岩石内核的行星和气态的巨行星之间，所以探测出健神星内部的物质组成将可以回答为什么行星之间会差异巨大。而且，目前原始的表面构造表明健神星在太阳系的早期并未被熔化，那么健神星内部就有可能保留着太阳系早期的物质，对于了解太阳系的起源将可能是决定性的科学依据。

（5）顺途可以观察婚神星、灵神星、智神星和谷神星。

婚神星是由较重的石质组成的 S – 型小行星，也可以用 X 射线和 γ 射线分光计对小行星表面主要化学元素的全星分布图进行测绘。地面雷达观测显示灵神星是纯粹由铁与镍所构成的，目前发现有少量的辉石仍然存在灵神星上，对灵神星的主要矿物丰度进行勘探十分必要。智神星是太阳系内仍未被直接观测其表面的天体中最大的，对智神星直接进行拍照将会首次获得智神星的影像。谷神星所含淡水可能比地球还要多，通过拍摄大范围的地理地貌来辨认水流侵蚀和沉积的地表形态或者通过较小区域的地貌直接寻找覆盖在地面上的水冰就可以证实谷神星的淡水资源。

方案二：主要探测灵神星，顺途可以飞越其他主带小行星

（1）探明灵神星表面矿物成分。

雷达观测显示灵神星是纯粹由铁与镍所构成的。灵神星似乎是一个更大天体裸露的金属核心，研究灵神星地貌和表面成分将为我国获得第一批小行星形貌，也能为研究灵神星演化提供科学数据支持。

（2）探测灵神星矿物分布。

灵神星上面极有可能含有贵重金属资源，探测出灵神星矿物分布可以为将来的深空金属矿藏开采提供材料依据。

（3）搜索灵神星内部磁场。

灵神星含铁较多，必然相对其他类型小行星含有较强的磁场，可利用磁强计探测灵神星空间磁场的分布、结构及其随太阳风变化的特性。

（4）顺途可以观察健神星、婚神星、智神星和谷神星。

探测健神星内部物质将可能了解太阳系的起源。婚神星是由较重的石质组成的 S - 型小行星，也可以用 X 射线和 γ 射线分光计对小行星表面主要化学元素的全星分布图进行测绘。智神星是太阳系内仍未被直接观测其表面的天体中最大的，对智神星直接进行拍照将会首次获得智神星的影像。谷神星所含淡水可能比地球还要多，通过拍摄大范围的地理地貌来辨认水流侵蚀和沉积的地表形态，或者通过较小区域的地貌直接寻找覆盖在地面上的水冰，就可以证实谷神星的淡水资源。

方案三：主要探测灶神星，顺途可以交会或者飞越其他主带小行星

（1）探测灶神星的内部结构、密度和均匀性。

近年来，"哈勃"空间望远镜在可见光、凯克观测站在近红外波段对灶神星进行了详细观测。结果表明，灶神星表面与类地行星相似，主要由岩石构成。粗略地说它是球形的，但是扁球状，赤道隆起。这个形状表明其内部是有差异的，具有岩石的内核、含水的幔和薄的外壳。几十亿年前来自木星的引力扰动阻止它吸积更多的物质变成更大的天体。探测灶神星的内部结构、密度和均匀性将能够验证天文学家对灶神星演化提出的理论。

（2）确定灶神星的大小、形状、成分和质量。

灶神星又称第 4 号小行星，是德国天文学家奥伯斯于 1807 年 3 月 29 日发现的。灶神星是与地球类似的岩状天体（太阳系中距太阳较近的天体大多为岩状天体），位于火星和木星间小行星带的第四大天体，大小约为 578 km × 560 km × 458 km。它是所有小行星中最亮的，有时还可达到肉眼可见的亮度。灶神星是椭球形的，最大半径为 289 km，平均半径为（258 ± 12）km。

（3）探测灶神星的表面形态。

灶神星是一颗干燥的小行星，表面被玄武岩岩溶覆盖，东半球是富含锰和缺钙的辉石，西半球是富含铁和钙的辉石。表面最显著的特征是有一个直径为 460 km 的巨大陨石坑，宽度占灶神星直径的 80%，坑深约 13 km。如图 1 - 6 所示为哈勃空间望远镜拍摄的灶神星的不同表面。

（4）检验当前灶神星作为紫苏钙长无球粒陨石（howardite）、钙长辉长无球陨石（eucrite）和古铜无球粒陨石（diogenite）［HED］母体范例。在所有已知的陨石中有不少于 5% 的属于 HED 型。这些玄武岩陨石必定起源自一个具有火山活动的天体，而它们的成分又和灶神星的表面完全相符。对于灶神星而言，我们希望能从那里直接探测或者带回样本用于进一步研究验证。

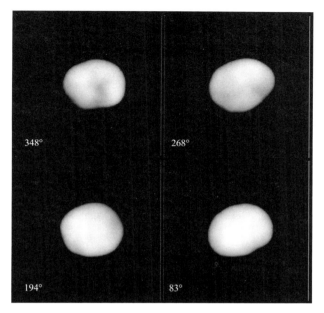

图 1 – 6　哈勃空间望远镜拍摄的灶神星的不同表面

1.1.4　利用太阳帆开展主带小行星探测任务设想

太阳帆与传统推进方式相比具有无需燃料消耗的优势，在进行需长期不断提供推力的深空探测任务中具有显著优势，而太阳帆技术的发展也逐步由理论研究步入工程应用，目前已有多例成功进行的太阳帆技术验证飞行实验，最著名的是日本的 IKAROS 号和美国的 NanoSail – D 号，为太阳帆技术的可行性提供了参考。近年来，小行星探测成为深空探测的一个热门研究方向，迄今为止，世界上已有数十例成功实施的小行星探测任务，而已有的小行星探测任务均以传统的化学推进或小推力方式提供动力，太阳帆由于技术的不成熟因而尚未应用到小行星探测中。随着技术的不断发展，太阳帆在进行小行星探测时无需燃料的优势逐渐被关注，特别是对于距离地球更远的空间如主带小行星的探测，利用传统推进方式需要大量燃料消耗，对于发射和推进提出了更高要求，因而太阳帆的优势在此类任务中得以凸显。

1. 探测任务简介

提出的利用太阳帆进行主带小行星的探测任务设想为：2020 年前后发射，

在 7 年时间内探测至少 3 颗主带小行星，其中主探测目标尽可能是大质量大体积的小行星从而便于探测。根据上一节目标选择，初步确定的探测目标是：方案一：伴飞健神星，顺途可飞越其他主带小行星；方案二：伴飞灵神星，顺途可以飞越其他主带小行星。

经过计算验证，对于上述初步给定的探测目标：由于太阳帆推进性能较弱，在理想推力的基础上，取推进效率为 $\eta = 65\%$ 时的太阳帆推进性能，其光压因子为 $\beta = 0.126\ 5$。太阳帆总质量 200 kg，按照正方形结构，需要 160 m 见方的太阳帆飞行器。根据太阳帆的性能限制，设计了可行的探测方案，即先选择一颗主带中体积较大的大型小行星作为主探测目标，依据小行星轨道半长轴越大探测器的任务飞行时间一般越长的特性，选择并确定灶神星（4 Vesta）为主探测目标，再利用轨迹优化方法选择另外 2 颗主带小行星作为中途探测目标，中途目标的选取原则为满足任务要求的前提下总飞行时间最短的为优。后文会有详细介绍。

设计的太阳帆探测器如图 1 - 7 所示。

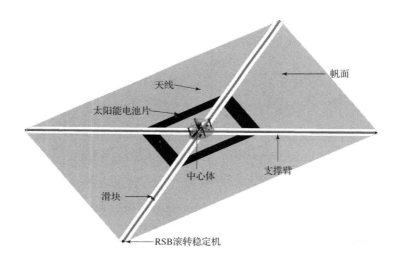

图 1 - 7　太阳帆结构示意图

2. 有效载荷建议

根据科学目标和国内外探测经验，选取的有效载荷建议如下：

（1）三维地貌立体测绘相机。

用于测绘小行星表面地形及制作高空间和高度分辨率的三维图集。对小行星整体进行这种高分辨率的测绘将有助于认识小行星的演化过程，并有助于对具有科学意义的各个区域进行详细研究。利用三维地貌立体测绘相机（以下简称地貌测绘相机）测绘数据制作的数字高程模型将会使现有的小行星地形知识得到进一步完善。

地貌测绘相机将在 $0.5 \sim 0.85~\mu m$ 的全色光谱区内进行拍摄，空间/地面分辨率为 0.5 m、幅宽 20 km。相机按推扫模式进行配置，像面内有 3 台线性 4 096 元探测器，分别用于沿太阳帆运动轨迹方向的前向、星下点和后向观测。前向和后向观测相对于星下点的观测角分别为 ±25°。相机将测量由小行星表面反射/散射的太阳辐射。反射信号的动态范围相当大，表现为能对两类极端目标新露出的岩石表面进行测量。

该相机采用内置数字化仪的线性有源像素传感器（APS）探测器。单体折射光学系统将覆盖 3 台探测器的整个视场。探测器输出采取数字化形式。光学系统被设计成单体形式是为了满足沿航迹方向的宽视场要求。前向（ + 25°）和后向（ - 25°）入射光束由几个镜面导向聚焦镜片。为各台探测器配备的模块式相机电子设备是针对系统采用现场可编程门阵列（FPGA）的要求来量身定制的。

下面列出地貌测绘相机的基本参数：

【质量】：5 kg

【体积】：250 mm × 250 mm × 220 mm

【功率】：8 W

【数据率】：50 Mb/s

（2）X 射线/γ 射线分光计。

该分光计原理为，太阳光中的 X 射线会穿过岩石，通过对从岩石中透出的 X 光进行观测，可以分析出岩石的元素成分。该仪器将测绘小行星表面主要化学元素的全球分布图。X 射线光谱计探测小行星表面的元素（Mg，Al，Si，Ca，Ti 和 Fe）被太阳光激发的 X 射线荧光（能量在 1 到 10 keV 范围）。

γ 射线光谱仪（能量在 0.3 到 10 MeV 范围）探测小行星表面被宇宙线激发的 γ 射线的元素（O，Si，Fe，H）丰度和一些放射性元素（K，Th，U）的丰度。测量的分辨率是 2 cm，厚度是 10 cm。钙长辉长无球陨石是灶神星成分的代表，预期的探测精度足以确定灶神星是否是 HED 流星体的母体。上述元素占

HED 流星体质量的 99% 以上，在预期的探测时间内完全可以被探测到。利用 γ 射线的探测数据可以绘制小行星的成分分布图。

下面列出 X 射线/γ 射线分光计的基本参数：

【质量】：4 kg

【体积】：250 mm × 250 mm × 200 mm

【功率】：10 W

（3）超光谱成像仪。

超光谱成像仪旨在获取小行星表面矿物学测绘所需的光谱数据。该仪器所获数据将有助于改善有关小行星表面矿物成分的原有信息。另外，通过研究代表小行星坑区/中央峰数据，将有助于认识小行星内部的矿物学成分。超光谱成像仪的特别之处在于它能在 0.4 ~ 0.95 μm 的红外谱区的 64 个相邻谱段上对小行星表面进行测绘，光谱分辨率优于 15 nm，空间分辨率为 20 m，幅宽 20 km。它将通过一个远心折射光学系统来采集小行星面反射的阳光，并将其聚焦到相应的 APS 面阵探测器上。

目标的整个光谱通过在太阳帆沿探测器列向运动的同时以推扫方式获取图像数据来得到。带内置数字化仪的 APS 面阵探测器将对各谱段进行测绘。

下面列出超光谱成像仪的基本参数：

【质量】：2 kg

【体积】：200 mm × 200 mm × 200 mm

【功率】：5 W

（4）激光测高仪。

借助激光测高仪制作的小行星高程图将有助于研究小行星盆地和其他地物的形态，研究岩石圈的应力、应变和挠曲特性，而且结合重力研究，还将得到小行星的密度分布。该仪器的科学目标是提供确定探测器与小行星表面之间的高度变化所需的测距数据。

激光测高仪采用飞行时间原理。在这种工作方式下，由大功率激光器产生的一个相干光脉冲会射向要进行测距的目标。部分光线将在激光光源方向上散射回来，由光学接收机采集，并聚焦到光电探测器上。通过精确测定激光脉冲的往返时间，就可以得出非常精确的距离/局地高度测量数据。

激光测高仪采用 10 MJ 的钕钇铝石榴石激光器。激光器采用 1 064 nm 波源，以 10 Hz 脉冲接收方式工作。月面反射的激光脉冲由一台 200 mm 的里奇 – 克莱琴光学接收机采集，并聚焦到一台硅雪崩光电探测器上。探测器的输出经放大和阈值检测后，可得出精度优于 1 m 的距离信息。除距离信息外，4 台恒比鉴别器还可提供坡度信息。激光测高仪的不同工作方式和利用探测器输出进行的距离计算由基于 FPGA 的一台电子设备进行控制。经处理的激光测高仪输出将用于生成高精度的小行星地形数据。

下面列出激光测高仪的基本参数：

【质量】：7 kg

【体积】：250 mm × 250 mm × 250mm

【功率】：6 W

（5）磁强计。

目前对小行星的磁场强度的测量数据精度不高，根据 Eros、Gaspra 和 Braille 的磁场强度测量结果发现：虽然它们均是 S 型小行星，但磁场强度差别可以达到几个量级。在小行星带，周围的磁场大约是 3 nT，月球表面的最大场强为 300 nT，木星的卫星 Ganymede 的极区磁场为 1 000 nT，星壳磁场为 1 000 nT。预期上灶神星的磁场大约是 500 nT。对小行星磁场强度的测量意义重大，并且测量磁场也可以为确定小行星内部结构提供帮助。

磁强计主要用于勘测可能的小行星固有磁场强度，但不能观测太阳风对磁场的作用。为提高测量精度，降低探测器剩磁对传感器的干扰，在探测器上安装两个三轴高精度磁强计探头（磁强计探头 A，磁强计探头 B），利用传感器探头安装位置的差异，通过数据处理消除卫星剩磁干扰。

下面列出磁强计的基本参数：

【三轴机械正交度】：≤2 角秒

【噪声水平】：≤0.01 nT/@1 Hz

【10 Hz 频带内总噪声】：≤0.1 nT（rms）

【分辨率】：≤0.01 nT

【功率】：5 W

【数据率】：1 Kbps

【机械接口】：

电子学箱：200 mm × 200 mm × 60 mm   <900 kg

三轴传感器：102.2 mm × 58 mm × 50 mm   <100 g

根据以上对小行星有效载荷以及科学目标的分析，可得出如下表格（表1-1）。

表1-1 有效载荷汇总表

	有效载荷	质量/kg	体积/ （mm × mm × mm）	功率/W	科学目标
1	地貌测绘相机	5	250 × 250 × 220	8	探测小行星的大小和表面形态
2	X射线/ γ射线分光计	4	250 × 250 × 200	10	1. 测绘小行星表面主要化学元素的全球分布图； 2. 确定灶神星是否是HED流星体的母体
3	超光谱成像仪	2	200 × 200 × 200	5	获取小行星表面矿物学测绘所需的光谱数据
4	激光测高仪	7	250 × 250 × 250	6	制作小行星高程图，得到小行星的密度分布
5	磁强计	1	电子学箱： 200 × 200 × 60 三轴传感器： 102.2 × 58 × 50	5	探测小行星磁场，确定内部结构

以上5种载荷均是对应于小行星科学探测目标而配备的，总重是19 kg。根据太阳帆有效载荷的约束，可以综合选取。建议太阳帆航天器有效载荷方案是三维地貌立体测绘相机、X射线/γ射线分光计和磁强计这三种仪器，总质量10 kg左右。

■ 1.2　太阳帆推进技术发展概述

15 世纪地理大发现时期，欧洲的航海家们扬帆远航，借助风力驶向传说中的大陆，麦哲伦船队更是凭借帆船完成了环球航行的伟大创举。21 世纪的科学家们发现，未来的星际航行恐怕还要借助"帆"这种古老的工具，只不过驱动"太空帆"的不是气流而是太阳光。

近年来，随着深空探测活动的广泛开展和深空探测技术的进步，国内外学者发现采用普通的推进技术已经很难满足日益发展的深空科学任务要求，如将深空探测器推进到太阳系深处，或者使探测器脱离黄道面到达太阳极轨进行对日观测，或者实现日心悬浮轨道等非开普勒轨道等。开发更为有效的推进技术逐渐成为人们研究的焦点，其中太阳帆就是一个重点的研究对象。

太阳帆航天器是指利用太阳光压力获得推进力进行宇宙航行的新型飞行器，它被认为是未来人类探索深空的最实际而有效的途径之一。太阳帆（太阳帆航天器的简称，下同）通常是由大面积的帆膜和伸展臂组成，太阳光子撞击帆膜后反射，通过动量交换对太阳帆产生作用力，这种作用力即为太阳光压力。太阳帆在太阳光压力作用下，不断地加速，长时间后能够获得相当可观的速度，而且太阳帆以太阳光为推进动力，无须携带推进剂，理论上它的比冲无限大。持续的加速能力和"永不枯竭"的能量来源决定了太阳帆非常适用于深空探测。美国、欧洲、日本和俄罗斯均开展了太阳帆推进技术的深入研究，特别是 2010 年日本"伊卡洛斯"（Ikaros）太阳帆航天器的成功发射，更增强了人们利用太阳帆技术进行深空探测的信心。

在国外，太阳帆技术已研究了多年，做过大量的理论分析和论证，工程化正在迅速实施。从我国未来深空探测和国防现代化建设的角度考虑，太阳帆本身原理简单，易于实现，通过系统方案的确定，对关键技术进行研究突破，就可实现其工程化。

虽然太阳帆航天器近些年才作为一种新型航天器成为人们关注的焦点，但其想法的提出却有很长的历史。早在 400 多年前，开普勒就设想不需携带任何能源，仅仅依靠太阳光就可使宇宙飞船驰骋太空。到 20 世纪 20 年代，俄国航天事业的先驱 Konstantin Tsiolkovsky 及其同事 Fridrickh Tsander 明确提出了"用照到很薄的巨大的反射镜上的太阳光所产生的推力获得宇宙速度"的理论，他们率先提出了太阳帆———一种包在硬质塑料上的超薄金属帆的设想，成为今天建造太阳帆航天器的基础。随着时间的推移，欧、美、日、俄等均进行了大量的地面和空间实验。

1.2.1　太阳帆探测器以及太阳帆创新概念研究现状

1. 国外研究现状

已经进行的太阳帆探测器及太阳帆创新概念相关研究包括如下内容：

◆ 第一次关于太阳光用于推进的试验是 20 世纪 60 年代的 Echo 1 号，Echo 是 NASA（美国国家航空航天局）发射的第一代试验通信卫星，卫星是直径为 30.5 m、厚度为 0.012 7 mm 具有金属镀层的气球形状，用于被动反射来自地面的信号。卫星的供电系统来自 70 个镍镉太阳能电池，echo - 1 受到了明显太阳光压力的作用。

◆ 在 1974 年，NASA 发射了航海者 10 水星探测任务，该任务并不是太阳帆飞行试验，由于在水星附近姿态控制燃料消耗过多，考虑到水星离太阳非常近，太阳光压力比较显著，NASA 的科学家建议利用太阳帆板的光压力进行位置控制。尽管太阳光压力非常小，航海者 10 号还是成功将太阳能帆板用于姿态控制。在接下来的时间里 NASA 很长时间没有进行太阳帆相关实验。

◆ 1992 年 10 月 27 日，俄罗斯发射了 Znamya 2 反射镜试验，其目的是将太阳能利用反射镜返回地面。Znamya 2 是直径为 20 m 的反射镜面，在 Baikonur 由 Progress - TM - 15 装载，1993 年 2 月 4 日，Progress - TM - 15 在和平号空间站附近将反射镜展开，反射镜展开成功，反射镜的反射光线能在地面产生 5 km 宽的亮点，亮点以 8 km/s 的速度从法国南部到俄罗斯西部穿越欧洲，光点的亮度与满月的亮度相当。Znamya 2.5 与 Znamya 2 为一个系列，1999 年 2 月 5 日在轨展开，它的直径是 25 m，能在地面产生直径大约 7 km 宽的光点，亮度为满月亮度的 5~10 倍。俄罗斯并不是唯一进行太阳帆试验的国家，俄罗斯试验的主要目的是获得太阳能。而日本的试验目的是利用太阳光压力进行星际推进。

◆ 1996 年，在航天飞机 STS - 77 任务发射时，进行了一次大型充气结构的展开实验，直径为 14 m 的充气天线用作无线电发射和接收装置。由于帆面打包时没有抽成真空，导致天线没有按照计划顺序展开，镜面的形状也与期望的形状之间存在着差异。但是该实验验证了大型充气结果展开的鲁棒性和可靠性。

◆ 1999 年，德国航天局（DLR）进行了 20m 地面试验。

◆ NASA 和 ESA 分别在 New Millennium 计划和 SMART 计划中提出要发展低质量高性能的推进方式，太阳帆技术是 NASA 的新计划中重要的一项。为了确保试验的可靠性，NASA 分别资助两个不同的机构用不同的方案进行太阳帆地面试验，ATK space system 根据他们在计划中提出的方案，利用盘绕式的刚性支撑臂和铰链在臂上的姿态控制系统，帆膜采用 SRS 开发的 CP1 材料。L'Garde 采用充气式低温刚化臂，利用四片小帆进行姿态控制，帆膜采用 Mylar 材料。在 2004 年和 2005 年两个机构分别成功地进行了 10 m 和 20 m 的整帆试验。两种不同设计在一个大气压和一个重力加速度的环境下展开的鲁棒性非常好，并且尺寸能扩大到 150 m。

◆ 2004 年 8 月 9 日，日本航天局（ISAS）利用 S－310－34 小火箭从鹿儿岛（Kagoshima）航天器中心发射了太阳帆任务。火箭载有两种不同展开机制的太阳帆，太阳帆的厚度都为 7.5 μm。与火箭分离 100 s 后，手套形状的太阳帆开始在 122 km 轨道展开。与手套形状太阳帆成功分离后，风扇形状太阳帆 230 s 后在 169 km 轨道展开。两种形式的展开都非常成功。尽管该实验没有验证太阳帆用于深空自由飞行的特点，在高速运动的轨道上展开桁架结构太阳帆是非常困难的，Friedman 称该任务是有里程碑意义的一次发射。

◆ 第一颗完整的太阳帆任务"宇宙 1 号"太阳帆由美国太空爱好者成立的私人组织"行星学会"、俄罗斯科学院和莫斯科拉沃奇金太空工业设计所花费数年时间联合建造。该帆由八片扇状的小帆组成，在轨道展开时约为 600 m²，有效载荷的直径不到 1 m、质量约 40 kg，有效载荷包括相机和加速器，分别用来拍摄帆展开过程和测量自身的加速度。根据设计，它在 5 年后将以 100 km/s 经过火星，并且能很快追上已经发射了 26 年的"航行者 1 号"探测器。2005 年 6 月 21 日，"宇宙 1 号"在巴伦支海的俄罗斯核潜艇上发射后仅 83 s 即宣告失败。承担发射任务的俄罗斯军方官员宣布由于火箭推进器出现故障，太阳帆未能进入预定轨道。行星学会在"宇宙 1 号"失败后，致力于"light－sail"的研究。目前，行星协会正在着手研究整合太阳帆的方案。

◆ 通过 Marshall 飞行中心、Ames 研究中心和几个工业和学术合作伙伴，

2008 年，NASA 实验发射了一颗没有燃料的小型太阳帆——NanoSail - D。该星不携带推进剂，唯一能量是几块用来维持星上电脑运行的小电池。该任务的目标是利用太阳光对卫星进行加速。整个小卫星重约 4 kg，整个帆展开后将是一个 30 m × 30 m 的正方形，卫星进入轨道三天后太阳帆开始展开（图 1 - 8）。虽然该星的功能简单，但它用到很多新的关键技术，其中很多技术只进行过地面试验。"NanoSail - D" 于 2008 年 8 月 2 日发射，发射两分钟后与 Falcon1 号火箭分离时遇到了问题，卫星没有进入地球轨道。该任务给 NASA 与其他政府机构、学术机构和工业机构的合作提供了很好的机会。

图 1 - 8 帆面展开示意图

◆ 2010 年，日本 JAXA 成功发射"伊卡洛斯"号 IKAROS 太阳帆推进探测器。伊卡洛斯成为世界上第一个利用太阳光压力作为主要推进的空间探测任务。主要验证四项关键技术：太阳帆的展开和控制技术；利用植入帆膜的太阳电池对有效载荷进行供电；测量太阳光压力产生的加速度；利用反射率可变的液晶板实现姿态控制。

伊卡洛斯的基本情况如表 1 - 2 所示。

表 1 - 2 伊卡洛斯的基本情况

任务目标	飞越金星	任务时间	2 年
发射时间	2010 - 05 - 20 21：58：22 UTC	整个太阳帆质量	310 kg
运载火箭	H - IIA 202	帆尺寸	14 m × 14 m
发射地点	种子岛空间中心	平台尺寸	1.6 m × 0.8 m

整个帆的组成如图 1 - 9 所示。

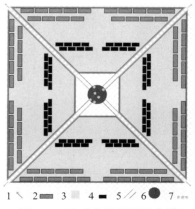

1 ＼　2 ▬　3 ▨　4 ▨　5 ∥　6 ●　7

图 1 - 9　伊卡洛斯帆面示意图

各个符号的说明如表 1 - 3 所示。

表 1 - 3　符号说明

1	端点质量 0.5 kg，4 个	5	绳系
2	液晶装置，80 个	6	卫星平台
3	7.5 μm 厚的帆膜，对角线 20 m，边长 14 m	7	有效载荷和设备
4	25 μm 厚的太阳电池		

伊卡洛斯以 20 ~ 25 r/min 速度自旋，在 2010 年 6 月 11 日完成展开，太阳帆携带了两个相机——DCAM1 和 DCAM2，其中 DCAM2 观测太阳帆展开后的情况。7 月 11 日，JAXA 确认了太阳光压力对伊卡洛斯进行了加速。如果伊卡洛斯成功，JAXA 将继续研制尺寸为 50 m 的太阳帆，用于木星及其卫星的探测。

◆ 萨瑞大学计划在 2011 年发射"CubeSail"，尺寸是 3 100 mm × 100 mm × 100 mm，展开后为 25 m × 25 m，目的就是验证太阳帆的展开和太阳光压力大小。

◆ 2013 年 9 月，美国成功进行了 1 200 m² 的太阳帆（sun jammer）地面展开试验（图 1 - 10），拟于 2015 年 1 月发射，2014 年 10 月任务取消。

◆ 2015 年美国行星协会的太阳帆探测器 LightSail（图 1 - 11）与美国空军的 X - 37B 迷你航天飞机一起进入轨道，展开后的面积大约为 31 m²。

图 1 – 10　**sun jammer** 地面展开示意图

图 1 – 11　**LightSail** 示意图

◆ 2016 年 4 月，霍金等提出突破摄星计划（Breakthrough Starshot）：建造一个激光推进的微型星际飞行器，预计最快用 20 年抵达离太阳系最近的恒星系统——半人马座阿尔法星（Alpha Centauri）。计划采用微型的激光推进帆。图 1 – 12 所示为摄星计划发布会。

图 1 – 12　摄星计划发布会

◆ 2016 年 NASA 创新先进概念（NIAC）项目资助了薄膜航天器概念（图 1 – 13），面积，质量为 1 m² 35 g，厚度为 30 μm。为分散式布设推进器。2017 年进行了第二阶段的支持。

图 1 – 13　薄膜帆效果图

◆ 2018 年 NASA 创新先进概念（NIAC）项目资助了衍射太阳帆（图 1 – 14）研究，由纽约州罗切斯特理工学院承担，该项目使用超材料原理制作光学薄膜，因为薄膜将允许帆使用所谓的电光束转向，从而可以使用衍射光来获得其他方向的力，这意味着帆可以保持最佳角度以获得最佳加速度。

图 1 – 14　衍射帆示意图

◆ 2018 年 NASA 创新先进概念（NIAC）项目资助了 Solar Surfing（图 1 – 15）研究，由肯尼迪航天中心承担，主要目的是帮助无人太空船深入太阳的日冕或外部大气层，使用高反射率涂层覆盖薄的太阳屏蔽层，更靠近太阳。

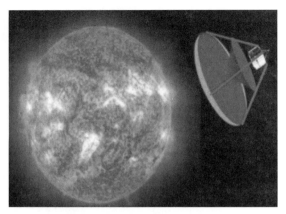

图 1-15 Solar Surfing 效果图

◆ 近期和太阳帆相关的宣传报道还包括轨道级光污问题，用卫星将广告投射在夜空中（图 1-16）或者利用太阳帆反射太阳光，在地面形成光斑。

图 1-16 空间广告投射

2. 国内研究现状

国内在太阳帆技术研究领域开展较晚，在太阳帆推进方面的研究主要集中在中国空间技术研究院（航天五院）、哈尔滨工业大学、清华大学、中国科技大学、中科院空间科学与应用研究中心、上海航天技术研究院（航天八院）等单位。

航天五院是国内最早开展太阳帆研究的单位。1989 年至 1991 年航天五院组织北京星星设计队（Star Group）参加了国际太阳帆地—月飞行设计竞赛，这也是我国首次系统研究太阳帆方案和深空探测飞行任务。

国内对太阳帆推进技术的研究主要集中在姿态轨道控制理论、太阳帆柔性特性及力学分析方面，在结构设计上进行了初步的研究。对太阳帆结构进行了系统建模以及动力学仿真分析，运用商用软件进行三维建模的总体设计，利用有限元仿真分析软件进行动力学仿真分析，通过 CAD/CAE 的联合应用，检测总体设计结构的模态能否满足要求，为总体设计提供一定参考，同时也为太阳帆姿态控制提供相关数据。在太阳帆动力学与控制方面进行了大量的工作，开展了太阳帆航天器刚柔耦合动力学建模与控制问题研究，对刚柔耦合动力学方程求解进行了研究，在参考 Bong Wie 等人理论的基础上设计了基于控制杆、滑块、角帆的太阳帆三轴姿态控制系统。研究了不同轨道运行的太阳帆航天器的姿态控制律。开展了太阳帆支撑管充气展开动力学分析、利用有限元对拟使用的太阳帆面和支撑杆进行了初步的力学分析和仿真。

2019 年 1 月，商业航天公司天仪研究院完成了 0.7 m² 的太阳帆（图 1 - 17）展开试验。

图 1 - 17　天仪研究院太阳帆实物图

2019 年 7 月，北京理工大学成功发射了"北理工 1 号"帆球卫星（图 1 - 18），算是薄膜结构在空间中的另一种创新应用。

图 1 - 18　帆球卫星示意图

2019 年 8 月，随长征四号乙运载火箭入轨不到一周的金牛座纳星，顺利展开离轨帆（图 1 – 19）开始被动离轨试验，搭载的相机成功对离轨帆展开过程进行了拍摄并成像下传。

图 1 – 19　离轨帆示意图

2019 年 12 月，中国科学院沈阳自动化研究所研制的"天帆一号"太阳帆，在轨成功验证了多项太阳帆关键技术。图 1 – 20 所示为"天帆一号"在轨展开过程中的部分照片。

图 1 – 20　"天帆一号"在轨展开过程中的部分照片

1.2.2　太阳帆探测任务研究现状

太阳帆航天器轨道优化设计与姿态控制技术一直是太阳帆技术发展的关键和瓶颈，所以对该项技术进行的研究将极大提高我国太阳帆技术的水平。研究太阳帆的轨道设计可以为目前提出的多种科学任务提供太阳帆节能优化轨道方案，如空间中心提出的太阳极轨射电成像仪（Solar Polar Orbit Radio Telescope，SPORT）计划、空间科学中长期发展规划中的火星探测计划、木星系统探测小卫星计划等。利用太阳光压力，太阳帆可以沿非开普勒轨道飞行，完成常规推进无法实现，同时又具有重大科学意义的任务轨道，如日心悬浮轨道、人工拉格朗日点太阳观测平台、绕日逆行轨道等。

由于太阳帆具有较大的转动惯量和太阳光压干扰力矩，其姿态控制技术与传统航天器相比有很大不同，传统的姿态控制执行机构如喷气控制、反作用飞轮控制等难以实现太阳帆的姿态控制，必须研究特殊的适合太阳帆姿态控制的执行机构。太阳帆的姿态和轨道强耦合，轨道控制通过姿态控制实现，同时姿态控制也要考虑帆所处的轨道。另外，太阳帆本身是一个巨大的挠性体，挠性振动对姿态控制影响很大。太阳帆的姿态控制也是一个摆在国内外太阳帆专家学者面前的技术难题。太阳帆的姿态控制精度和响应速度，直接关系到目标轨道能否实现、优化轨道方案是否可行等问题。对太阳帆的姿态控制技术进行研究，也将提高我国空间挠性机构姿态控制的水平。

1. 太阳高轨任务概述

地球空间天气的任何灾难性事件都是由太阳的爆发引起的，然而，并不是所有太阳的爆发都可以引起地球空间环境的变化。这是由于从太阳喷发出的物质往往呈现为云团状，在离开太阳表面之后沿着黄道面附近逐渐向远处扩散、传播。其扩散和传播规律和路径还不清楚。因此，单纯观测太阳表面的爆发，无法准确预报这些物质是否会到达并影响地球。

在太阳发生剧烈爆发时，这些日冕抛射物质到达地球需要大约 2 天的时间。在这段时间中，如果能够跟踪监视这些物质的运动，就可以精确预报它们是否能够到达地球。由于它们的源区大部分来自太阳低纬，即使在高纬经过传播也会向黄道面附近集中。因此，在黄道面内观测它们就像雾里看花。最好的办法是脱离黄道面，在太阳极区对整个内行星际进行居高临下的成像观测。太阳高轨任务是探索日冕物质抛射传播和演化的绝好机会，将提供日冕物质抛射的早期预报，对于空间站、应用卫星等的空间天气事件预报有着重要意义。

◆ 太阳极轨太阳帆任务（Solar Polar Sail Mission，SPSM）

1996 年，NASA 为当时新的空间物理任务提出太阳极轨太阳帆任务。太阳极轨轨道可以全面地观察黄道面以外的太阳磁场和太阳风。并且该太阳帆的轨道周期为 $1/N$ 年。共振条件可以保证太阳帆不被太阳所遮挡。当 N 取 1 时即为 1 年，此时轨道在 1 AU 处，这种轨道为日冕物质抛射朝向地球演变传播提供了良好的观测条件。其轨道如图 1-21 所示。

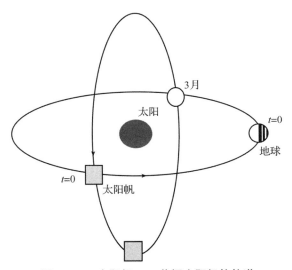

图 1-21 太阳帆 1∶1 共振太阳极轨轨道

虽然上述轨道对观测日冕物质抛射提供了有利的条件，但是需要强有力的运载工具才能使探测器达到这样的轨道。稍微小一点的 3∶1 的共振轨道，其轨道半径只有 0.48 AU，不仅同样提供了较好的成像条件，同时也能够使探测器的轨道倾角接近 90°。

◆ 太阳极轨任务（ESA）

2005 年，在 ESA 的资助下，McInnes 与格拉斯哥大学的 Macdonald 合作设计了利用太阳帆实现太阳极轨的轨道方案。该轨道方案最终能够实现半径为 0.48 AU、倾角为 90° 的绕日极轨圆轨道。采用边长 153 m 的方形太阳帆航天器，从发射至到达目标轨道，飞行时间约 5 年，在到达太阳极轨后，航天器将抛掉太阳帆，开始进行对日观测等科学任务。

◆ 太阳极轨成像仪任务（The Solar Polar Imager Mission）

为了研究日冕的整体结构和动力学，揭示太阳活动周期和起源的秘密，NASA 提出了太阳极轨成像仪任务（The Solar Polar Imager Mission，SPI）。该任务的要求是探测器目标轨道是半径为 0.48 AU 的圆轨道，其倾角达到 75°。并且与地球是 3∶1 的共振轨道，NASA 在之前研究过了不同的目标轨道倾角的情况。

在 NASA/JPL 的资助下，Wie 设计了 NASA 太阳极轨成像仪任务（SPI）的太阳帆轨道，计划使用 160 m 边长的方形帆来完成 SPI 任务，耗时 6.6 年，最终实现半径为 0.48 AU、轨道倾角 75°的绕日圆轨道，如图 1 – 22 所示。

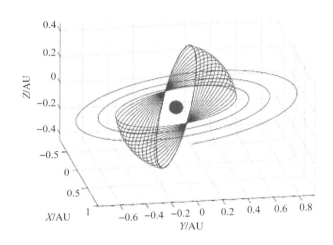

图 1 – 22　Wie 设计的 SPI 任务太阳帆轨迹

其太阳帆的配置为：160 m × 160 m、重 150 kg 的方形太阳帆，重 250 kg 的航天器（不含载荷）、50 kg 的科学有效载荷。总重是 450 kg，特征推力是 160 m · N（即在 1 AU 时的最大推力），特征加速度是 0.35 mm/s^2（即在 1 AU 时的最大加速度）。

2. 行星科学任务概述

◆ 水星探测任务（Mercury Solar Sailing Advanced Geoscience Exploration）

由于飞往水星的探测器很少，在内太阳系中人类对其认识相对而言很有限，水星科学任务在未来必将具有重大意义。1995 年德国宇航中心（DLR）空间系统分析部的 Leipold 提出利用太阳帆实现水星任务，水星处于太阳帆加速能力较强的近日区域，且利用太阳帆很容易实现水星的太阳同步轨道。Leipold 在其论文中设计了太阳帆从地球逃逸轨道、地球到水星转移轨道以及水星的太阳同步轨道。太阳帆航天器的总重是 240 kg，有效载荷是 20 kg，采用 86 m × 86 m 方形帆。

◆ 飞往金星任务（Kite – craft Accelerated by Radiation of the Sun）

日本在 2010 年发射的太阳帆航天器名叫"伊卡洛斯"号（Kite – craft Accelerated by Radiation of the Sun, IKAROS）。"伊卡洛斯"号拥有一面对角线长度为 20 m 的方形帆，由聚酰亚胺树脂材料制成，厚度仅 0.007 5 mm。"伊卡洛斯"号在飞行中将不断旋转，依靠离心力使这面轻薄的太阳帆保持张力。"伊卡洛斯"号花费几周的时间展开太阳帆，然后进行一系列加速和减速试验，在经过半年旅行后抵达金星轨道，背对太阳开始进行为期三年的航行测试。2011 年 1 月，日本宇宙航空研究开发机构（JAXA）宣布，世界上第一艘依靠太阳能驱动的太空帆船"伊卡洛斯"号已成功完成全部实验项目，包括利用阳光实现加速和改变轨道等。在飞行过程中，太阳帆的一组科学仪器捕捉到了伽马射线爆炸，收集了太空尘埃的数据，还参加对了太空物体的甚长基线干涉测量（VLBI）观测。

◆ 飞往木星计划（Jupiter Magnetospheric Orbiter）

在未来的木星系统研究中，相比诸如木星冰卫星、木星大气和木星内部结构等热点方向来说，木星磁层研究更为重要。JAXA 将发射木星磁层轨道器（Jupiter Magnetospheric Orbiter, JMO）。这个探测器项目也是由研制伊卡洛斯太阳帆的团队负责。JMO 比"伊卡洛斯"大约 10 倍（百米量级）、拥有离子发动机的太阳帆以支持木星任务。实时任务期间，JMO 将释放一个探测器，该探测器使用化学推进，并利用木星借力直接飞往某一颗特洛伊小行星。JMO 还将通过化学发动机减速来绕飞阿波菲斯小行星，再巡航 5 年抵达某一颗特洛伊小行星。目前该计划由于未能获得日本和美国 NASA 支持，处于暂缓状态。

3. 近地轨道任务

太阳帆能够从地球停泊轨道出发，通过改变帆的朝向来提供轨道速度方向推力，从而增加轨道能量实现逃逸出地球影响球。同样，太阳帆也能够完成其他行星逃逸轨道转移任务。

在 19 世纪 60 年代早期，Sands 和 Fimlpe 首先研究了太阳帆行星逃逸轨道，但采用模型较简单。2004 年 Macdonald 和 McInnes 对考虑地影的太阳帆地球逃逸轨道进行了优化设计，但采用的仍是理想太阳帆。国内，哈尔滨工业大学的史晓宁等提出了一种太阳帆地球逃逸解析最优控制律，然而没有考虑地影因素，推力模型也是理想模型。中科院空间中心的钱航等根据太阳帆帆面的光学状况建立非理想太阳帆模型，并由日地关系建立锥形地影模型，最后采用能量变化率最大的逃逸控制律，以保证时间最优，设计太阳帆的尺寸为 160 m × 160 m，整个航天器重 225 kg，仿真得到逃逸出影响球需要 49.38 天，而太阳帆在地影的总时间为 1.09 天。

4. 小天体探测任务概述

◆ 哈雷彗星计划（Comet Halley Mission）（图 1 − 23）

1973 年，NASA 出资资助巴特尔实验室、喷气推进实验室（JPL），开展了太阳帆的研究工作。Jerome Wright 提出利用边长为 800 m、三轴稳定的正方形太阳帆探测哈雷彗星的任务，并设计了一条太阳帆轨道，计划在 1981 年年底或 1982 年年初发射太阳帆探测器，经过 4 年的飞行时间，于 1986 年左右到达哈雷彗星。JPL 考虑到方形帆展开过程中的高风险，最终放

图 1 − 23　NASA 的太阳帆哈雷彗星计划

弃了该设计模型，改为采用自旋稳定的直升机翼式太阳帆。

◆ 小行星变轨任务（Solar Sail Gravity Tractor Spacecraft）

太阳帆可以用常规运载火箭运抵对地球确有威胁的小行星上面，然后将其按预定方向加以紧固。由于每平方米帆面上光压产生的推力很小，故而太阳帆面积要做得足够大。当然，在向小行星运输太阳帆过程中，太阳帆只能处于折叠状态并盛装在运载火箭顶端的保护罩内，待其到达小行星表面后再展开并加以固定。太阳光连续持久地作用在太阳帆上面，其光压产生的推力最终将使小行星改变轨道，与地球失之交臂。

太阳帆也可以按引力拖车的方式不与小行星发生物理接触，利用引力耦合改变小行星的轨道。Wie 指出一个面积为 100 000 m²、质量为 2.5 t 的太阳帆引力拖车工作 3 年，使得直径为 320 m 的小行星 8 年后轨道改变 30 km。

◆ 动能碰撞小行星计划（Kinetic Energy Impactor）

Wie 为动能碰撞小行星计划（Kinetic Energy Impactor，KEI）设计了太阳帆轨道，为了保证拦截器撞击小行星时的相对速度足够大，Wie 设计的太阳帆轨道倾

角达 168°，即逆行轨道，撞击时相对速度超过 70 km/s，其产生的撞击动能足以改变小行星的轨道。该方案不仅能够实现任务目标，而且太阳帆的指向变化简单、易于实现。Dachwald 研究了利用进化神经网络算法（EN）对太阳帆轨道进行优化设计，并针对 SPI、KEI 等任务设计了太阳帆的全局优化轨道。

5. 超常规太阳帆（High Performance）任务概述

◆ 悬浮轨道任务（图 1 – 24）

质面比足够小的超常规太阳帆还可以实现一些具有特殊科学意义的非开普勒轨道，日心悬浮轨道就是其中很具有代表性的一类轨道。1981 年，Forwar 提出了太阳帆在太阳光压作用下，能够悬浮在黄道面的上方或下方，且轨道为周期性轨道，这类轨道称为日心悬浮轨道。格拉斯哥大学的 McInnes 对日心悬浮轨道的动力学与控制问题作了系统的研究，分析了不同类型悬浮轨道的稳定性，研究了日心悬浮轨道的控制策略，并指出这种轨道在对日观测中的重大优势：利用日心悬浮轨道实现地球极地和高纬度地区观测，将太阳帆置于半径与地球接近、悬浮高度较小、周期与地球一致的日心悬浮轨道上，则太阳帆将始终悬浮在地球极地上空，可以对极地和高纬度区进行长时间观测。Hughes 在 McInnes 研究的基础上采用遗传算法（GA）和二次线性规划算法（SQP）的混合算法设计并优化了实现日心悬浮轨道的太阳帆转移轨道。龚胜平研究了日心悬浮轨道附近的编队飞行问题，推导了悬浮轨道附近的相对运动方程，给出一种被动编队控制策略。

太阳帆还能实现行星悬浮轨道。借助太阳光压，太阳帆可以悬浮在某行星上空。McInnes 详细地介绍了行星悬浮轨道，在忽略了太阳引力而只考虑行星引力和太阳光压力作用的二体模型情况下，分析了不同类型行星悬浮轨道的稳定性及控制。Bookless 在 McInnes 的基础上，研究了实现行星悬浮轨道的转移轨道优化设计问题及轨道控制策略，设计了用来探测地球磁尾的地球悬浮轨道。

◆ 人工拉格朗日点任务

当太阳帆处于拉格朗日点附近时，太阳和地球对太阳帆的引力大小相当，必须采用限制性三体问题模型研究太阳帆的动力学问题。在限制性三体模型下，太阳帆能在经典拉格朗日点以外的点平衡，该平衡点称为人工拉格朗日点。McInnes 第一次完整地给出了太阳帆能够实现人工拉格朗日点的区域以及实现人工拉格朗日点对太阳帆的要求。他还考虑不完全反射的非理想太阳帆在日地系统

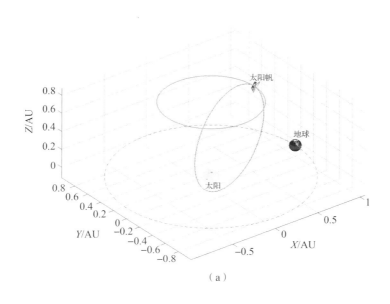

(a)

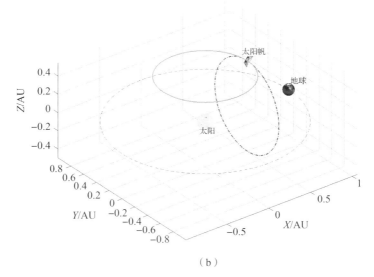

(b)

图 1-24 太阳帆悬浮轨道

(a) 悬浮轨道与开普勒轨道拼接；(b) 悬浮轨道之间相互拼接

中产生人工拉格朗日点的情况，结果表明能产生人工拉格朗日点的区域对太阳帆的反射率很敏感。清华大学的宝音贺西研究了在椭圆限制性三体模型下的人工拉格朗日点，研究表明在归一化长度随时间变化的旋转坐标系中存在平面人工拉格朗日点。他还应用摄动法得到了绕 L1 点附近的共线人工拉格朗日点的周期轨道的三阶近似解。Waters 应用摄动法进一步研究了任意人工拉格朗日点附近周期轨道的近似解，并讨论了这些周期轨道潜在的应用价值。

◆ 逃逸太阳系任务

NASA 最早提出星际探测器计划（Interstellar Probe，ISP），旨在探索近星际介质与太阳系的相互作用。该计划采用太阳帆在 15 年的时间内快速飞出 200 AU 远。ISP 将研究太阳与周围环境的相互关系以及测量星际尘埃等围绕太阳系物质的属性。任务概念是在 1999 年年初时被提出的，计划让边长 400 m 的太阳帆加速到 15 AU/年，大约是旅行者 1 号和 2 号速度的 5 倍。ISP 首先飞到靠近太阳约 0.25 AU 的距离获得巨大的加速能力，然后直接飞往星际，大约在 5 AU 时，ISP 抛掉太阳帆巡航到 200~400 AU，经历柯依伯带、日球层顶和近星际。

6. 小结

针对上节分析的太阳帆任务，根据研究成果，发现不同任务具有各自明确的特点，总结如下：

1）太阳高轨任务特点

对于太阳高轨任务，太阳帆比化学发动机更适用。如果采用化学推进方式将探测器直接送入太阳极轨，需要消耗极大的能量，经计算所需速度增量达 42.09 km/s，以人类目前的技术水平显然无法实现。国际上常采用的方法是借助行星引力来改变轨道倾角，如 Ulysses 号采用木星借力，最终使轨道倾角达到了 80.2°。

然而采用行星借力也存在弊端，如果像 Ulysses 号一样采用大行星借力——如木星借力，其轨道半径必然会很大，给探测器开展对日观测等科学活动带来诸多不便。如果想要有较小的轨道半径，则只能采用内行星借力。由于内行星质量较小，一次借力不能达到要求的轨道倾角，必须多次借力，这就给发射窗口的选取和轨道设计与控制带来较大的困难。

利用太阳帆推进技术则可以较容易地将探测器送到绕日极轨轨道上。太阳帆不仅适用于抬升轨道倾角，而且有解析的控制律，具有工程实用性。针对太阳极地观测任务的任务目标，还可以将目标轨道形状设计成大偏心率的椭圆，并将轨道的远日点设在太阳极地上空，以实现探测器在太阳极区的长久停留。如果太阳帆材料性能优异，还可以设计定点悬浮在太阳极区上空的太阳帆悬浮轨道。

2）行星科学任务特点

由于太阳帆不需要消耗燃料，对太阳帆行星科学任务唯一考量指标就是时间，让飞行时间越少越好。太阳帆最小时间轨道转移设计的核心和难点之一是协态变量初值的猜测。针对这个问题，学者们发展了多种优化方法，这些方法主要可以分为两大类：间接法和直接法。间接法计算量小且能得到精确解，但由于控制曲线对初始协态变量异常敏感，同时协态变量是无物理意义的量，使得要在这样一个很小的收敛半径内猜测一个精确的初始值相当困难。直接法把优化问题转化为非线性规划问题，原理简单、收敛性好，但通常情况下其运算时间耗费非常多。

3）近地轨道任务特点

目前，太阳帆地球逃逸轨道的研究多集中于控制律的设计，采用的太阳帆动力学模型都很简单。由于太阳帆在增大轨道能量的过程中近地点高度在减小，需要设计控制率避免航天器在逃逸过程中碰撞地球，而且太阳帆逃逸轨道是多圈螺旋展开的形式，大多情况下多次进出地球阴影，这对太阳帆而言是很重要的考虑因素。对于发射轨道为 GTO 的太阳帆航天器，若考虑近地点轨道高度的约束条件，则地心逃逸段的飞行时间对初始发射轨道的空间位置较为敏感。

太阳帆地球逃逸轨道或者行星逃逸轨道所需时间较直接由火箭上面级运载要费时间，如不是必须用太阳帆逃逸，建议还是采用由火箭为太阳帆提供逃逸初始速度。

4）小天体探测任务特点

与常规航天器相比，太阳帆实现小行星交会和防御等任务具有很大的优势。McInnes 研究了利用太阳帆与小行星的直接碰撞来改变小行星的速度。由于常规航天器与小行星都运行在顺行轨道上，两者之间的相对速度有限，通常为 10～15 km/s。太阳帆可以运行在逆行轨道上，可以实现与小行星的头对头碰撞，碰撞的相对速度可高达 60～70 km/s，碰撞的效率与核爆炸的效率相当。

小天体探测时间较长，太阳帆持续加速能力得到应用，无需携带大量燃料。并且太阳帆进行小天体探测时方式比较灵活，交会、飞跃、撞击、返回均可以采用，甚至太阳帆可以形成编队，比如利用多个质量小的太阳帆引力拖车同时对小行星进行牵引，实现大引力拖车的功能。

5）非开普勒轨道任务特点

实现非开普勒轨道需要高性能太阳帆，而其光压因子大于等于1，超过现在的制造能力。例如，实现日心定点悬浮的太阳帆光压因子为1，其最大的难点在于对太阳帆材料的要求非常高，太阳帆航天器总体质量面积比要达到临界质面比，即 $1.53\ \text{g/m}^2$。如果有效载荷质量为 50 kg，则至少需要 $250\ \text{m} \times 250\ \text{m}$ 的巨型帆，且帆的质面比还要小于 $1.53\ \text{g/m}^2$，以现在人类的材料科学水平还远远达不到这个目标。但是设计高性能太阳帆任务作为一种理论上的尝试，还是对未来空间科学技术发展很有意义的。

空间科学任务对太阳帆的明确需求主要有如下几个方面。

1）光压因子越大越好

光压因子只与太阳帆的面质比有关，光压因子越大，太阳帆越轻，性能越优良，制造成本也就越高。光压因子越大就越能发挥太阳帆本身的优势，实现很多常规航天器无法实现的特殊任务，如悬浮在黄道面上方的轨道。

2）姿态控制特殊

太阳帆航天器一般都具有较大的尺寸，因而它的转动惯量以及在空间环境中受到的光压干扰力矩也特别大；另外，太阳帆对帆面指向精度的要求也很高，因为指向精度直接关系到太阳帆能否精确到达目标轨道。这些特点使得太阳帆姿态控制方法有别于传统空间飞行器，传统的主动姿态控制方法如喷气控制、反作用飞轮控制等很难满足太阳帆的姿态控制要求，这就需要考虑特殊的适合太阳帆姿态控制的方法。

3）控制平稳

太阳帆属于大型挠性结构，这就要求太阳帆控制律比较平缓，不允许出现尖刺或者突变，这对太阳帆控制系统的要求就不太高，并且，简单平滑的控制律也比较容易在太阳帆工程上实现。

4）构型特殊

由于太阳帆的结构庞大而复杂，控制系统会进一步增加太阳帆的质量和复杂度，降低系统的性能和可靠性。在某些太阳帆任务中，可以利用太阳帆的特点来设计特殊的构型来保证太阳帆在轨道上的被动稳定。

1.2.3 国外主要太阳帆研究团队进展

2019 年 7 月 29 日至 8 月 3 日在德国的亚琛举行了最新一届国际太阳帆技术研讨会。主要参加单位有 NASA 的马歇尔中心太阳帆团队、ESA 和 DLR 的太阳帆团队、英国格拉斯哥大学的太阳帆团队、俄罗斯萨马拉大学的太阳帆团队、意大利米兰理工大学的团队等。中国参加团队包括清华大学、北京理工大学、南京航空航天大学和中国空间技术研究院等团队。此部分内容主要依托研讨会上各国团队所展示的内容进行整理。

1. 德国团队工作

德国 DLR 太阳帆团队介绍了德国宇航局在太阳帆领域的全部研究进展，德国从 1958 年开始提出太阳帆概念，在 1996 年完成 1 m 帆的地面样机，在 1998年完成了 8 m 帆的地面样机，后来又完成了地面 20 m 样机。DLR 研究团队前后共提出了 15 个任务规划，包括多个近地小行星交会任务；25 m^2 的 Gossamer – 2任务，验证高轨姿态和推力矢量控制；50 m^2 的 Gossamer – 3 任务，验证太阳帆可以执行科学任务；金牛座流星雨探查任务等，都没有予以实施。

德国与美国、日本等国都有一些合作机会。在支撑臂和展开机构方面现场展示了多种样机（图 1 – 25）。包括更为轻薄的豆荚杆，利用人字杆和拉锁研制的半米截面边长的轻质桁架结构等。

DLR 研究人员发现由于豆荚杆式展开方式在支撑臂与星体接口方面需要进行研究，否则由于豆荚杆在展开末期被压扁，会极大地降低支撑臂刚度。为此设计了多种接口的紧固方案。针对大型电池阵的展开，DLR 结合已有的支撑臂设计了单杆支撑柔性电池阵展开机构。DLR 还针对不同尺度的太阳帆介绍了展开和储存策略，合理选择构件及其结构是实现 10 m 边长以下大型太阳帆的关键。在边缘长度不超过 50 m 的中等尺寸区域中，达到了相当好的质量比性能。对于更大的帆，单位面积的质量则再次增加。为了使特征加速度最大化，特别是对于非常大的帆来说，如果展开机构的质量可以被抛弃，从而不再对帆艇质量有贡献，这是一个明显的优势。

图 1 – 25　DLR 的折叠展开支撑臂样机

DLR 和兰利研究中心的研究人员针对 500 m² 级的太阳帆设计了一套展开机构。这是一个四根支撑臂同时展开的样机（图 1 – 26），出现多次卡顿现象。

图 1 – 26　大尺度帆展开臂样机

DLR 研究人员介绍了一种薄纱型光伏薄膜的设计，就是一种粘贴了薄膜电池片的薄膜基底，主要研究了折展问题和存储问题。如图 1 – 27 所示为贴有电池阵的帆面展开。

图 1 - 27　贴有电池阵的帆面展开

2. 日本团队工作

日本宇航局的太阳帆团队介绍了一直以来非常神秘的伊卡洛斯后续任务，在之前的公开信息中，这一任务被称为太阳帆木星探测任务，边长 50 m，是太阳帆领域非常宏大的任务之一，一直被各国研究人员广泛关注。近年其团队将其改名为 OKEANOS 任务。这次任务已经不能称为单纯的太阳帆任务了，太阳帆只是作为大型薄膜电池阵的基底出现，推进器采用高比冲的离子电推进方式，当然在任务过程中还会开展部分太阳帆的推进试验。具体指标包括：总功率 4.4 kW@5.2 AU，输出电压 59 ~ 125 V，整星重 141 kg，包括 20 kg 的自旋展开质量块，帆面面积 1 400 m²，存储面积小于 27 cm × 4.5 cm，冲击应力耐受性大于 450 MPa，静应力耐受性大于 20 kPa。

整体设计继承了 IKAROS 的特点，从结构、布局和折叠展开等方式上都与其非常类似。不同之处在于帆面面积扩大，并且遍布薄膜电池阵。目前这一任务已经开展广泛的地面试验，包括张力测试、高低温和环境测试、温度曲率测试、光学特性测试以及反射率测试。

目前 OKEANOS 任务还在努力更改方案，争取在 2030 年发射。日本团队认为 OKEANOS 引领未来太阳系探测，承担着前沿的空间科学探测任务。

3. 美国 NASA 团队工作

美国的研究以 NASA 下属的马歇尔研究中心和兰利研究中心为主，包含其他一些研究中心和阿拉巴马大学等多个大学。

美国 NASA 马歇尔研究中心航天系统部、项目制定办公室以及雅各布工程组共同介绍了近地小行星童子军飞行系统飞行单元测试中的经验教训。NEA 童子军将是第一个对近地小行星进行成像和表征的星际小卫星。如图 1-28 所示为美国近地小行星探测任务示意图。

图 1-28　美国近地小行星探测任务示意图

近地小行星童子军飞行任务的航天器独特地配备了一个 85 m² 的太阳帆作为主推进系统。整体式风帆系统的设计是为了在 6 个立方星①的体积内打包发射，然后在飞行中展开。由于航天器的独特设计，太阳帆子系统需要位于航天器的中心。这一要求带来了设计挑战，如设计和容纳穿过帆子系统中心的关键电缆束、帆子系统的包装和展开设计，以及通过航空电子试验台验证完整性的综合测试工作。这一任务也经历了复杂的演化过程，2010 年美国提出了太阳帆多近地小行星交会任务，5 000 m²；2012 年提出近地项目先驱任务，871 m²；2013 年提出近地小行星童子军计划，100 m²；同期 JPL 也提出了类似任务，JPL 还提出了月球手电筒任务，2015 年月球手电筒任务由于超重，已经不适用于太阳帆推进，改为激光和化学推进；甚至还提出将 Nanosail-D 的四块帆合并为一块大面积帆，将大面积帆改为多个小面积帆的组合体等。

任务小组成功地将太阳帆飞行系统交付给航天器集成项目组，其认为软件、机械设计和热分析方面对交付至关重要。组合式支撑臂和简化的扇形帆可以将帆系统的质量减少至少 25%。热分析表明了涂层和胶带的选择、天线和控制系统对航天器的总体尺寸和性能产生较大影响。

---

① 美国的小卫星标准尺寸是 10 cm × 10 cm × 10 cm，称为一个立方星。

美国阿拉巴马大学天体动力学与空间研究实验室和马歇尔制导导航与任务分析团队共同介绍了 NEA 童子军计划的轨道设计与选择。

美国弗吉尼亚州哈普顿国家航空航天研究所，NASA 兰利研究中心下属的先进材料与加工组，耐久性、损伤容限和可靠性组，结构动力学组，结构与热力系统组以及 NASA 马歇尔飞行中心的非金属材料与空间环境效应组共同介绍了太阳帆膜结构机械截面的耐久性表征方法。还介绍了在可展开复合材料支撑杆用聚合物的黏弹性表征方面的工作。可展开空间结构是由薄壁纤维增强聚合物复合材料制成的，具有比强度高、比刚度高、双稳态等特点。然而，当零件在应变下储存时，树脂基体固有的黏弹性行为会导致尺寸不稳定。在太空中组装和展开之间的长时间装载可能导致性能下降，在最坏的情况下，可能导致任务失败。他们评估了太阳帆可展开臂架结构候选商用聚合物的黏弹性特性。

美国 NASA 团队介绍了太阳帆建模方面的一些工作，主要是利用有限元分析工具对帆面局部褶皱、应力分布、在预紧力和变形作用下的帆面形状的变化等进行分析。认为有限元工具非常必要，且若预紧力加载合适，则支撑臂对帆面变形基本没有影响。建议下一步继续开展更高精度的模拟，亦即折叠状态的建模工作。

NASA 研制支撑臂的团队介绍了支撑臂的当前研究进展，认为百米以上支撑臂已经在螺旋压紧式支撑臂上完成，40 m 以下较为昂贵的支撑臂在 DLR 已经实现，更小尺度的支撑臂也通过人字形、C 字形、记忆材料等形式实现。其团队主要聚焦于 5 ~ 20 m、价格适中的支撑臂，研究了截面形状、加工工艺等。

4. 美国行星协会 Lightsail 团队工作

Lightsail 团队介绍了星际探测设想，也就是"摄星计划"的一些研究进展。利用 4 cm² 的小帆，获得 0.2 倍光速的飞行速度，从而实现星际探测任务。主要介绍了其在任务设计、材料选择、反射率分析、热分析等方面的一些初步探索。任务中，当薄膜微小帆在旋转起来后，如果速度大于一定的范围就会导致帆的破碎。

1.2.4　太阳帆后续发展的设想

1. 太阳帆的地位

太阳帆在国际航天技术领域还没有得到充分的认可，虽然开展了大量的地面和空间试验，但是针对具体任务应用，其作为一个创新点出现时分量仍旧无法打动决策层。而且随着核电推进、高性能电推进等技术的不断发展，太阳帆无工质的特点越来越不占优势，推力小的弱点反倒不断放大。因此不论是在美国、欧洲还是日本，当前能够支持太阳帆空间试验的仍旧是私人公司等组织。

太阳帆在应用领域仍旧可以提出非常多的创新任务，但是能够具有非常明显鼓舞性的任务已经很难提出。将一个航天器推动到接近光速可能是未来很长时间的发展方向，因此激光推进太阳帆的地面试验和空间验证将可能是未来重要的趋势之一。

2. 太阳帆的未来

大型太阳帆的作用将会向着提供薄膜型机构方向转变，反光的作用减弱，但是作为结构件出现，提供安装平台、提供大面积方面还是具有较大应用空间。

小型太阳帆的未来方向更为明确和可行。小型帆在新技术验证、创新任务实施、激光推进、轨道减速等方面，因其成本优势，一直具有广阔的应用场景。特别是离轨帆，随着近地轨道星座任务的不断实施，将会具有非常明确而又大量的市场。

商业航天领域，继空间旅游、午马牛卫星项目以来，最为可能的项目就是利用光学或者其他方式为地球普通民众提供肉眼可见的信息服务。太阳帆在这一领域具有一定的优势，美国已经有商业公司提出类似的概念。但是由于存在光污染等问题，还是较为敏感的话题之一。我国成都"人造月亮"概念的销声匿迹就是这一原因造成的。

3. 太阳帆的技术发展

小型帆的技术相对成熟，特别是针对四支撑臂展开和自旋展开的两种小型帆成熟度较高，几次空间验证均非常成功。展开技术在地面还可以发现一些展开稳定性差和展开失败的现象，但是在空间并未出现过，无论是商业公司的展开还是著名宇航机构的展开都未失败。

大型帆由于地面重力的影响，展开试验非常难以实施，美国在 Sunjammer 任务中实施了 300 m^2 左右太阳帆的展开。日本依托其任务开展了 50 m 边长的 1/4 帆面展开。虽然展开相对成功，但是无法与空间展开进行等效。技术成熟度还有待提升，相关技术还需要进一步研究。

在材料领域，当前主要的薄膜材料基本都已经进行了测试和试验。未来依托"摄星计划"更高性能的材料可能会被研制。

在轨道设计和控制领域，由于不需要结合硬件开展，每年都在进一步突破，主要集中在优化算法中初值选取的问题和更复杂模型下的姿态轨道控制。更有意义的工作是不断有一些具有特殊性能的太阳帆轨道被找到。控制技术由于无法进行地面试验，都只是存在于理论仿真中。Lightsail－2 团队首次验证了利用太阳帆进行轨道提升的控制策略，效果较好，但是控制精度等细节未予以公开。

我国的技术发展现状当前与国际先进水平的差距还是很大的。主要原因是缺乏持续研究的团队和氛围。钱学森空间技术实验室已经是国内持续开展太阳帆研究最长的单位之一。为此我们未来的研究方向将主要集中于多种构型太阳帆地面展开技术，通过自主研制多种展开样机来实现核心技术的掌握和储备。另一个研究方向是空间辐射环境、碎片环境下，太阳帆结构、材料和镀层的性能退化问题研究。

4. 太阳帆的技术研究团队

从 NASA 各个研究中心的研究团队配备看到一个较为有意思的现象，那就是参与团队众多，在一个总体组织下开展研究工作。马歇尔研究中心太阳帆研究人员的归属包括航天系统部、项目制定办公室、雅各布工程组、制导导航与任务分析团队、非金属材料与空间环境效应组等。NASA 兰利研究中心参与太阳帆研究的人员包括先进材料与加工组，耐久性、损伤容限和可靠性组，结构动力学组，结构与热力系统组。从论文看作者中均包括航天系统部、项目制定办公室这两个单位，基本为总体单位，参研的队伍涵盖范围极广。

5. 太阳帆后续发展建议

（1）小型帆瞄准商业化机遇，以研制地面样机，提升成熟度为主。从形状、材料、厚度、展开速度、功能等方面进行大量的理论分析和工程实践，重点突出多样性、可靠性、稳定性。

（2）大型帆方向重点研究复杂折展技术和长期存储、空间环境、碎片撞击等对大型薄膜结构的影响以及相应的防护技术。不再局限于大尺度帆的光学反射，兼顾航天器上大面积薄膜功能结构方向。关键技术体现在折纸理论、动力学理论、稳定性理论等方向。

太阳帆推进的关键是光压力的计算，日本伊卡洛斯任务以及众多前期太阳帆任务中很重要的测试内容就是光压力的测量。太阳帆薄膜存在振动变形、展开变形以及受控的形面调整，这些会影响到光压力的大小和方向，光压力的大小和方向会影响到轨道的变化。可以说太阳帆航天器的结构、姿态、轨道之间存在着复杂的耦合关系。为了能够对上述耦合关系进行分析，本章建立了考虑薄膜形状的光压力模型、光压力与结构之间的静动力学分析模型、结构姿态轨道耦合的动力学模型，并开展了仿真分析。

2.1 太阳光压力建模理论

2.1.1 太阳光压力推进理论研究

1. 太阳辐射压力的物理解释

太阳帆航天器的推进力来自太阳与太阳帆帆面之间辐射能量的动量交换。太阳帆推进技术在物理机制上是成熟的，从量子力学角度看，可以将辐射压力看作是光子动量的传送，从光的电磁描述角度，可以认为光是通过电磁波运送动量到太阳帆上。图 2-1 所示为太阳帆推进原理示意图。

使用量子力学理论，可将辐射压力看作由于光子动量的传送组成光的能量量子群。根据普朗克定律，一个频率为 υ 的光子，输送能量 E 为

$$E = h\upsilon \tag{2-1}$$

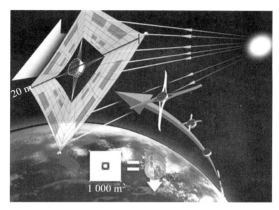

图 2 - 1　太阳帆推进原理示意图

式中，h 是普朗克常数。除了量子角度，狭义相对论的质量能量守恒使得移动物体能量可为

$$E^2 = m_0^2 c^4 + p^2 c^2 \qquad (2-2)$$

式中，m_0 是静止质量，p 是动量，c 是光速。方程第一项表示物体静止能量，第二项表示由运动产生的能量。既然光子静止能量为零，它的能量可写为

$$E = pc \qquad (2-3)$$

使用式（2-1）、式（2-3）定义的光子能量，单个光子的动量输送可写为

$$p = \frac{hv}{c} \qquad (2-4)$$

需要注意的是要联合使用量子力学和经典物理理论的狭义相对论才能推得这个方程。为了计算施加在物体上的压力，必须考虑一簇光子输送的动量。距离太阳距离为 r 的能量簇 W（单位时间单位面积的能量穿越）可按照太阳光度 L_S 予以写出，由日地距离 R_E 缩放为

$$W = W_E \left(\frac{R_E}{r} \right)^2 \qquad (2-5)$$

$$W_E = \frac{L_S}{4 \pi R_E^2} \qquad (2-6)$$

式中，W_E 是距日 1 AU 地球处的能量通量。使用式（2-5）和式（2-6），可给出 Δt 时间内能量 ΔE 横跨面积 A 垂直入射辐射的输送

$$\Delta E = WA\Delta t \qquad (2-7)$$

从方程式（2-3）这个能量输送动量 Δp，由下式给出：

$$\Delta p = \frac{\Delta E}{c} \qquad (2-8)$$

施加在表面的压力 p 为单位时间单位面积输送的动量，以至于

$$p = \frac{1}{A}\left(\frac{\Delta p}{\Delta t}\right) \qquad (2-9)$$

因此，使用方程式（2-7），由于光子动量输送施加在表面的压力由下式给出

$$p = \frac{W}{c} \qquad (2-10)$$

对于一个理想反射表面观测到的压力是方程式（2-10）提供的 2 倍，这是由于入射反射。使用式（2-10），在距日 1 AU 处，施加在太阳帆上的太阳辐射压力现在可以计算。W_E 的一个可以接受的平均值是 1 368 J/（S·m²）。因此，1 AU 处施加在理想反射太阳帆上的压力是 9.12×10^{-6} N/m²。

2. 太阳帆航天器推进能力的描述方式

为了描述太阳帆的推进能力，国际上通过三种指标进行推进能力的描述：一是太阳帆探测器特征加速度 a，指太阳帆探测器在距离太阳 1 AU 时所受的太阳辐射加速度；二是光压因子 β，指太阳光垂直照射帆面有效面积（S）时产生的光压力与太阳对探测器的引力之间的比值；三是质量面积比 m/S，指探测器的总质量（m）与帆面有效面积的比值。

光压因子仅与质量面积比有关，两者之间成反比关系，系数是 1.53 g/m²，特征加速度是通过太阳光压常数除以质量面积比获得的，光压常数是 9.12×10^{-6} N·m⁻²。由下述公式表示：

光压因子 $$\beta = \frac{1.53}{m/S}$$

特征加速度 $$a = \frac{9.12 \times 10^{-6}}{m/S}$$

可以发现上述三种指标虽然表征不同，但是内涵都是一致的，核心就是面积质量比（面密度），也是表征太阳帆性能的最重要指标，因此对于给定面密度的太阳帆，光压力与引力的比值为常数，用 β 表示，称为光压因子。光压因子只与

太阳帆的面密度有关，β 值越大，说明太阳帆越轻，性能越优良。如果光压力与引力相同，则可以得到太阳帆面密度称为临界面密度，数值上等于 1.53 g/m²。以正方形帆为例，可以得到在不同加速度下太阳帆探测器质量与帆面尺寸之间的关系，如图 2 – 2 所示。

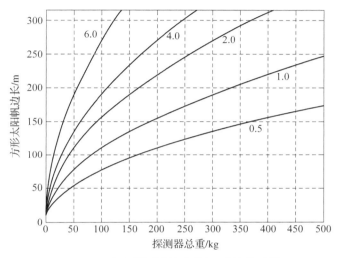

图 2 – 2　探测器质量与帆面尺寸的关系图

图中描述了加速度从 0.5 mm/s² 到 6 mm/s² 时，探测器总重 500 kg 以内的方形帆尺寸。可以看到 100 kg 的探测器需要的帆面积从数千平方米到数万平方米。

3. 太阳帆航天器的基本轨道动力学和典型轨道特性

1）推力方式比较

首先分析了常规推进、电推进和太阳帆推进方式的优劣与任务周期的关系。如果考虑初始质量为最终质量的 3 倍，可以得到不同加速度情况下的任务时间与 I_{sp} 之间的关系曲线，如图 2 – 3 所示，加速度从 0.5 mm/s² 到 6.5 mm/s²。

化学推进的比冲范围约为从 200 s 到 450 s，电推进的比冲范围约为从 2 200 s 到 3 700 s，从图中可以看出随着任务时间的增长，太阳帆的优势逐渐明显，即使是大比冲的电推进器只要任务周期达到两年半以上，太阳帆都可以认为具有优势。

2）轨道动力学模型及特征分析

进而建立了太阳帆推进的轨道动力学模型并开展了轨道特性分析。太阳帆处于空间不同位置，不同的天体对其引力大小不同，根据太阳帆受到天体的引力的量

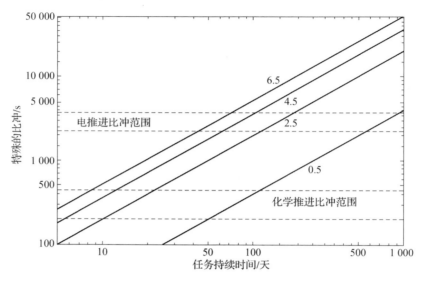

图 2 - 3　太阳帆推进与任务周期的关系

级，可以考虑主要天体的引力。当太阳帆远离所有天体时，可以只考虑太阳引力。当太阳帆在围绕某个天体运动时，可以只考虑该天体的引力。当天体在某两个主天体形成的限制性三体问题的平动点附近时，需要同时考虑这两个主天体的引力。

太阳帆早期的经典研究都集中在日心轨道，日心轨道动力学可以在不同的坐标系下进行描述。在日心惯性坐标系下，太阳帆的动力学方程可以表示为

$$
\begin{cases}
\ddot{X}_I + \dfrac{\mu_S}{r^3}X_I = F_X \\[2mm]
\ddot{Y}_I + \dfrac{\mu_S}{r^3}Y_I = F_Y \\[2mm]
\ddot{Z}_I + \dfrac{\mu_S}{r^3}Z_I = F_Z
\end{cases}
$$

在球坐标系下，定义 ϕ 为 r 与黄道面之间的夹角，ψ 为 r 在黄道面的投影与 X_I 的夹角，如图 2 - 4 所示，在球坐标系下的动力学方程可以表示为

$$
\begin{cases}
\ddot{r} - r\dot{\phi}^2 - r\dot{\psi}^2\cos^2\phi = -\dfrac{\mu_S}{r^2} + F_r \\[2mm]
r\cos\phi\ddot{\psi} + 2\cos\phi\dot{r}\dot{\psi} - 2r\dot{\psi}\dot{\phi}\sin\phi = F_\psi \\[2mm]
r\ddot{\phi} + 2\dot{r}\dot{\phi} + r\dot{\psi}^2\sin\phi\cos\phi = F_\phi
\end{cases}
$$

轨道坐标系由位置单位矢量 $\boldsymbol{e}_r$、轨道面法向单位矢量 $\boldsymbol{e}_h$ 以及横向单位矢量 $\boldsymbol{e}_t$ 形成右手坐标系，如图 2 – 5 所示，在轨道坐标系下的动力学方程可以表示为

$$
\begin{cases}
\dot{a} = \dfrac{2}{n_a\sqrt{1-e^2}}\left[\,e\sin f \cdot F_R + (1+e\cos f)F_t\,\right] \\[3mm]
\dot{e} = \dfrac{\sqrt{1-e^2}}{n_a a}\left[\,\sin f \cdot F_R + (\cos f + \cos E)F_t\,\right] \\[3mm]
\dot{i} = \dfrac{r\cos u}{n_a a^2\sqrt{1-e^2}}F_h \\[3mm]
\dot{\Omega} = \dfrac{r\cos u}{n_a a^2\sqrt{1-e^2}\sin i}F_h \\[3mm]
\dot{\omega} = \dfrac{\sqrt{1-e^2}}{n_a a e}\left[\,-\cos f \cdot F_R + \left(1+\dfrac{r}{p}\right)\sin f \cdot F_t\,\right] - \cos i\,\dot{\Omega} \\[3mm]
\dot{M} = n_a - \dfrac{1-e^2}{n_a a e}\left[\,\left(2e\dfrac{r}{p}-\cos f\right)F_R + \left(1+\dfrac{r}{p}\right)\sin f \cdot F_t\,\right]
\end{cases}
$$

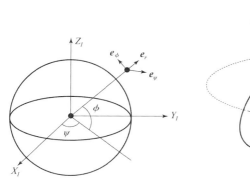

图 2 – 4　球坐标系的描述

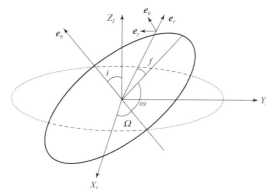

图 2 – 5　轨道坐标系的描述

太阳帆的位置矢量在不同的坐标系的投影之间可以相互转换，惯性系到球坐标系的转换可以描述为

$$
\begin{bmatrix} \boldsymbol{e}_r \\ \boldsymbol{e}_\psi \\ \boldsymbol{e}_\phi \end{bmatrix} = R_2(-\phi)R_3(\psi)\begin{bmatrix} \boldsymbol{e}_{X_I} \\ \boldsymbol{e}_{Y_I} \\ \boldsymbol{e}_{Z_I} \end{bmatrix} = \begin{bmatrix} \cos\phi & 0 & \sin\phi \\ 0 & 1 & 0 \\ -\sin\phi & 0 & \cos\phi \end{bmatrix}\begin{bmatrix} \cos\psi & \sin\psi & 0 \\ -\sin\psi & \cos\psi & 0 \\ 0 & 0 & 1 \end{bmatrix}\begin{bmatrix} \boldsymbol{e}_{X_I} \\ \boldsymbol{e}_{Y_I} \\ \boldsymbol{e}_{Z_I} \end{bmatrix}
$$

惯性坐标系到轨道坐标系的转换可以表示为

$$
\begin{bmatrix} \boldsymbol{e}_r \\ \boldsymbol{e}_t \\ \boldsymbol{e}_h \end{bmatrix} = R_3(u) R_1(i) R_3(\Omega) \begin{bmatrix} \boldsymbol{e}_{X_I} \\ \boldsymbol{e}_{Y_I} \\ \boldsymbol{e}_{Z_I} \end{bmatrix}
$$

$$
= \begin{bmatrix} \cos u & \sin u & 0 \\ -\sin u & \cos u & 0 \\ 0 & 0 & 1 \end{bmatrix} \begin{bmatrix} 1 & 0 & 0 \\ 0 & \cos i & \sin i \\ 0 & -\sin i & \cos i \end{bmatrix} \begin{bmatrix} \cos \Omega & \sin \Omega & 0 \\ -\sin \Omega & \cos \Omega & 0 \\ 0 & 0 & 1 \end{bmatrix} \begin{bmatrix} \boldsymbol{e}_{X_I} \\ \boldsymbol{e}_{Y_I} \\ \boldsymbol{e}_{Z_I} \end{bmatrix}
$$

Gauss 形式太阳帆的轨道动力学模型:

$$
\dot{a} = \frac{2a^2}{h} \left[f_r e \sin \theta + f_\theta (1 + e \cos \theta) \right]
$$

$$
\dot{e} = \frac{1}{h} \{ p f_r \sin \theta + \left[(p + r) \cos \theta + re \right] f_\theta \}
$$

$$
\dot{i} = \frac{r \cos(\omega + \theta)}{h} f_k
$$

$$
\dot{\Omega} = \frac{r \sin(\omega + \theta)}{h \sin i} f_k
$$

$$
\dot{\omega} = -\frac{r \sin(\omega + \theta)}{h \tan i} f_k + \frac{1}{eh} \left[-p f_r \cos \theta + (p + r) f_\theta \sin \theta \right]
$$

$$
\dot{\theta} = \frac{h}{r^2} + \frac{1}{eh} \left[p f_r \cos \theta - (p + r) f_\theta \sin \theta \right]
$$

拉格朗日微分形式太阳帆的轨道动力学模型:

$$
\frac{\mathrm{d}a}{\mathrm{d}\theta} = \frac{2pr^2}{\mu (1 - e^2)^2} \left[f_r e \sin \theta + f_\theta (1 + e \cos \theta) \right]
$$

$$
\frac{\mathrm{d}e}{\mathrm{d}\theta} = \frac{r^2}{\mu} \left[f_r \sin \theta + f_\theta \left(1 + \frac{r}{p} \right) \cos \theta + f_\theta \frac{r}{p} e \right]
$$

$$
\frac{\mathrm{d}i}{\mathrm{d}\theta} = \frac{r^3 \cos(\omega + \theta)}{\mu p} f_k
$$

$$
\frac{\mathrm{d}\Omega}{\mathrm{d}\theta} = \frac{r^3 \sin(\omega + \theta)}{\mu p \sin i} f_k
$$

$$
\frac{\mathrm{d}\omega}{\mathrm{d}\theta} = -\frac{\mathrm{d}\Omega}{\mathrm{d}\theta} \cos i + \frac{r^2}{\mu e} \left[-f_r \cos \theta + f_\theta \left(1 + \frac{r}{p} \right) \sin \theta \right]
$$

密切轨道六要素形式太阳帆的轨道动力学模型：

$$\dot{a} = \frac{2a^2}{h}\frac{\beta\mu}{r^2}\cos^2\alpha\left[e\cos\alpha\sin\theta + \frac{p}{r}\sin\alpha\sin\delta\right]$$

$$\dot{e} = \frac{1}{h}\frac{\beta\mu}{r^2}\cos^2\alpha\left\{p\cos\alpha\sin\theta + \left[(p+r)\cos\theta + re\right]\sin\alpha\sin\delta\right\}$$

$$\dot{i} = \frac{\beta}{r}\sqrt{\frac{\mu}{p}}\cos^2\alpha\sin\alpha\cos\delta\cos(\omega+\theta)$$

$$\dot{\Omega} = \frac{r\sin(\omega+\theta)}{h\sin i}\frac{\beta\mu}{r^2}\cos^2\alpha\sin\alpha\cos\delta$$

$$\dot{\omega} = -\frac{\beta\mu}{hr^2}\cos^2\alpha\left\{\frac{r\sin(\omega+\theta)}{\tan i}\sin\alpha\cos\delta - \frac{1}{e}\left[-p\cos\alpha\cos\theta + (p+r)\sin\alpha\sin\delta\sin\theta\right]\right\}$$

$$\dot{\theta} = \frac{h}{r^2} + \frac{1}{eh}\frac{\beta\mu}{r^2}\cos^2\alpha\left[p\cos\alpha\cos\theta - (p+r)\sin\alpha\sin\delta\sin\theta\right]$$

利用太阳帆在不同坐标系下的动力学方程的描述，可以研究太阳帆在日心轨道的动力学特征，包括星际转移轨道。二体模型下太阳帆的能量可以表示为

$$C = \frac{1}{2}v^2 - \frac{\tilde{\mu}}{r}$$

利用能量可以判断太阳帆的轨道类型：当 $C < 0$ 时，即 $v < \sqrt{\dfrac{2\tilde{\mu}}{r}}$，太阳帆的轨道为椭圆；当 $C = 0$ 时，即 $v = \sqrt{\dfrac{2\tilde{\mu}}{r}}$，太阳帆的轨道为抛物线；当 $C > 0$ 时，即 $v > \sqrt{\dfrac{2\tilde{\mu}}{r}}$，太阳帆的轨道为双曲线。

当太阳帆的轨道为椭圆时，设 h 为太阳帆的角动量，则太阳帆到太阳的距离可以表示为

$$r(f) = \frac{h^2}{(1+e\cos f)\tilde{\mu}}$$

轨道速度大小可以表示为

$$v(f) = \frac{\tilde{\mu}}{h}\sqrt{1 + 2e\cos f + e^2}$$

轨道周期可以表示为

$$T = \frac{2\pi}{\sqrt{\dfrac{\tilde{\mu}}{a^3}}}$$

由上面的公式可知，当太阳帆与传统航天器在一个长半轴相同的日心轨道上运行时，太阳帆比传统航天器的周期长。当偏心率也相同时，太阳帆具有较小的动量矩，即在同一轨道运行时，太阳帆的日心速度比传统航天器小。如果航天器运行在一个半径为 a 的圆轨道上，将太阳帆展开，且太阳光压力沿径向施加，则太阳帆的轨道将发生改变，当 $\beta < 1/2$ 时，太阳帆的轨道将为椭圆轨道，椭圆轨道的长半轴为

$$\tilde{a} = \frac{r_p}{1-e} = \frac{a}{1-e} = \frac{a(1-\beta)}{\beta}$$

从上述结果可以看出，当 $\beta = 1$ 时，偏心率 $\tilde{e} \to \infty$。很容易理解，$\beta = 1$ 意味着太阳对太阳帆的引力和光压力抵消，因此，太阳帆受到的合外力为零，太阳帆将做直线运动；当 $\beta = 1/2$ 时，偏心率 $\tilde{e} = 1$，太阳帆的轨道为抛物线；当 $\beta < 1/2$ 时，偏心率 $\tilde{e} < 1$，太阳帆的轨道为椭圆；当 $1/2 < \beta < 1$ 时，偏心率 $\tilde{e} > 1$，太阳帆的轨道为双曲线；当 $\beta > 1$ 时，太阳引力和太阳光压力的合力所产生的效果相当于正引力势场，太阳帆的轨道将为双曲线，但是将沿远离太阳的方向运动。

3）特殊轨道类型特点分析

利用上述模型分析了日心轨道中的椭圆、双曲线、抛物线轨道的运行特点与光压因子的关系，分析了太阳帆在圆轨道、椭圆轨道、直线轨道、逃逸轨道以及对数螺旋轨道上运行的特点。针对行星中心轨道分析了利用太阳帆进行逃逸的情况。结合上述不同的轨道类型，分别进行了轨道的稳定性分析。

考虑太阳帆部署在半径为 r 圆日心轨道上，圆轨道速度 $\sqrt{\mu/r}$，帆的法向沿着太阳光线方向。光压因子 $\beta = 0$，显然轨道是半径 r 的圆开普勒轨道。光压因子范围在 $0 < \beta < 1/2$，太阳帆将比局部圆轨道速度 $\sqrt{\tilde{\mu}/r}$ 快，以至于轨道是椭圆的。对于光压因子 $\beta = 0.5$，太阳帆以逃逸速度移动，因此沿着抛物线轨道移动。类似地，光压因子范围在 $1/2 < \beta < 1$，太阳帆将沿着双曲线轨道移动。对于光压因子为 1 的轨道，太阳光压力精确地平衡太阳重力以至于太阳帆以速度 $\sqrt{\mu/r}$ 沿着直线轨道运动。最后，对于大于 1 的光压因子，实际在帆上的有效力改变了正负

符号，同样太阳帆沿着双曲轨道移动，但是力的方向相反了。

圆轨道 （$e = 0$）

对于圆轨道，太阳帆轨道周期是轨道半径和太阳帆光压因子的函数：

$$T = \frac{2\pi}{\sqrt{\mu}}(1 - \beta)^{-1/2} r^{3/2}$$

以至于太阳帆轨道周期与它的轨道半径解耦了。通过恰当地选择太阳帆光压因子，可以任意选择太阳帆周期在以下的约束以内：

$$T > \frac{2\pi}{\sqrt{\mu}} r^{3/2}$$

为了在某些需要的数值上同步太阳帆轨道周期，半径 r 处所需的太阳帆光压因子选为

$$\beta = 1 - \frac{4\pi^2}{\mu} \frac{r^3}{T^2}$$

椭圆轨道 （$0 < e < 1$）

对于椭圆轨道，开普勒轨道的关系将再次适用，但是需要进行修正万有引力参数。太阳帆部署在轨道后所得的日心轨道半长轴和偏心率由下式给出：

$$a = R\left(\frac{1 - \beta}{1 - 2\beta}\right) \qquad e = 1 - \left(\frac{1 - 2\beta}{1 - \beta}\right)$$

可见轨道偏心率与初始圆轨道半径无关。

椭圆轨道的使用同样提供了霍曼类型转移的机会，但是仅仅使用单脉冲。太阳帆转移可提供显著减少的 Δv，但是代价是转移时间的增长，太阳帆转移时间 T_S 总是比霍曼转移时间 T_H 长。这个 Δv 的缩减当然与所需的太阳帆质量抵消了。

直线轨道

如果选择太阳帆光压因子是 $\beta = 1$，将没有净力施加在太阳帆上。太阳帆将完全移除太阳万有引力影响。既然太阳光压力和太阳万有引力均是反比二次方规律，太阳帆可在任何位置相对于太阳静止。另外，如果太阳帆相对于太阳有初始速度，它将以恒定的速度沿着直线轨道运行。下式给出速度和线性距离：

$$v = \sqrt{\frac{\mu}{R}} \qquad s = \sqrt{\frac{\mu}{R}}(t - t_0)$$

逃逸轨道（$e \geqslant 1$）

直接通过选择太阳帆光压因子来进行逃逸轨道是可行的，$\beta = 0.5$ 提供了抛物线逃逸。太阳帆光压因子大于1，将得到双曲轨道族。这种情况下，施加在太阳帆上有效的力遵循反比二次方规律，但是力是径向向外的，远离太阳。既然有效的力是反比二次方的，则轨道是圆锥段的。对于光压因子大于1的太阳帆，双曲轨道反转以至于太阳占据了圆锥段的相反的焦点。

对数螺旋轨道

产生对数螺旋轨道需要航天器推进产生的加速度有与轨道半径二次方成反比的变量。太阳帆满足这种情况，对数螺旋轨道对于星际转移是一个很具有吸引力的选择。另外，既然帆的姿态相对于太阳光线必须是固定的，仅需要一个简单的制导律。对数螺旋轨道的一个主要的特点是太阳帆速度矢量相对于瞬时半径矢量在整个转移中保持固定的角。这个轨道特点导致星际转移中对数螺旋轨道应用起来很困难。对于圆轨道之间的转移，初始和最终太阳帆速度矢量将与初始和最终轨道不匹配。

行星中心轨道

上面已经讨论了日心太阳帆轨道，下面将考虑行星中心太阳帆轨道。行星中心理想反射太阳帆的一般运动方程为

$$\frac{\mathrm{d}^2 \boldsymbol{r}}{\mathrm{d}t^2} + \mu \frac{\boldsymbol{r}}{r^3} = \kappa (\boldsymbol{l} \cdot \boldsymbol{n})^2 \boldsymbol{n}$$

此处参数 κ 是太阳帆加速度的幅值，$\boldsymbol{l}$ 是沿着太阳光线的单位矢量。对于地心轨道，κ 是太阳帆特征加速度。行星中心轨道主要考虑的是利用太阳帆进行轨道逃逸，由于地球轨道的万有引力，逃逸轨道需要长时间的螺旋，需要快速的太阳帆旋转速率。对于这些原因，地球逃逸轨道事实上最好避免。

次最优轨道

考虑的轨道机动的第一个方法是简单地使用帆俯仰角的太阳光压力的开关转换。在太阳帆轨道的一半，太阳帆将面对太阳，而在轨道另一半，太阳帆将边缘对着太阳。尽管开关的形式很简单，在单位轨道期间需要两次快速的90°旋转机动操作。旋转持续时间相对于轨道周期必须是短的，以避免效率的损失。在次优轨道控制中，设计了轨道速率制导、局部最优制导以及避免快速旋转的极轨逃逸策略。

最小时间逃逸轨道

使用最优控制理论，研究了时间最优逃逸轨道。通过在整个轨道周期内平均变量方程，可去除短周期项，导致所需时间的显著减少。行星逃逸帆制导律的任何选择，无论是最优还是次最优，最大帆旋转角速度将是确定轨道效率的限制因素。具有低旋转角速度的太阳帆在每个轨道周期内向着太阳的弧段期间不能够再次快速地调整姿态以适应最优俯仰角。通过使用双面均可反射的帆薄膜，可以消除这些快速旋转机动。然而，质量节约通过允许小姿态作动器的使用而达到目的，而质量节约必须折中以预备额外的由帆涂层增加的质量。长逃逸螺旋通过使用化学推进将太阳帆直接注入星际轨道而可以避免。

近似逃逸时间

尽管以恰当的太阳帆制导律通过太阳帆运动方程数值积分，可容易地得到从某初始轨道算起的逃逸时间，但是为逃逸时间推导恰当的表达式是很有用的。考虑局部最优制导律，近似的逃逸时间为

$$\tau = \frac{2\,805}{\beta \ \sqrt{6\,371 + h(\text{km})}}[\,\text{天}\,]$$

此处 h 是初始轨道高度，β 是通常的太阳帆光压因子。能够发现逃逸时间是开始轨道姿态的强函数，因此太阳帆最好直接从地球逃逸轨道开始任务，或至少从地球静止轨道开始任务。

哈密尔顿 – 雅可比方法的解

通过使用哈密尔顿 – 雅可比理论研究行星中心太阳帆轨道动力学，证明对于固定姿态和一个（假设）固定太阳光线的太阳帆，存在一般的、封闭形式的解析解。

按照雅可比椭圆函数得到封闭的解如下：

$$\xi(\tau) = D_1 + D_2 \text{sn}^2\left[D_3, D_4(\tau - \tau_0)\right]$$

$$\eta(\tau) = E_1 + E_2 \text{cn}^2\left[E_3, E_4(\tau - \tau_0)\right]$$

此处 D_i，$E_i(i = 1 \sim 4)$ 和 τ_0 是运动的常数，通过正则常数 $\alpha_j(j = 1,2,3)$ 定义。

通过上述研究和分析得出如下结论：

通过选择合适的光压因子和到太阳的距离，可以获得包括直线轨道在内的一系列极具特点的轨道，虽然比霍曼转移的效率要低，但是更适合于太阳同步、太

阳风空间变化等特性。

从稳定性的角度看,太阳帆有些极具特点的轨道包括悬浮轨道是不稳定的,但是不稳定量程都比较长,可以以年来计算,因此在施加主动控制时可以充分利用其特点。

低的光压因子必然要伴随着长期转移时间,因此太阳帆的实用性取决于探测器性能和任务周期,太阳帆更适用于周期较长的任务。

利用太阳帆开展行星逃逸需要长时间的螺旋上升,还需要太阳帆具有快速的旋转速率,因此不建议纯粹利用太阳帆推进来逃逸,最好直接进入星际转移轨道。

2.1.2 太阳帆光压模型

不考虑太阳帆褶皱、热变形和结构振动的理想模型下,太阳光压力是由于太阳光子撞击在太阳帆表面反射导致动量交换而产生的。在光子撞击帆面时,一部分光子被吸收 ρ_a,一部分发生镜面反射 ρ_s,一部分发生漫反射 ρ_d。

$$\rho_a + \rho_s + \rho_d = 1 \tag{2-11}$$

在某一方向上的发光强度等于这个面垂直方向上的发光强度乘以方向角的余弦,这样的发光面称为朗伯发射面或朗伯体。在一个天文单位处作用在朗伯发射面的太阳光压力可以表示为

$$
\begin{aligned}
\boldsymbol{F}_s &= PS[\rho_a(\boldsymbol{n}_s \cdot \boldsymbol{n})\boldsymbol{n}_s + 2\rho_s(\boldsymbol{n}_s \cdot \boldsymbol{n})^2 \boldsymbol{n} + \rho_d(\boldsymbol{n}_s \cdot \boldsymbol{n})(\boldsymbol{n}_s + 2/3\boldsymbol{n})] \\
&= PS(\boldsymbol{n}_s \cdot \boldsymbol{n})\{(1 - \rho_s)\boldsymbol{n}_s + [2\rho_s(\boldsymbol{n}_s \cdot \boldsymbol{n}) + 2/3\rho_d]\boldsymbol{n}\}
\end{aligned}
\tag{2-12}
$$

式中,P 为太阳光压强,S 为太阳帆的面积。

令 $\boldsymbol{n}_t$ 为 $\boldsymbol{n}_s$ 和 $\boldsymbol{n}$ 组成的平面内垂直法线方向 $\boldsymbol{n}$ 的单位矢量,则 $\boldsymbol{n}_s = \cos\alpha\boldsymbol{n} + \sin\alpha\boldsymbol{n}_t$。因此,太阳光压力可以表示为

$$\boldsymbol{F}_s = F_n\boldsymbol{n} + F_t\boldsymbol{n}_t \tag{2-13}$$

式中,$F_n = PS[(1 + \rho_s)\cos^2\alpha + 2/3\rho_d\cos\alpha]$,$F_t = PS(1 - \rho_s)\cos\alpha\sin\alpha$。

如果散射率为零,即 $\rho_d = 0$,则光压力可以简化为

$$\boldsymbol{F}_s = PS\cos\alpha[(1 - \rho_s)\boldsymbol{n}_s + 2\rho_s\cos\alpha\boldsymbol{n}] \tag{2-14}$$

考虑更多光学和热参数时,光压力可以进一步表示为

$$F_n = PS\left[(1 + ks)\cos^2\alpha + B_f k(1 - s)\cos\alpha + \frac{\varepsilon_f B_f - \varepsilon_b B_b}{\varepsilon_f + \varepsilon_b}(1 - k)\cos\alpha\right]$$

$$\tag{2-15}$$

$$F_t = PS(1 - ks)\cos\alpha\sin\alpha \qquad (2-16)$$

式中，B_f，B_b 分别为帆正面和反面的朗伯系数；ε_f，ε_b 分别为帆正面和反面的漫射系数；k 为正面的反射率；s 为镜面反射系数。NASA 的实验结果表明，正面镀铝反面镀铬的帆面具有如下的光学参数：$B_f = 0.79$，$B_b = 0.55$，$\varepsilon_f = 0.05$，$\varepsilon_b = 0.55$，$k = 0.88$，$s = 0.94$。

将上述参数代入式（2-15）和式（2-16）可以得到光压力的表达式为

$$F_n = PS(1.827\,2\cos^2\alpha - 0.010\,9\cos\alpha) \qquad (2-17)$$

$$F_t = 0.172\,8PS\cos\alpha\sin\alpha \qquad (2-18)$$

实际中，由于太阳帆的变形，太阳帆各处受到光压力不均匀。为了得到准确的太阳光压力，必须沿整个帆面数值积分。因为光压的分布与帆的形状有关，且帆的形状由光压分布确定，数值积分需要迭代。JPL 通过迭代算法得到的平面正方形帆的光压力模型为

$$F_s = \eta PS(0.349 + 0.662\cos 2\gamma - 0.011\cos 4\gamma) \qquad (2-19)$$

式中，$\eta = 1.816$，$\gamma = \alpha - \tan^{-1}\dfrac{F_t}{F_n}$。

在学术研究时，作用在太阳帆面上的光压力近似取为

$$F_s \approx \eta PS\cos^2\alpha \qquad (2-20)$$

其中，η 为整个帆的光压力系数，在考虑帆的褶皱和变形的情况下为 1.8 左右，理想情况下取最大值 $\eta_{max} = 2$。

对于理想太阳帆，在没有特殊说明的情况下 η 取最大值。太阳帆的加速能力的描述方式有多种，太阳光压因子是其中一种，太阳帆的光压因子 β 定义为太阳帆的法线方向与太阳光方向一致时太阳光压力与太阳引力的比值。β 与帆的面质比有关，比值越大，β 越大。太阳帆受到的光压力除了与帆的面质比有关外，还与太阳帆的姿态有关。如图 2-6 所示，太阳帆的法线方向与太阳光方向的夹角为 α，则太阳帆受到的光压加速度可以表示为

$$\boldsymbol{F}_s = \beta\frac{\mu_s}{R^2}\cos^2\alpha\boldsymbol{n} \qquad (2-21)$$

当太阳帆距离太阳的距离变化范围较大时，通常用太阳光压因子描述。特征加速度为太阳帆加速能力的另一种描述，太阳帆的特征加速度 κ 定义为在一个天

文单位处太阳帆受到的光压加速度大小。利用特征加速度描述，太阳光压加速度可以表示为

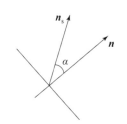

图 2 - 6 太阳光压力示意图

$$F_s = \kappa \left(\frac{R_0}{r} \right)^2 \cos^2\alpha \, \boldsymbol{n} \qquad (2-22)$$

当太阳帆在某行星附近运动时，太阳帆到太阳的距离变化较小时，可以利用太阳帆的特征加速度描述太阳帆的加速能力。例如，太阳帆在地球附近运动时可以认为其到太阳的距离不变，光压力可以表示为

$$F_s = \kappa \cos^2\alpha \, \boldsymbol{n} \qquad (2-23)$$

太阳帆光压因子和特征加速度都直接与太阳帆的面质比有关。设太阳帆的面密度为 σ（单位为 g/m^2），太阳帆的密度与帆的光压因子 β 之间的关系可以表示为

$$\beta = \frac{1.53}{\sigma} \qquad (2-24)$$

太阳帆与传统的电推进小推力发动机的最大不同有两点：①太阳光压力的作用方向范围受到限制，光压力与太阳光之间的夹角不能超过 90°；②太阳光压力的大小与太阳帆的姿态有关，即太阳帆的法线方向与太阳光之间的夹角有关，夹角越大，光压力越小。

■ 2.2　太阳帆结构静动力学建模方法

2.2.1　太阳帆静力学分析

一般太阳帆主要结构包括 1 个中心箱体、4 根伸展臂、4 片等腰直角三角形帆面，如图 2 – 7 所示。伸展臂为充气式伸展臂；帆面和伸展臂靠近中心端与中心箱体连接；帆面与伸展臂之间仅在帆面 45°角点与伸展臂最远端存在连接关系。

太阳帆的结构尺寸、组成方式、材料选用等属性决定了太阳帆整体为大挠性结构，在太阳帆姿态调整时，太阳帆整体结构的挠性振动会与太阳帆姿态运动相互耦合而表现出不同于刚体姿态运动时的动力学特性，因此必须计算作为挠性附件的太阳帆整体结构耦合系数，并且在姿态动力学方程中予以考虑。

图 2 - 7　太阳帆结构图

1. 太阳帆有限元建模描述

对于太阳帆伸展臂结构，考虑其同时承受轴向拉压载荷与横向弯曲载荷，所以采用梁单元；对于帆面结构，采用膜单元模拟；对于帆面与伸展臂联结点，采用 RBE2 单元进行模拟，即帆面 45°角点的 XYZ 三个方向平动自由度都与伸展臂端点保持一致；安装于伸展臂端部的 RSB 结构质量为 2 kg，用质量点单元进行模拟，位于伸展臂端点处。太阳帆有限元模型如图 2 - 8 所示。有限元模型共有：489 个节点（图 2 - 9）、44 个梁单元、4 个质量点单元、728 个膜单元、12 个多点约束单元。太阳帆模型物理参数如表 2 - 1 所示。

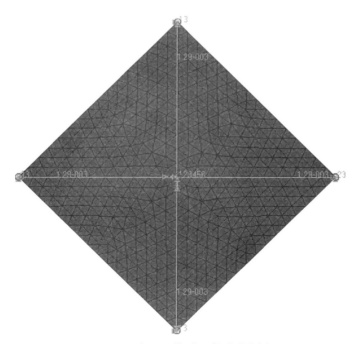

图 2 - 8　有限元模型（书后附彩插）

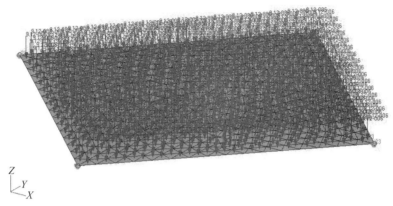

图 2-9　有限元模型节点编号（书后附彩插）

表 2-1　模型物理参数

结构	材料	形状	弹性模量	泊松比	密度
帆面	聚酰亚胺薄膜	边长 160 m 方形，厚度 1.5 μm	2.5 GPa	0.34	1 420 kg/m³
伸展臂	碳纤维	圆环形，外径 300 mm，壁厚 0.1 mm	210 GPa	0.33	848 kg/m³

2. 太阳帆有限元模型边界条件

由于伸展臂、帆面作为挠性体对于结构模态特性起到决定性作用，所以将模型中心节点看作固定不动结构，将其 6 个自由度完全约束。

为了使帆面达到张紧状态具备预紧力，在伸展臂四个端点加载强制位移 0.001 287 7 m，从而使得帆面大部分应力为 6 500 Pa，对此边界条件单独进行非线性大变形静力仿真，应力云图如图 2-10 所示。太阳光压为 9.12×10^{-6} Pa，施加在太阳帆表面。

3. 静力分析结果（图 2-11）

最大变形位移值为：0.682 m，发生在帆面斜边中点。最大应力为 0.308 MPa，发生在帆面 45° 角点处。根据柔性航天器中心刚体加挠性附件耦合系数计算理论模型，将太阳帆整体结构作为挠性附件，将装载太阳帆的飞行器作为中心刚体。

将太阳帆航天器作为柔性航天器中心刚体加挠性附件模型的前提是挠性附件变形很小，即属于小挠性体范围。根据对结构挠性的经典定义：当 $\alpha < 0.000\ 1$ 时，结构为刚性体；当 $0.000\ 1 < \alpha < 0.05$ 时，结构为小挠性体；当 $\alpha > 0.05$ 时，

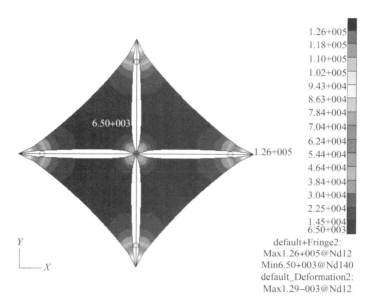

1.26+005
1.18+005
1.10+005
1.02+005
9.43+004
8.63+004
7.84+004
7.04+004
6.24+004
5.44+004
4.64+004
3.84+004
3.04+004
2.25+004
1.45+004
6.50+003

default+Fringe2:
Max1.26+005@Nd12
Min6.50+003@Nd140
default_Deformation2:
Max1.29−003@Nd12

图 2 − 10　应力云图（书后附彩插）

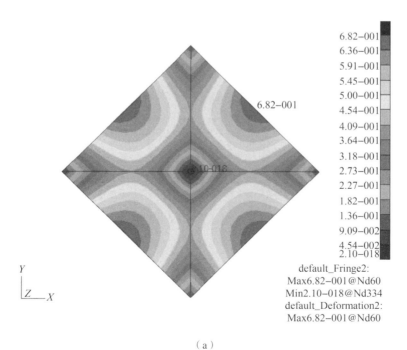

6.82−001
6.36−001
5.91−001
5.45−001
5.00−001
4.54−001
4.09−001
3.64−001
3.18−001
2.73−001
2.27−001
1.82−001
1.36−001
9.09−002
4.54−002
2.10−018

default_Fringe2:
Max6.82−001@Nd60
Min2.10−018@Nd334
default_Deformation2:
Max6.82−001@Nd60

（a）

图 2 − 11　静力分析（书后附彩插）

（a）位移云图

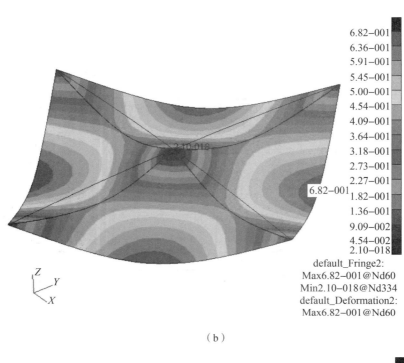

（b）

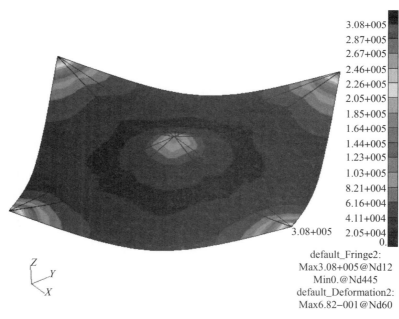

（c）

图 2 – 11　静力分析（书后附彩插）（续）

（b）最大位移云图；（c）应力云图

结构是大挠性体（其中，α 为结构挠性系数，其值为结构最大弹性变形与结构最大特征长度的比值）。通过静力分析得知：结构最大弹性变形为 0.682 m，则 α 为 0.004 26，位于 0.05 与 0.000 1 之间，可见太阳帆航天器可以视为柔性航天器中心刚体加挠性附件模型来进行耦合系数计算。

2.2.2　太阳帆"中心刚体 + 挠性附件"动力学方程

较刚体太阳帆模型，在动力学耦合系数计算过程中，太阳帆具有中心刚体加上一个挠性附件形式，挠性附件振动与太阳帆姿态和轨道相互耦合。在有限元内部计算程序中，太阳帆帆面有限元单元作为附着在太阳帆中心刚体的附件来进行耦合系数计算。挠性附件的振动将对太阳帆控制频率与精度产生主要影响。

系统的动能 T 包括中心刚体及帆膜和附加质量的动能，T_b、T_i、T_j 分别表示中心刚体、帆膜、附加质量的动能，则系统的总动能为

$$T = T_b + T_i + T_j \tag{2-25}$$

设太阳帆的总形变势能为 V，可得系统拉格朗日函数

$$L = T - V \tag{2-26}$$

将其写成拉格朗日方程，形式如下：

$$\frac{\mathrm{d}}{\mathrm{d}t}\frac{\partial L}{\partial \dot{q}_k} - \frac{\partial L}{\partial q_k} = \boldsymbol{p}_k\,(k = 1, 2, \cdots) \tag{2-27}$$

和

$$\left(\frac{\mathrm{d}}{\mathrm{d}t} + \tilde{\boldsymbol{\omega}}\right)\frac{\partial L}{\partial \boldsymbol{\omega}} = \boldsymbol{M} \tag{2-28}$$

式中，$\boldsymbol{\omega} = \begin{bmatrix} \omega_x & \omega_y & \omega_z \end{bmatrix}^{\mathrm{T}}$ 是太阳帆的角速度，$\tilde{\boldsymbol{\omega}}$ 是 $\boldsymbol{\omega}$ 的反对称矩阵。根据基本假设忽略二阶小量，经过化简整理后，可获得挠性太阳帆系统动力学方程

$$\left.\begin{aligned} &\boldsymbol{J}\dot{\boldsymbol{\omega}} + \boldsymbol{\omega} \times \boldsymbol{J}\boldsymbol{\omega} + \sum_{i=1}^{m}\beta_{ri}\ddot{q}_i = \boldsymbol{T}_{\mathrm{SAIL}} \\ &\ddot{q}_i + 2\rho_i\Lambda_i\dot{q}_i + \Lambda_i^2 q_i + \boldsymbol{\beta}_{ri}^{\mathrm{T}}\dot{\boldsymbol{\omega}} = 0 \end{aligned}\right\} \tag{2-29}$$

式中

$\boldsymbol{J}$——帆膜未变形的太阳帆相对其质心的转动惯量矩阵；

$\boldsymbol{\omega}$——太阳帆相对惯性参考系的角速度；

q_i——第 i 阶振型的模态坐标；

β_{ri}——第 i 阶振型的转动耦合系数；

T_{SAIL}——作用于太阳帆上、相对于帆面未变形前系统质心的力矩；

ρ_i——第 i 阶振型模态阻尼比；

Λ_i——第 i 阶振型模态频率。

方程式（2-29）中的模态参数 β_{ri} 和 Λ_i 均可用有限元软件求得，模态阻尼比一般为 0.005 ~ 0.01。

2.2.3　太阳帆动力学耦合系数计算

根据柔性航天器中心刚体加挠性附件耦合系数计算理论模型，将太阳帆整体结构作为挠性附件，将装载太阳帆的飞行器作为中心刚体。应用有限元方法可以得出模型的耦合系数矩阵，先对两种模型分别进行结构模态分析，为耦合系数矩阵计算提供基础数据。

首先，结合中心刚体加柔性附件类航天器柔性附件对中心刚体的动力学耦合系数计算理论，得出应用有限元方法计算各耦合系数公式如下：

$$F_{tai} = T_{tai} D_{ai} m_{ai} \Phi_{ai} \tag{2-30}$$

$$F_{sai} = T_{sai} D_{ai} m_{ai} \Phi_{ai} \tag{2-31}$$

$$F_{ai} = T_{ai} D_{ai} m_{ai} \Phi_{ai} \tag{2-32}$$

$$R_{sai} = T_{sai} m_{rai} T_{sai}^T \tag{2-33}$$

式中，T_{tai}，T_{sai}，T_{ai} 分别为对应的转换阵；D_{ai} 为附件 i 的刚体模态阵；m_{ai} 为附件 i 的质量阵；Φ_{ai} 为附件 i 的正则模态阵；m_{rai} 为附件 i 的刚体模态质量阵。其表达式分别为

$$T_{tai} = \begin{bmatrix} C_{aib}^T & \vdots & 0 \end{bmatrix} \tag{2-34}$$

$$T_{sai} = \begin{bmatrix} \tilde{r}_{pi} C_{aib}^T & \vdots & C_{aib}^T \end{bmatrix} \tag{2-35}$$

$$T_{ai} = \begin{bmatrix} 0 & \vdots & E \end{bmatrix} \tag{2-36}$$

$$D_{ai} = \begin{bmatrix} E & 0 & \vdots & E & 0 & \vdots \cdots \vdots & E & 0 \\ \tilde{r}_{ai1} & E & \vdots & \tilde{r}_{ai2} & E & \vdots \cdots \vdots & \tilde{r}_{ain} & E \end{bmatrix}_{6 \times 6n} \tag{2-37}$$

$$\boldsymbol{m}_{ai} = \begin{bmatrix} m_1 & 0 & 0 & 0 \\ 0 & m_2 & 0 & 0 \\ 0 & 0 & \ddots & 0 \\ 0 & 0 & 0 & m_n \end{bmatrix}_{6n \times 6n} \tag{2-38}$$

$$\boldsymbol{\Phi}_{ai} = \begin{bmatrix} \phi_{11} & \phi_{12} & \cdots & \phi_{1m} \\ \phi_{21} & \phi_{22} & \cdots & \phi_{2m} \\ \vdots & \vdots & \ddots & \vdots \\ \phi_{n1} & \phi_{n2} & \cdots & \phi_{nm} \end{bmatrix}_{6n \times m} \tag{2-39}$$

$$\boldsymbol{m}_{rai} = \begin{bmatrix} \sum_j m_{ai,j} & \sum_j m_{ai,j} \, \tilde{\boldsymbol{r}}_{ai,j}^{\mathrm{T}} \\ \sum_j m_{ai,j} \, \tilde{\boldsymbol{r}}_{ai,j}^{\mathrm{T}} & \sum_j m_{ai,j} \, \tilde{\boldsymbol{r}}_{ai,j} \, \tilde{\boldsymbol{r}}_{ai,j}^{\mathrm{T}} \end{bmatrix}_{6 \times 6} \tag{2-40}$$

其次，对整体太阳帆有限元模型进行有限元动力学分析后，在结果文件中提取相应耦合系数计算所需矩阵。利用有限元求得前六阶模态以后，在 Nastran 前处理文件中加入 DMAP 语句，就可以在结果文件 ".f06" 中读取振型矩阵 $\boldsymbol{\Phi}_{ai}$、刚体模态质量阵 $\boldsymbol{m}_{rai}$、附件 i 的质量阵 $\boldsymbol{m}_{ai}$，在前处理文件 ".bdf" 中读取各有限元矢量 $\boldsymbol{r}_{ai,j}$，从而求得附件 i 的刚体模态阵 $\boldsymbol{D}_{ai}$。

打开 ".bdf" 文件，在 "SOL 103" 之后插入如下的 dmap 语句：

```
COMPILE DMAP = SEMODES,SOUIN = MSCSOU $
ALTER 'NCASE = 1' $
MATPRNMGG,KGG// $
```

即可输出质量阵和刚度阵。

在 Patran 软件进行分析时，在 "Case Control Section" 卡片中加入 "meffmass(all) = yes" 语句，就可以输出刚体模态质量阵。插在 SOL 103 之后，使用 Fortran 语言编写计算程序，进行矩阵运算。

如图 2-12 所示为耦合系数计算流程图。

根据柔性航天器中心刚体加挠性附件耦合系数计算理论模型，将太阳帆整体结构作为挠性附件，对太阳帆整体结构进行有限元建模，从而计算其耦合系数矩

阵。在对有限元模型仿真结束后，对仿真结果进
行添加 DMAP 语句处理，按照模态质量百分比提
取前 n 阶模态结果，得出耦合系数计算所需相关
矩阵，代入耦合系数计算公式编程计算，得出相
应的耦合系数矩阵。太阳帆有限元建模描述：对
于太阳帆伸展臂结构，考虑其同时承受轴向拉压
载荷与横向弯曲载荷，所以采用梁单元；对于帆
面结构，采用膜单元模拟；对于帆面与伸展臂联
结点，采用 RBE2 单元进行模拟；由于伸展臂、
帆面作为挠性体对于结构模态特性起到决定性作

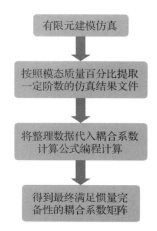

图 2 − 12   耦合系数计算流程图

用，所以将模型中心节点看作固定不动结构，将其 6 个自由度完全约束；帆面应
力达到 1 个 Psi 时被拉紧，所以在帆面角点施加集中力，以使帆面应力满足拉紧条
件。对太阳帆有限元模型进行带有预应力的非线性模态仿真，并根据模态质量比提
取前 8 阶模态，本处仅展示第 2 阶、第 3 阶模态结果，如图 2 − 13、图 2 − 14 所示。

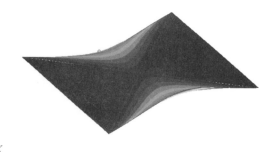

图 2 − 13   第 2 阶振型（书后附彩插）

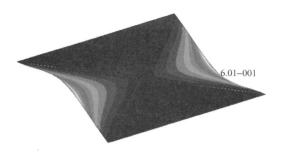

图 2 − 14   第 3 阶振型（书后附彩插）

2.2.4　太阳帆全杆模型

太阳帆全杆模型中，去除帆面结构以及伸展臂与帆面的连接关系，但保留伸展臂结构，将帆面质量等效到伸展臂上。

1. 有限元建模仿真

有限元模型结构参数如表 2 - 2 所示，有限元模型如图 2 - 15 所示。

表 2 - 2　太阳帆伸展臂结构参数

结构	材料	形状	弹性模量	泊松比	密度
伸展臂	碳纤维	圆环形，外径 300 mm，壁厚 0.1 mm	210 GPa	0.33	848 kg/m³

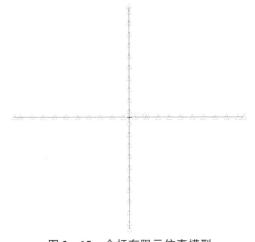

图 2 - 15　全杆有限元仿真模型

太阳帆有限元建模描述：对于太阳帆伸展臂结构，考虑其同时承受轴向拉压载荷与横向弯曲载荷，所以采用梁单元；将帆面质量等效到所有伸展臂单元节点上，并作为非结构质量加载到伸展臂单元节点上；由于伸展臂作为挠性体对于结构模态特性起到决定性作用，所以将模型中心节点看作固定不动结构，将其 6 个自由度完全约束。

2. 模态仿真结果

对有限元模型进行模态仿真，并根据模态质量比提取前 8 阶模态，此处仅展示前 3 阶模态结果，如图 2 - 16、图 2 - 17、图 2 - 18 所示。

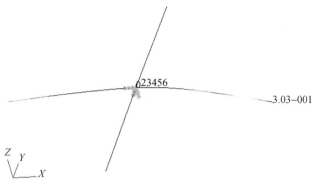

图 2 – 16　　第 1 阶振型

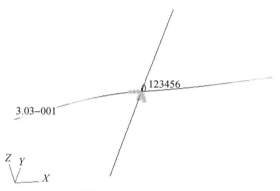

图 2 – 17　　第 2 阶振型

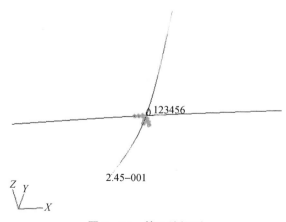

图 2 – 18　　第 3 阶振型

3. 耦合系数计算及验证

对太阳帆全杆有限元模型仿真结果进行数据处理，代入耦合系数计算公式编程计算，得出相应耦合系数矩阵。太阳帆全杆模型耦合系数矩阵如表 2 - 3 所示。

表 2 - 3　太阳帆全杆模型耦合系数矩阵

阶数	X 轴	Y 轴	Z 轴
1	0.207 577 3E - 14	234.247 0	- 0.908 514 8E - 3
2	- 0.194 628 8E - 14	- 490.063 1	- 0.101 686 3E - 2
3	234.247 0	- 0.441 496 5E - 15	0.165 694 2E - 3
4	- 490.063 1	0.435 826 9E - 16	- 0.293 329 6E - 2
5	- 0.752 315 2E - 15	- 0.475 453 9E - 15	388.587 0
6	0.147 972 7E - 14	0.151 302 4E - 14	380.185 6
7	- 0.270 634 5E - 13	- 0.400 050 6E - 13	- 400.050 6
8	0.265 590 4E - 13	- 0.368 116 5E - 13	368.116 5

2.2.5　太阳帆全帆模型

太阳帆全帆模型中，去除伸展臂结构，将伸展臂质量等效到帆面单元节点上。

1. 有限元建模仿真

有限元模型结构参数如表 2 - 4 所示，有限元模型如图 2 - 19 所示。

表 2 - 4　太阳帆帆面结构参数

结构	材料	形状	弹性模量	泊松比	密度
帆面	聚酰亚胺薄膜	边长 160 m 正方形，厚度 1.5 μm	2.5 GPa	0.34	1 420 kg/m³

太阳帆有限元建模描述：对于帆面结构，采用膜单元模拟；将伸展臂质量平均到所有帆面单元节点上，并作为非结构质量加载到帆面单元节点上；由于帆面作为挠性体对于结构模态特性起到决定性作用，所以将模型中心节点看作固定不动结构，将其 6 个自由度完全约束。

图 2 – 19　全帆模型有限元仿真模型

2. 模态仿真结果

对有限元模型进行模态仿真，并根据模态质量比提取前 12 阶模态，此处仅展示前 3 阶模态结果，如图 2 – 20、图 2 – 21、图 2 – 22 所示。

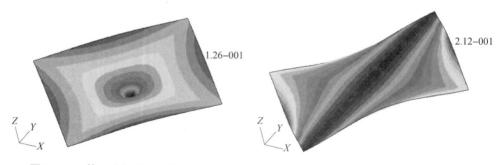

图 2 – 20　第 1 阶振型（书后附彩插）　　　　图 2 – 21　第 2 阶振型（书后附彩插）

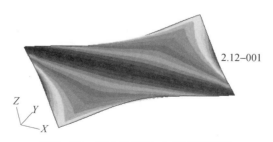

图 2 – 22　第 3 阶振型（书后附彩插）

3. 耦合系数计算

对太阳帆全帆有限元模型仿真结果进行数据处理，代入耦合系数计算公式编程计算，得出相应耦合系数矩阵。太阳帆全帆模型耦合系数矩阵如表 2 - 5 所示。

表 2 - 5　太阳帆全帆模型耦合系数矩阵

阶数	X 轴	Y 轴	Z 轴
1	0. 209 737 3E - 4	0. 694 212 7E - 14	- 0. 160 166 3E - 12
2	0. 145 713 4E - 5	- 475. 306 2	- 0. 347 203 5E - 13
3	- 475. 306 2	- 0. 520 090 2E - 14	0. 220 389 1E - 12
4	- 0. 354 077 1E - 3	0. 710 832 1E - 6	688. 702 5
5	0. 153 570 0E - 4	- 0. 622 730 6E - 14	0. 651 909 1E - 13
6	0. 103 218 1E - 4	0. 239 375 4E - 13	- 0. 146 945 9E - 12
7	104. 322 2	0. 335 202 6E - 13	0. 460 977 5E - 14
8	0. 113 629 0E - 6	104. 322 2	0. 143 625 5E - 12
9	0. 585 608 0E - 5	- 0. 182 749 9E - 13	- 0. 101 539 7E - 12
10	0. 709 786 6E - 5	- 0. 993 043 3E - 14	0. 399 662 0E - 14
11	- 0. 230 784 7E - 5	- 68. 568 18	0. 531 318 6E - 13
12	- 68. 568 18	0. 603 795 5E - 14	- 0. 358 928 4E - 13

2.2.6　太阳帆全柔性动力学方程

定义太阳帆系统质心 O 在惯性坐标系 $O_1X_1Y_1Z_1$ 中的位置矢量为 $\boldsymbol{c}$，任取太阳帆系统上一个质量微元 $m_k(k=0,\ 1,\ \cdots,\ n)$，相对于质心 O 的位置矢量为 $\boldsymbol{r}_k$，其柔性变形位移为 $\boldsymbol{\rho}_k$，则该质量微元 m_k 在本体系中的位置矢量为

$$\boldsymbol{l}_k = \boldsymbol{r}_k + \boldsymbol{\rho}_k \qquad (2-41)$$

在惯性系中的位置矢量为

$$\boldsymbol{d}_k = \boldsymbol{c} + \boldsymbol{r}_k + \boldsymbol{\rho}_k \qquad (2-42)$$

矢量间相互关系如图 2 - 23 所示。

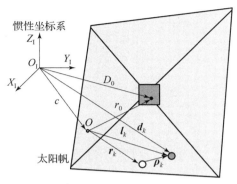

图 2 - 23　质量微元矢量定义

由于 $\boldsymbol{r}_k$ 表示质量微元 m_k 结构上的位置关系，是固定矢量，所以其导数为 $\boldsymbol{0}$。

$$\dot{\boldsymbol{r}}_k = \boldsymbol{0} \tag{2-43}$$

$$\ddot{\boldsymbol{r}}_k = \boldsymbol{0} \tag{2-44}$$

在惯性系中质量微元位置矢量 $\boldsymbol{d}_k$ 的一阶和二阶导数为

$$\dot{\boldsymbol{d}}_k = \boldsymbol{\omega}^{\times} \boldsymbol{l}_k + \dot{\boldsymbol{\rho}}_k + \dot{\boldsymbol{c}} \tag{2-45}$$

$$\ddot{\boldsymbol{d}}_k = \boldsymbol{\omega}^{\times} \boldsymbol{\omega}^{\times} \boldsymbol{l}_k + \dot{\boldsymbol{\omega}}^{\times} \boldsymbol{l}_k + \boldsymbol{\omega}^{\times} \dot{\boldsymbol{\rho}}_k + \ddot{\boldsymbol{\rho}}_k + \ddot{\boldsymbol{c}} \tag{2-46}$$

其中，定义叉乘关系式

$$\boldsymbol{u} \times \boldsymbol{v} = \boldsymbol{u}^{\times} \boldsymbol{v} \tag{2-47}$$

$$\boldsymbol{u} = \begin{bmatrix} 0 & -u_3 & u_2 \\ u_3 & 0 & -u_1 \\ -u_2 & u_1 & 0 \end{bmatrix} \tag{2-48}$$

表示矢量 $\boldsymbol{u}$ 的叉乘矩阵，为斜对称矩阵。

　　定义模态位移为 $\boldsymbol{\eta}$，由质量微元模态位移坐标转到实际物理振动位移的转换矩阵为 $\boldsymbol{\Phi}$，该阵的大小为 $3n \times m$，其中 n 是太阳帆上质量微元数目，m 是模态数目。相互关系可以用以下数学表达式：

$$\boldsymbol{\rho}_{3n \times 1} = \boldsymbol{\Phi}_{3n \times m} \boldsymbol{\eta}_{m \times 1} \tag{2-49}$$

　　质量微元 m_k 的线动量为

$$\boldsymbol{P}_k = m_k \boldsymbol{v}_k \tag{2-50}$$

太阳帆系统的线动量为

$$\sum_{k=0}^{n} \boldsymbol{P}_k = \sum_{k=0}^{n} m_k \dot{\boldsymbol{d}}_k$$

$$= \boldsymbol{\omega}^{\times} \sum_{k=0}^{n} m_k (\boldsymbol{r}_k + \boldsymbol{\rho}_k) + \sum_{k=0}^{n} m_k \dot{\boldsymbol{\rho}}_k + \sum_{k=0}^{n} m_k \dot{\boldsymbol{c}} \qquad (2-51)$$

$$= \boldsymbol{\omega}^{\times} \sum_{k=0}^{n} m_k \boldsymbol{r}_k + \boldsymbol{\omega}^{\times} \sum_{k=0}^{n} m_k \boldsymbol{\rho}_k + \sum_{k=0}^{n} m_k \dot{\boldsymbol{\rho}}_k + \sum_{k=0}^{n} m_k \dot{\boldsymbol{c}}$$

由于 O 是太阳帆系统的质心，所以

$$\sum_{k=0}^{n} m_k \boldsymbol{r}_k = \boldsymbol{0} \qquad (2-52)$$

代入模态位移关系式（2-49），并且省略二阶小量 $m_k \boldsymbol{\rho}_k$，根据牛顿第二定律，可以得到太阳帆系统运动的线动量方程：

$$\sum_{k=0}^{n} m_k \ddot{\boldsymbol{c}} + \sum_{i=1}^{m} m_k \boldsymbol{\Phi}_k \ddot{\boldsymbol{\eta}}_k = \sum_{k=0}^{n} \boldsymbol{F}_k \qquad (2-53)$$

令 $m_{\mathrm{T}} = \sum m_k$ 为太阳帆系统的总质量；$\boldsymbol{F}_{\mathrm{T}} = \sum \boldsymbol{F}_k$ 为太阳帆系统的总外力；$\boldsymbol{B}_{\mathrm{tran}}$ 为 $\ddot{\boldsymbol{\eta}}$ 前的系数矩阵，得到

$$m_{\mathrm{T}} \ddot{\boldsymbol{c}} + \boldsymbol{B}_{\mathrm{tran}} \ddot{\boldsymbol{\eta}} = \boldsymbol{F}_{\mathrm{T}} \qquad (2-54)$$

质量微元 m_k 对质心 O 的角动量是

$$\boldsymbol{H}_k = \boldsymbol{l}_k \times \boldsymbol{P}_k$$

$$= \boldsymbol{l}_k^{\times} m_k \boldsymbol{v}_k \qquad (2-55)$$

$$= m_k \boldsymbol{l}_k^{\times} \dot{\boldsymbol{d}}_k$$

整个太阳帆系统的角动量为

$$\boldsymbol{H} = \boldsymbol{I}\boldsymbol{\omega} + \sum_{k=0}^{n} m_k \boldsymbol{l}_k^{\times} \dot{\boldsymbol{d}}_k \qquad (2-56)$$

式中，$\boldsymbol{I}$ 是太阳帆航天器卫星平台部分的转动惯量，由于安装等误差，该阵为非对角阵。

对整个太阳帆系统的角动量公式（2-56），求导得到力矩方程：

$$\boldsymbol{T} = \boldsymbol{I}\dot{\boldsymbol{\omega}} + \boldsymbol{\omega}^{\times} \boldsymbol{I}\boldsymbol{\omega} + \sum_{k=0}^{n} m_k \dot{\boldsymbol{l}}_k^{\times} \dot{\boldsymbol{d}}_k + \sum_{k=0}^{n} m_k \boldsymbol{l}_k^{\times} \ddot{\boldsymbol{d}}_k + \boldsymbol{\omega}^{\times} \sum_{k=0}^{n} m_k \boldsymbol{l}_k^{\times} \dot{\boldsymbol{d}}_k \qquad (2-57)$$

式中，$\boldsymbol{T}$ 是作用在整个太阳帆系统上的外力矩。

认为太阳帆角速度为 $\boldsymbol{\omega}$ 小量，省略二阶小量项 $\sum_{k=0}^{n} m_k \dot{\boldsymbol{l}}_k^{\times} \dot{\boldsymbol{d}}_k$ 和 $\boldsymbol{\omega}^{\times} \sum_{k=0}^{n} m_k \boldsymbol{l}_k^{\times} \dot{\boldsymbol{d}}_k$，

得到

$$\boldsymbol{T} = \boldsymbol{I}\dot{\boldsymbol{\omega}} + \boldsymbol{\omega}^{\times}\boldsymbol{I}\boldsymbol{\omega} + \sum_{k=0}^{n} m_k \boldsymbol{l}_k^{\times} \ddot{\boldsymbol{d}}_k \qquad (2-58)$$

下面推导在所有内力作用下整个太阳帆系统的质心和每个质量微元 m_k 的惯性运动学方程：

$$\boldsymbol{f}_k = m_k (\ddot{\boldsymbol{d}}_k + \ddot{\boldsymbol{X}}) \qquad (2-59)$$

省略包含 $m\boldsymbol{\omega}$ 的二阶小量项，并根据如下关系式：

$$\boldsymbol{\omega}^{\times}\boldsymbol{d} = -\boldsymbol{d}\boldsymbol{\omega}^{\times} \qquad (2-60)$$

得到

$$\boldsymbol{f}_k \approx m_k \left(-\boldsymbol{l}_k^{\times}\dot{\boldsymbol{\omega}} + \ddot{\boldsymbol{\rho}}_k + \ddot{\boldsymbol{c}} + \frac{\sum \boldsymbol{F}}{\sum m} \right) \qquad (2-61)$$

式中，$\boldsymbol{f}_k$ 是作用在质量微元 m_k 上及其附近的总内力。总内力也可以用相互之间弹力的形式表达，即

$$\boldsymbol{f}_k = -\sum_j k_{kj}(\boldsymbol{\rho}_j - \boldsymbol{\rho}_k) + \boldsymbol{F}_k \qquad (2-62)$$

式中，k_{kj} 是结构的物理特性，$\boldsymbol{F}_k$ 是外力。结合内力定义式（2-61）得到

$$m_k(\ddot{\boldsymbol{\rho}}_k + \ddot{\boldsymbol{c}}) + \boldsymbol{K}\boldsymbol{\rho} = -m_k \left(-\boldsymbol{l}_k^{\times}\dot{\boldsymbol{\omega}} + \frac{\sum \boldsymbol{F}}{\sum m} \right) + \boldsymbol{F}_k \qquad (2-63)$$

$$m_k \ddot{\boldsymbol{\rho}}_k + m_k \ddot{\boldsymbol{c}} + \boldsymbol{K}\boldsymbol{\rho} = m_k \boldsymbol{l}_k^{\times}\dot{\boldsymbol{\omega}} - \frac{m_k}{m_T}\sum_{j=1}^{n} \boldsymbol{F}_j + \boldsymbol{F}_k \qquad (2-64)$$

式中，矩阵 $\boldsymbol{K}$ 是对称且满秩的，对于三维空间的位移，$\boldsymbol{\rho}$ 规模是 $3n \times 1$，$\boldsymbol{K}$ 是 $3n \times 3n$。下面用 $\boldsymbol{N}$ 代替 $\boldsymbol{F}$ 前面的系数矩阵，可以得到矩阵形式的柔性太阳帆振动方程：

$$\boldsymbol{M}\ddot{\boldsymbol{\rho}} + \boldsymbol{K}\boldsymbol{\rho} + \boldsymbol{M}\ddot{\boldsymbol{c}} = \boldsymbol{M}\boldsymbol{l}^{\times}\dot{\boldsymbol{\omega}} + \boldsymbol{N}\boldsymbol{F} \qquad (2-65)$$

式中，$\boldsymbol{F}$ 是作用在太阳帆上每个质量微元外力矩阵。

振型矩阵 $\boldsymbol{\Phi}$ 满足正交定理：

$$\boldsymbol{\Phi}^{\mathrm{T}}\boldsymbol{M}\boldsymbol{\Phi} = \boldsymbol{E} \qquad (2-66)$$

$$\boldsymbol{\Phi}^{\mathrm{T}}\boldsymbol{K}\boldsymbol{\Phi} = \boldsymbol{\Omega}^2 \qquad (2-67)$$

式中，$\boldsymbol{M}$ 是质量阵，$\boldsymbol{E}$ 是单位阵，$\boldsymbol{\Omega}^2$ 是对角阵。矩阵形式模态坐标方程可以变换为

$$\ddot{\boldsymbol{\eta}} + \boldsymbol{\Omega}^2 \boldsymbol{\eta} + \boldsymbol{\Phi}^{\mathrm{T}} \boldsymbol{M} \ddot{\boldsymbol{c}} = \boldsymbol{\Phi}^{\mathrm{T}} (\boldsymbol{M} \boldsymbol{l}^{\times} \dot{\boldsymbol{\omega}} + \boldsymbol{N} \boldsymbol{F}) \qquad (2-68)$$

给出考虑结构阻尼的柔性系统模态坐标动力学方程：

$$\ddot{\boldsymbol{\eta}} + 2 \boldsymbol{Z} \dot{\boldsymbol{\Omega}} \boldsymbol{\eta} + \boldsymbol{\Omega}^2 \boldsymbol{\eta} = \boldsymbol{B} \boldsymbol{u} \qquad (2-69)$$

式中，$\boldsymbol{Z}$ 是模态阻尼矩阵，$\boldsymbol{u}$ 是在质量微元上的控制输入。

将质量微元位置矢量二阶导数 $\ddot{\boldsymbol{d}}$ 的表达式（2 – 46）代入力矩方程（2 – 57），省略含有 $\dot{\boldsymbol{\rho}}$ 和 $\dot{\boldsymbol{c}}$ 的非线性项，得到

$$\boldsymbol{T} = \boldsymbol{I} \dot{\boldsymbol{\omega}} + \boldsymbol{\omega}^{\times} \boldsymbol{I} \boldsymbol{\omega} + \sum_{k=0}^{n} m_k \boldsymbol{d}_k^{\times} (\boldsymbol{\omega}^{\times} \boldsymbol{\omega}^{\times} \boldsymbol{d}_k - \boldsymbol{d}_k^{\times} \dot{\boldsymbol{\omega}} + \ddot{\boldsymbol{\rho}}_k + \ddot{\boldsymbol{c}}) \qquad (2-70)$$

下面推导太阳帆系统整体的转动惯量 $\boldsymbol{I}_{\mathrm{T}}$。如图 2 – 24 所示，在坐标系 $OXYZ$ 中取质量微元 m_i，其位置矢量为 $\boldsymbol{r}_i$，距离任意轴距离为 d_i，图中 $\boldsymbol{e}$ 为任意轴的单位矢量，则对过 O 点任意轴 $\boldsymbol{e}$ 的转动惯量为

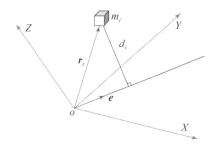

图 2 – 24　任意轴的转动惯量

$$
\begin{aligned}
\boldsymbol{I}_e &= \sum_{i=1}^{n} m_i d_i^2 \\
&= \sum_{i=1}^{n} m_i [\boldsymbol{r}_i^2 - (\boldsymbol{r}_i \cdot \boldsymbol{e})^2] \\
&= \sum_{i=1}^{n} m_i [\boldsymbol{r}_i^2 - (\boldsymbol{e} \cdot \boldsymbol{r}_i) (\boldsymbol{r}_i \cdot \boldsymbol{e})] \qquad (2-71) \\
&= \sum_{i=1}^{n} m_i [\boldsymbol{e}^{\mathrm{T}} \boldsymbol{r}_i^2 \boldsymbol{E} \boldsymbol{e} - \boldsymbol{e}^{\mathrm{T}} \boldsymbol{r}_i \boldsymbol{r}_i^{\mathrm{T}} \boldsymbol{e}] \\
&= \boldsymbol{e}^{\mathrm{T}} \left\{ \sum_{i=1}^{n} m_i [\boldsymbol{r}_i^2 \boldsymbol{E} - \boldsymbol{r}_i \boldsymbol{r}_i^{\mathrm{T}}] \right\} \boldsymbol{e}
\end{aligned}
$$

可以证明，式（2 – 71）中子因式满足如下关系：

$$\boldsymbol{l}_i^2 \boldsymbol{E} - \boldsymbol{l}_i \boldsymbol{l}_i^{\mathrm{T}} = - \boldsymbol{l}_i^{\times} \boldsymbol{l}_i^{\times} \qquad (2-72)$$

太阳帆中心刚体的转动惯量为 $\boldsymbol{I}$，代入式（2-71）和式（2-72），故其带上柔性帆的整体系统转动惯量为

$$\boldsymbol{I}_{\mathrm{T}} = \boldsymbol{I} - \sum_{k=0}^{n} m_k \boldsymbol{l}_k^\times \boldsymbol{l}_k^\times \tag{2-73}$$

将力矩公式（2-70）代入关系式（2-60）和如下三个关系式：

$$\sum_{k=0}^{n} m_k \boldsymbol{l}_k \ddot{\boldsymbol{c}} = 0 \tag{2-74}$$

$$\sum_{k=0}^{n} m_k \boldsymbol{l}_k \boldsymbol{\rho}_0 = 0 \tag{2-75}$$

$$\boldsymbol{l}^\times \boldsymbol{\omega}^\times \boldsymbol{\omega}^\times \boldsymbol{l} = -\boldsymbol{\omega}^\times \boldsymbol{l}^\times \boldsymbol{l}^\times \boldsymbol{\omega} \tag{2-76}$$

和式（2-49）得到如下模态坐标形式的力矩关系式：

$$
\begin{aligned}
\boldsymbol{T} &= \boldsymbol{I}\dot{\boldsymbol{\omega}} + \boldsymbol{\omega}^\times \boldsymbol{I}\boldsymbol{\omega} + \sum_{k=0}^{n} m_k \boldsymbol{l}_k^\times (\boldsymbol{\omega}^\times \boldsymbol{\omega}^\times \boldsymbol{l}_k - \boldsymbol{l}_k^\times \dot{\boldsymbol{\omega}} + \ddot{\boldsymbol{\rho}}_k) \\
&= \boldsymbol{I}\dot{\boldsymbol{\omega}} + \boldsymbol{\omega}^\times \boldsymbol{I}\boldsymbol{\omega} - \boldsymbol{\omega}^\times \left(\sum_{k=0}^{n} m_k \boldsymbol{l}_k^\times \boldsymbol{l}_k^\times \right) \boldsymbol{\omega} - \left(\sum_{k=0}^{n} m_k \boldsymbol{l}_k^\times \boldsymbol{l}_k^\times \right) \dot{\boldsymbol{\omega}} + \sum_{k=1}^{n} m_k \boldsymbol{l}_k^\times \boldsymbol{\Phi}_k \ddot{\boldsymbol{\eta}}_k \\
&= \left(\boldsymbol{I} - \sum_{k=0}^{n} m_k \boldsymbol{l}_k^\times \boldsymbol{l}_k^\times \right) \dot{\boldsymbol{\omega}} + \boldsymbol{\omega}^\times \left(\boldsymbol{I} - \sum_{k=0}^{n} m_k \boldsymbol{l}_k^\times \boldsymbol{l}_k^\times \right) \boldsymbol{\omega} + \sum_{k=1}^{n} m_k \boldsymbol{l}_k^\times \boldsymbol{\Phi}_k \ddot{\boldsymbol{\eta}}_k \\
&= \boldsymbol{I}_{\mathrm{T}} \dot{\boldsymbol{\omega}} + \boldsymbol{\omega}^\times \boldsymbol{I}_{\mathrm{T}} \boldsymbol{\omega} + \sum_{k=1}^{n} m_k \boldsymbol{l}_k^\times \boldsymbol{\Phi}_k \ddot{\boldsymbol{\eta}}_k
\end{aligned}
$$

$$\tag{2-77}$$

令式（2-77）中 $\ddot{\boldsymbol{\eta}}$ 前的系数矩阵为 $\boldsymbol{B}_{\mathrm{rot}}$，由下面两个关系式：

$$(\boldsymbol{d}^\times)^{\mathrm{T}} = -\boldsymbol{d}^\times \tag{2-78}$$

$$\boldsymbol{M}^{\mathrm{T}} = \boldsymbol{M} \tag{2-79}$$

得到

$$
\begin{aligned}
\boldsymbol{B}_{\mathrm{rot}}^{\mathrm{T}} &= (\boldsymbol{l}_k^\times \boldsymbol{M} \boldsymbol{\Phi})^{\mathrm{T}} \\
&= \boldsymbol{\Phi}^{\mathrm{T}} (\boldsymbol{l}_k^\times \boldsymbol{M})^{\mathrm{T}} \\
&= -\boldsymbol{\Phi}^{\mathrm{T}} \boldsymbol{M} \boldsymbol{l}_k^\times
\end{aligned}
\tag{2-80}
$$

根据式（2-77）可以得到整体太阳帆的姿态动力学方程，根据式（2-68）、式（2-69）和式（2-80）可以得到整体太阳帆的柔性振动方程，联立二者得到

$$
\begin{cases}
m_{\mathrm{T}}\ddot{\boldsymbol{c}} + \boldsymbol{B}_{\mathrm{tran}}\ddot{\boldsymbol{\eta}} = \boldsymbol{F}_{\mathrm{T}} \\
\boldsymbol{I}_{\mathrm{T}}\dot{\boldsymbol{\omega}} + \boldsymbol{\omega}^{\times}\boldsymbol{I}_{\mathrm{T}}\boldsymbol{\omega} + \boldsymbol{B}_{\mathrm{rot}}\ddot{\boldsymbol{\eta}} = \boldsymbol{T} \\
\ddot{\boldsymbol{\eta}} + 2\boldsymbol{Z}\boldsymbol{\Omega}\dot{\boldsymbol{\eta}} + \boldsymbol{\Omega}^{2}\boldsymbol{\eta} + \boldsymbol{B}_{\mathrm{tran}}^{\mathrm{T}}\ddot{\boldsymbol{c}} + \boldsymbol{B}_{\mathrm{rot}}^{\mathrm{T}}\dot{\boldsymbol{\omega}} = \boldsymbol{\Phi}^{\mathrm{T}}\boldsymbol{N}\boldsymbol{F}
\end{cases}
\tag{2-81}
$$

下面比较柔性太阳帆姿态动力学与带挠性附件卫星姿态动力学方程的区别之处。带挠性附件卫星姿态动力学是基于中心刚体加挠性附件形式建模的，其经典带挠性附件卫星动力学方程在屠善澄和李宝绥的著作中给出：

$$
\begin{cases}
m_{\mathrm{T}}\dfrac{\mathrm{d}\boldsymbol{V}_{\mathrm{T}}}{\mathrm{d}t} + \displaystyle\sum_{i=1}^{m} B_{\mathrm{trani}}\,\ddot{q}_{i}(t) = \boldsymbol{F} \\
\boldsymbol{I}_{\mathrm{T}}\dot{\boldsymbol{\omega}} + \displaystyle\sum_{i=1}^{m} B_{\mathrm{roti}}\ddot{\eta}_{i} = \boldsymbol{T} \\
\ddot{q}_{i} + 2\,\zeta_{i}\Lambda_{i}\,\dot{\boldsymbol{q}}_{i} + \Lambda_{i}^{2}q_{i} + B_{\mathrm{trani}}^{\mathrm{T}}\dfrac{\mathrm{d}\boldsymbol{V}_{\mathrm{T}}}{\mathrm{d}t} + B_{\mathrm{roti}}^{\mathrm{T}}\dot{\boldsymbol{\omega}} = \boldsymbol{0}
\end{cases}
\tag{2-82}
$$

动力学方程组（2-81）和方程组（2-82）虽然形式上大致一样，但有着本质区别：

首先，带挠性附件卫星姿态运动方程中转动惯量是未变形时卫星的转动惯量，而柔性太阳帆姿态运动学方程中的转动惯量为时变转动惯量。

其次，柔性太阳帆姿态动力学模型中模态坐标方程右端给出了广义力的具体形式，而卫星姿态动力学模型中挠性附件不受外力和外力矩。

最后，柔性太阳帆姿态动力学模型中模态坐标表示每个质量微元的模态位移，可以转换为太阳帆上每一点的物理位移，而带挠性附件卫星挠性附件运动方程模态坐标表示每个挠性附件的模态位移。

如果仅仅是套用带挠性附件卫星的常规结果，得出来的动力学方程无法完全反映太阳帆构型的连接关系。

■ 2.3 太阳帆姿态轨道耦合动力学建模方法

太阳帆结构姿态轨道耦合系统的分析是太阳帆推进技术的关键内容之一。太阳帆探测器的姿态决定着轨道的变化，轨道影响着相应姿态的受力情况，同时在进行姿态控制时，太阳帆的结构是决定姿态控制效果的重要因素，所以必须对结构姿态轨道耦合系统进行分析和优化。在上一章节结构动力学的基础上加入姿态轨道耦合部分。

2.3.1 太阳帆姿态轨道耦合动力学模型建立

定义太阳帆航天器的姿态，首先需要定义太阳帆航天器的轨道坐标系和本体坐标系，其姿态就是本体坐标系相对于轨道坐标系的偏差。太阳帆航天器轨道坐标系的定义为：原点 O 位于航天器的质心，OZ 轴由航天器质心指向太阳质心；OX 轴在轨道平面内，与 OZ 轴垂直，并指向航天器的飞行方向；OY 轴与 OX 轴、OZ 轴组成右手螺旋定则。轨道坐标系的示意图如图 2 − 25 所示。

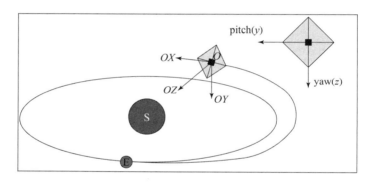

图 2 − 25　太阳帆航天器坐标示意图

太阳帆航天器体坐标系 $OXYZ$ 的定义为：滚转轴(roll)OX 沿帆面法线方向由帆的背光面指向帆的反射面，俯仰轴(pitch)OY、偏航轴(yaw)OZ 分别沿伸展臂轴向，并满足右手螺旋定则。在实际的太阳帆航天器姿态控制过程中，期望调整量为太阳帆的两个角——α 锥角和 δ 转角，其定义如图 2 − 26 所示。此时需要建立第二轨道坐标系 $o\hat{r}\hat{p}\hat{q}$，其中 $o\hat{r}$ 指向矢径 r 方向，$o\hat{q}$ 在轨道平面内与 $o\hat{r}$ 垂直并指向运动方向，$o\hat{r}$、$o\hat{q}$ 和 $\hat{p}$ 构成右手坐标系。用两个角度：锥角（cone angle）$\alpha(-90° \leqslant \alpha \leqslant 90°)$ 和转角（clock angle）$\delta(-180° \leqslant \delta \leqslant 180°)$ 来描述太阳帆指向 n 的空间方向。

利用姿态转化矩阵，可以将锥角 α 和转角 δ 转化到航天器的三个姿态角 φ，θ，ψ。利用欧拉方程式建立的刚体太阳帆姿态轨道耦合动力学方程为

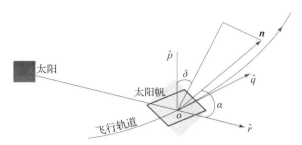

图 2 - 26　太阳帆的指向参数锥角 α 和转角 δ

$$
\begin{cases}
J_x\ddot{\phi} + n^2(J_y - J_z)(3 + \cos^2\psi)\phi - n^2(J_y - J_z)(\cos\psi\sin\psi)\theta - \\
n(J_x - J_y + J_z)(\cos\psi)\dot{\psi} = T_x + d_x \\
J_y\ddot{\theta} + n^2(J_x - J_z)(3 + \sin^2\psi)\theta - n^2(J_x - J_z)(\cos\psi\sin\psi)\phi - \\
n(J_x - J_y - J_z)(\sin\psi)\dot{\psi} = T_y + d_y \\
J_z\ddot{\psi} + n^2(J_y - J_x)\sin\psi\cos\psi + n(J_x - J_y + J_z)(\cos\psi)\dot{\phi} + \\
n(J_x - J_y - J_z)(\sin\psi)\dot{\theta} = T_z + d_z
\end{cases}
$$

当太阳帆航天器以太阳为中心引力体飞行时，可以不考虑重力梯度力矩的干扰，由质心形心差引起的太阳光压干扰力矩是主要干扰项。当需要计算长时间轨道变化，则需要同时积分轨道动力学方程和姿态动力学方程。

2.3.2　姿态轨道振动耦合动力学降阶模型

忽略各种天体摄动力以及耗散阻力，仅考虑天体引力、太阳光压力。得到柔性太阳帆降阶动力学模型的方程为

$$
\begin{cases}
m_{tot}\ddot{\boldsymbol{R}}_O - \boldsymbol{S}_f \times \dot{\boldsymbol{\omega}} + \displaystyle\int_V \boldsymbol{u}''_f \mathrm{d}m + \boldsymbol{Q}_{ft} = \boldsymbol{F}_t + \boldsymbol{F}_{gt} + \boldsymbol{F}_{Ct} \\
\boldsymbol{S}_f \times \ddot{\boldsymbol{R}}_O + \boldsymbol{J}_f \cdot \dot{\boldsymbol{\omega}} + \displaystyle\int_V [(\boldsymbol{r}_f + \boldsymbol{u}_f) \times \boldsymbol{u}''_f]\mathrm{d}m + \boldsymbol{Q}_{fr} = \boldsymbol{F}_r + \boldsymbol{F}_{gr} + \boldsymbol{u} + \boldsymbol{F}_{Cr} \\
\boldsymbol{C}_t^T \cdot \ddot{\boldsymbol{R}}_O + \boldsymbol{C}_r^T \cdot \dot{\boldsymbol{\omega}} + \displaystyle\int_V (\boldsymbol{\Phi}_{NL}^T \cdot \boldsymbol{u}''_f)\mathrm{d}m + \boldsymbol{K}_f\boldsymbol{q} + \boldsymbol{Q}_{ff} = \boldsymbol{F}_f + \boldsymbol{F}_{gf} + \boldsymbol{F}_{Cf}
\end{cases}
$$

不考虑结构阻尼，仿真算例中将分别采用有限元模型和降阶模型计算太阳帆的动力学响应，通过对比说明降阶模型的有效性。

ABAQUS 模型：指利用 ABAQUS 的瞬态动力学分析功能进行太阳帆的动力学

分析。

　　降阶模型一：指在动力学降阶模型中去掉所有与中性面耦合变形相关的项。

　　降阶模型二：指在动力学降阶模型中保留所有与中性面耦合变形相关的项。

　　假设太阳帆初始静止，太阳帆沿着惯性系 Z 轴正方向加速并伴随着刚 - 柔耦合运动。采用不同模型得到的仿真结果对比如图 2 - 27 所示。（a）和（b）显示了太阳帆中心的位移和速度响应，（c）和（d）显示了端点的纵向变形和横向变形响应。可见太阳帆的降阶模型和 ABAQUS 模型得到了基本一致的响应结果。在降阶模型中若不考虑中性面耦合变形，仅纵向变形响应产生了误差，但误差的量级相对较小，说明中性面耦合变形在这个算例中的作用不明显。

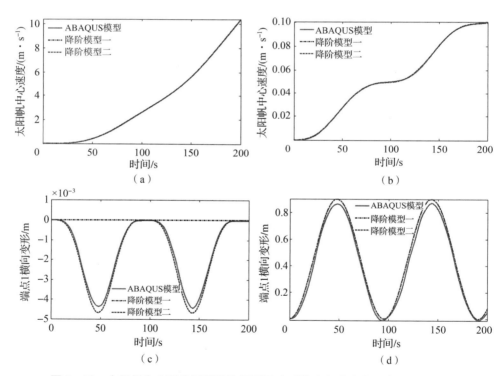

图 2 - 27　太阳帆在太阳光压载荷作用下平动时的动力学响应（书后附彩插）

（a）太阳帆中心的位移响应曲线；（b）太阳帆中心的速度响应曲线；

（c）端点的纵向变形响应曲线；（d）端点的横向变形响应曲线

　　在平动算例的基础上，沿太阳帆本体坐标 Z 轴正方向在端点上作用 0.01 N 的集中力，从而使太阳帆在平动的同时发生转动。采用不同模型得到的仿真结果对比如图 2 - 28 所示。（a）和（b）显示了太阳帆中心的角位移和角速度响应，（c）和（d）显示了端点 1 的纵向变形和横向变形响应。与平动算例类似，降阶模型和 ABAQUS 模型得到了基本一致的响应结果。在这个算例中，中性面耦合变形响应依然不大，这是因为太阳帆的角速度很小，并且预应力作用大大提高了结构刚度。如果增加角速度或降低结构预应力，中性面耦合变形响应会增大，"降阶模型一"将可能产生负的动力刚度，从而得出横向变形响应发散的错误预示结果；而"降阶模型二"由于具有反映动力刚化现象的动力刚度项，因此将依然保持较高的精度。

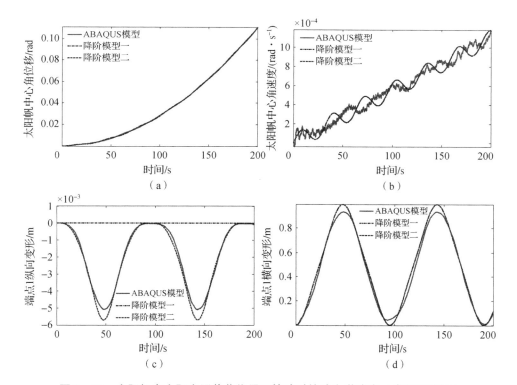

图 2 - 28　太阳帆在太阳光压载荷作用下转动时的动力学响应（书后附彩插）

（a）太阳帆中心的角位移响应曲线；（b）太阳帆中心的角速度响应曲线；

（c）端点的纵向变形响应曲线；（d）端点的横向变形响应曲线

■ 2.4　基于时变光压力的动力学数值仿真分析

2.4.1　振动变形对太阳帆所受光压力的影响

柔性太阳帆的帆表面的振动会使帆面不再为平面，而成为比较复杂的曲面。太阳光压力与帆面的形状有关。帆的曲面不断在振动，从而使所受的光压力不断发生变化，从而影响太阳帆的轨道、姿态。通过仿真得到了振动对光压力、光压力矩的影响量级，进而得到对姿态的影响。为太阳帆精确轨道、姿态的预测以及相关参数的识别提供参考。

为了考虑进变形这一因素，精确求出表示帆时变曲面的解析方程是比较困难的。采用有限单元来近似模拟时变曲面，即将帆面和支撑梁分割成大量的单元，每一个单元近似为一个微元，则此微元可以用平面代替，表征每一个微元特征的物理量简化为只有面的法向、面的面积，而这两个物理量，可以通过动力学仿真中实时求得的结点挠度值和坐标值实时更新，从而可以实时确定每一个微元上所受的光压力，将所有微元累加，便可以得到整个太阳帆所受的光压力。提到的非变形模型和变形模型现解释如下：变形模型，指计算光压力 F_t、光压力矩 F_r 和光压回复力 F_f 时考虑了振动引起的帆面变形的影响；非变形模型，指计算光压力 F_t、光压力矩 F_r 和光压回复力 F_f 时不考虑振动引起的帆面变形的影响，即求光压力时采用了平面帆假设，但动力学方程其他各项还是考虑了柔性的影响。

太阳帆所受光压力对比：

帆面振动变形对帆所受三个方向的光压推力的影响如图 2-29 所示。

可见，变形对太阳帆所受光压力影响较小：经过 5 天，太阳所受的 z 方向的光压力与不考虑变形时的相对误差为 $10^{-5}\%$ 量级，另外两个方向更小。

太阳帆所受光压力矩对比：

不考虑变形时，理论上当太阳帆制造误差为零时光压力矩为零；当考虑振动产生的变形时，各个方向的光压力矩的变化规律如图 2-30 所示。

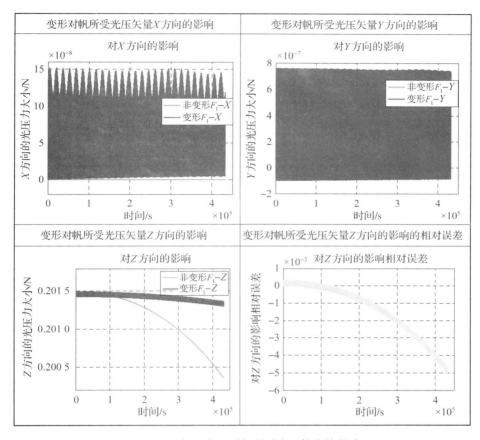

图 2 - 29　帆面变形对帆所受光压推力的影响

可见，由于振动引起了帆面的变形，从而导致了光压力矩的产生。由上图可以看出，本体系 X、Y 方向的光压力矩呈正负震荡形式，Z 方向的光压力矩几乎朝向一个方向。这样的作用力矩将会导致太阳帆绕本体系 Z 轴的持续转动。

针对不同大小的太阳帆，其特征变形情况对姿态轨道的影响也主要体现在光压力的变化上，为此进行了不同变形量、不同距离情况下特征变形对光压力的影响分析。图 2 - 31 为不同阶数太阳帆特征变形及不同变形量、不同光照角度、不同距日距离下的光压力影响曲线。

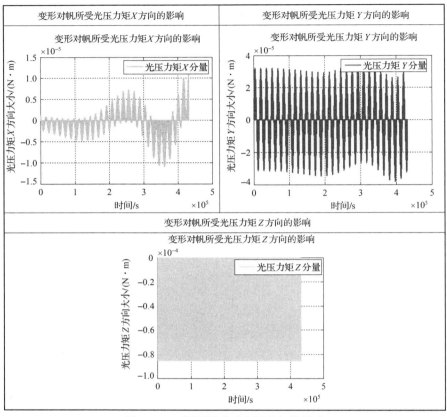

图 2-30   帆面振动对光压力矩的影响

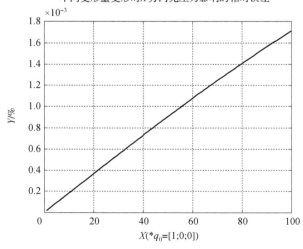

图 2-31   不同变形量、不同光照角度和不同距日距离对光压力的影响

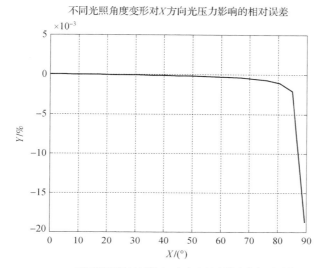

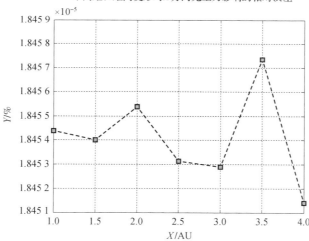

图 2 – 31　不同变形量、不同光照角度和不同距日距离对光压力的影响（续）

2.4.2　振动变形对太阳帆姿态和轨道的影响

　　两种模型下太阳帆的姿态变化如图 2 – 32 所示。在计算光压力、力矩、回复力时若不考虑振动引起的影响，太阳帆姿态变化很小，量级为 5 天转动了 10^{-2} rad。若在计算光压力时考虑振动变形，太阳帆姿态发生较大变化，主要为绕惯性系 Z 轴的偏转，5 天时间偏转了 10.42 rad。而绕其他两个轴的转角很小。

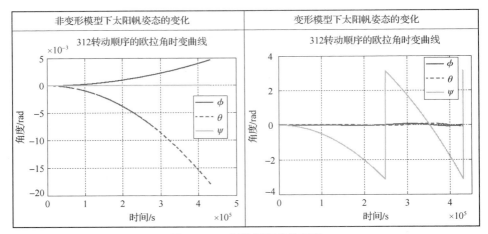

图 2-32   太阳帆姿态的变化

在 5 天的时间内，太阳帆的轨道几乎为 ZX 平面内的轨道，两种模型下各自的变化如图 2-33 所示。

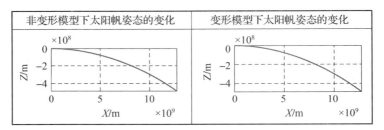

图 2-33   太阳帆轨道的变化

可见在仿真时间内，考虑振动变形和不考虑振动变形对太阳帆的轨道几乎无影响。这是因为振动变形主要带来了太阳帆绕自旋轴的转动；振动变形对帆所受的光压力影响较小。

2.4.3   姿态振动耦合影响分析

本节不考虑轨道，分析姿态振动耦合效应。采用对比精确的姿态振动耦合动力学模型和近似的姿态振动半解耦模型的方法，得出姿态柔性耦合程度的强弱和相互影响量等结果。两种模型为：姿态振动耦合模型，建模时即考虑了帆膜的柔性，由姿态轨道振动耦合动力学模型直接退化得到；姿态振动半解耦模型，建模时采用的是刚体模型的姿态动力学方程，但是光压力矩项仍采用由于太阳帆柔性振动引起的。

1. 主动力为光压力时姿态振动耦合分析

姿态振动耦合模型和姿态振动半解耦模型的光压力矩变化规律、姿态欧拉角和角点处横向变形规律的对比如图 2 - 34、图 2 - 35、图 2 - 36 所示。

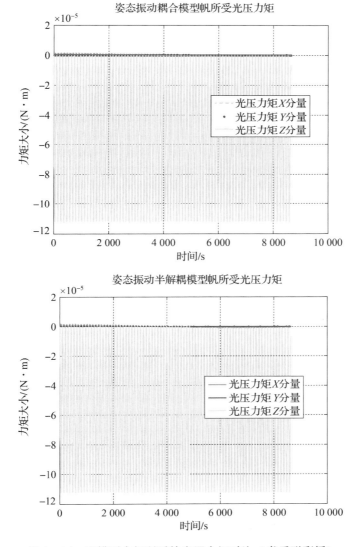

图 2 - 34　两模型中帆所受的光压力矩对比（书后附彩插）

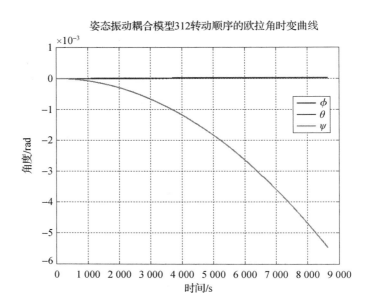

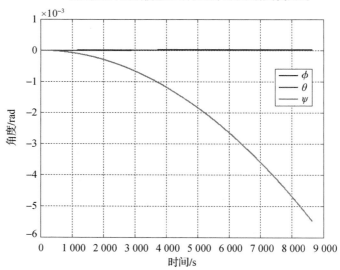

图 2 - 35　两模型情况下太阳帆姿态欧拉角对比（书后附彩插）

姿态振动耦合模型角点1的横向变形

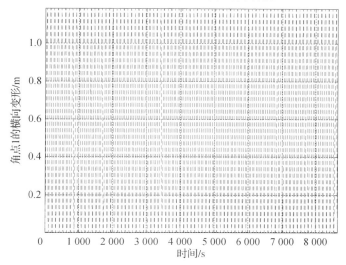

姿态振动半解耦模型角点1的横向变形

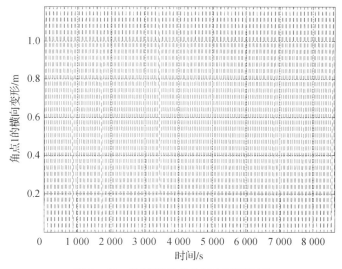

图 2-36　两模型角点处横向变形对比

　　分析与结论：在主动力仅为光压力作用下，两种模型下太阳帆的姿态、柔性变化规律几乎相同。说明在此情况下，太阳帆姿态的变化几乎等价于是由柔性产生的光压力矩产生的，柔性振动规律几乎等价于在太阳光压力下的弹性强迫振动。这样即说明在此情况下，太阳帆姿态柔性的耦合与建模时的众多耦合系数项关系并不大，从而分析姿态柔性耦合时可以利用物理意义比较明显的姿态振动半耦合模型。

2. 主动力为太阳引力时姿态振动耦合分析

姿态振动耦合模型和姿态振动解耦模型的振动回复力变化规律、角点处横向挠度变化规律、引力梯度力矩变化规律和姿态欧拉角变化规律的对比如图 2 – 37 ~ 图 2 – 40 所示。

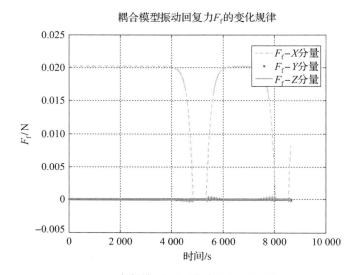

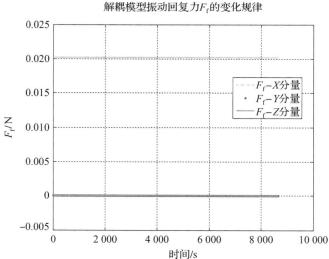

图 2 – 37　两模型下振动回复力变化规律

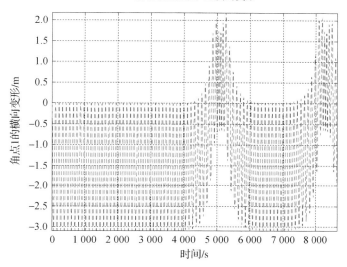

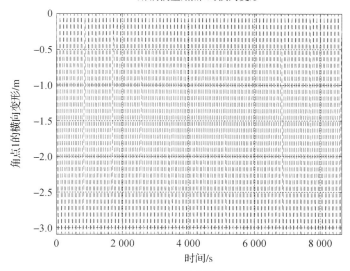

图 2-38　两种模型角点处的横向挠度

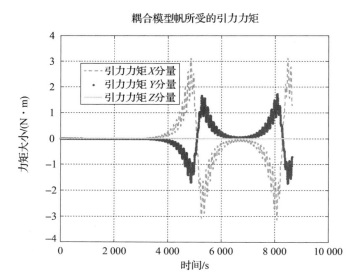

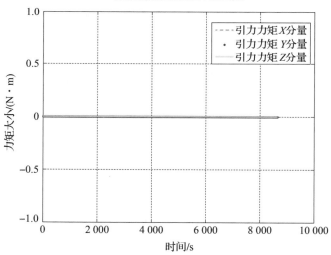

图 2-39　两模型下太阳帆所受引力梯度力矩（书后附彩插）

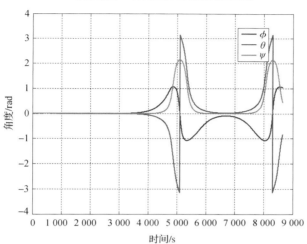

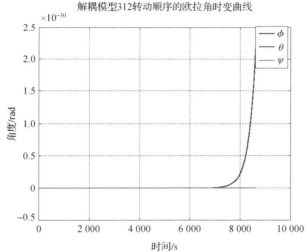

图 2-40　两模型下太阳帆姿态欧拉角的变化（书后附彩插）

分析与结论：刚体模型下太阳帆所受到的引力梯度几乎为零，从而姿态角几乎为零。两种模型的仿真结果相去甚远。仿真发现，造成这种差异的主要原因是解耦模型中舍去了姿态振动耦合项 $\boldsymbol{C}_r^b \ddot{\boldsymbol{q}}$ 和 $(\boldsymbol{C}_r^b)^{\mathrm{T}} \cdot \dot{\boldsymbol{\omega}}$、耦合惯性力项，而且静距和惯性矩的计算均舍去了柔性的影响。太阳引力成为引起帆膜振动的回复力，在不考虑轨道的姿态振动耦合模型中引起的振动幅度较大，从而产生的变形比较大，从而姿态发生了较大的变化。两种模型的对比说明了考虑主天体引力时，不宜将轨道隔离出来单独研究姿态。

第 3 章
利用太阳帆开展主带小行星探测任务设计

本章开展了太阳帆主带小行星探测任务设计，主要解决了任务方案中的轨道设计和姿态控制设计问题。以 2020 年前后在 7 年时间内探测至少 3 颗主带小行星为主要任务目标，开展了目标选择优化方法研究、轨道设计方法研究，以及姿态轨道耦合控制方法研究。

3.1 太阳帆主要指标

根据 7 年内完成 3 颗以上主带小行星探测的主要任务指标，假设探测器全重约为 200 kg。以地球到 3 AU 距离以内的任务为基础进行初步的轨道和太阳帆特性指标分析可以得到表 3 - 1 中的数据。可以看出较为合适的选择为：转移时间选择为 3 年左右，需要的探测器的质量面积比为 12 g/m²，也就是方形帆帆面边长约为 130 m，此时的特征加速度约为 0.75 mm/s²，考虑到帆体结构及帆面褶皱和反光率的影响，充分考虑冗余后，选择帆面边长为 160 m。

表 3 - 1 初步的轨道和太阳帆性能分析

光压因子	太阳帆质量面积比	特征加速度/(mm·s⁻²)	转移时间/天
0.5	3.06	2.98	288
0.4	3.83	2.38	336
0.3	5.10	1.79	418

光压因子	太阳帆质量面积比	特征加速度（mm·s^{-2}）	转移时间/天
0.2	7.65	1.19	806
0.127 5	12	0.75	1 085
0.1	15.3	0.6	2 786

考虑到帆面面积较大，姿态调整能力有限，为了避免产生大的扰动，对姿态调整能力和姿态稳定性的要求如下。

姿态调整能力要求：

控制角度调整范围：锥角 α：[0°，90°]，转角 δ：[0°，360°]。

角速度调整能力：锥角 α：<2°/天，转角 δ：<7°/天。

姿态稳定性要求：

以帆面理想平面为基准，姿态稳定性要求大于0.001°/s。

帆面抖动最大距离偏差小于100 cm。

3.2　多颗主带小行星目标选择优化方法

选取探测目标序列，从任务层面而言属于顶层任务设计阶段，这里称之为顶层设计；而当任务目标确定后，利用最优控制理论进行最终任务轨道的设计并优化性能指标，这里称之为详细优化。

同时进行多颗目标的探测，能够在节省经费的同时获得更大的科学和技术回报，多任务目标的小行星探测任务越来越被世界各航天大国强调。然而如何选取合适的探测目标和确定目标序列的探测顺序，无论是小推力还是太阳帆，对于这种连续推进的方式，目前都是一个难点和关注的热点，国际上尚无成熟通用的方法，基本处于探索阶段。对于像电推进小推力和太阳帆这种连续推力的轨迹优化和设计问题而言，需要巨大的计算量，是解析可描述的开普勒轨道的计算量无法比拟的。因而近年来，很多机构和学者对小推力的多目标探测进行了不少研究，提出了一些粗略的优化方法。目前已有的各种顶层设计方法，只能说是一种粗略的、初步的优化方法，其目的只是在满足任务指标近似最优的前提下，初步确定各个阶段的大致时间节点。这种粗略的顶层设计必须保证能对连续推进的轨道进行近似，并且不影响任务轨道的总体走向和性能指标，然而要实现这一点一般是比较困难的。

目前对于电推进小推力轨道优化的研究比较多，各研究者提出的比较常用的粗略近似方法主要包括：①圆锥曲线拼接法；②标称曲线轨道法。

对于电推进等小推力方式而言，上述两种粗略优化方法仍然存在一定局限性。同时由于多目标探测的对象一般为小行星，而小行星运行轨道规律性不强，并不像大天体那样比较接近黄道平面，如图 3-1 所示，列出了目前已探测到的小行星轨道半长轴与轨道倾角的关系图。

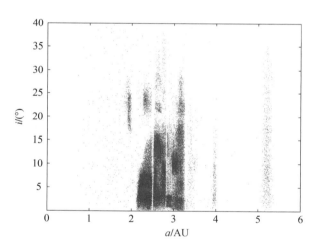

图 3-1　已发现的小行星半长轴与倾角的关系统计（书后附彩插）

对于太阳帆而言，又不同于电推进等连续小推力方式。首先，太阳帆的受力特性决定了连续小推力与太阳帆的不同。太阳帆是典型的姿态轨道耦合系统，其轨道推力需要通过姿态的调整实现，因而太阳帆的姿态状况限制了其受力状况，太阳帆的受力方向只能包含半个空间，并不能实现全空间各方向的覆盖，并且太阳帆的光压力大小不仅受到太阳帆的日心距离的影响，最大受力与日心距离平方成反比，而且还与太阳帆的对日定向有关，因而即使是在半个空间可以施加推力，其推力大小并不是一个标准半球，其解空间的形状是一个半径随位置变化的椭球，因而太阳帆的推力空间是电推进连续小推力的子集，小推力的结果并不能直接拿来被太阳帆利用。以圆轨道为例，受太阳帆对日定向的姿态限制，太阳帆在切向的推力为 0，因此基于沿切向施加推力的标称曲线轨道法于太阳帆基本没有可参考价值。可以说，小推力的施加结果太阳帆不一定能实现，而当小推力的燃料足够时太阳帆的推进结果是可以利用小推力完全复现的。而且，太阳帆无需燃料消耗，可以看作比冲无限大，这与一般传统的推进方式不同，因而关注的重点也不同。对于需要消耗燃料如电推进的推进方式，每一克燃料都是关注的重点，因此尽可能少的消耗燃料一般是轨道设计的目标；而太阳帆根本无需燃料消耗，关注的重点一般在飞行时间上，因此尽可能短的飞行时间一般是轨道设计的目标。对于太阳帆推进和传统的推进方式而言，二者的着眼点不同，优化目标不可比。即使脉冲与连续小推力的关系尚不清楚，但二者总是具有相同的比较指标，即燃料消耗；而对于太阳帆而言，无论电推进还是脉冲结果都没有可比性。可以这样说，与小推力的对应关系尚不清楚的脉冲粗略估计方法仅为"勉强可用"，则对没有可比性的太阳帆而言，脉冲粗略估计的方法基本没有参考价值。

上面的论述说明了顶层设计的困难之处，虽然电推进等连续小推力的顶层设计有一定粗略估计方法可用，但由于太阳帆的特殊性，小推力的结果并不适用于太阳帆，而太阳帆的顶层设计粗略估计方法尚未见公开文献有所涉及和讨论。

实际上，容易想到的是，最为原始、有效的顶层设计方法在计算能力可以满足的前提下即为穷举法。本任务中，要求在 7 年内实现探测 3 颗主带小行星的任务，对于给定推进性能的太阳帆而言，由于推进能力较弱，实现起来具有一定困难，因而探测目标的筛选和探测顺序的确定至为重要。由于太阳帆的顶层设计并无比较可靠的粗略估计方法，因而为了实现任务目标，直接利用太阳帆最优控制理论优化方法对可能作为探测目标的主带小行星进行序列的穷举，筛选出任务飞行时间符合要求的探测目标。由于现在已经发现的主带小行星数量多达数十万颗，如果对所有的小行星进行穷举筛选，其计算量之大是不可接受的。因此这里选择尺寸较大的 2 065 颗主带小行星作为备选探测目标，可选目标的半长轴和轨道倾角如图 3－2 所示，对这 2 065 颗目标小行星进行穷举筛选，从而选出符合要求的探测目标。

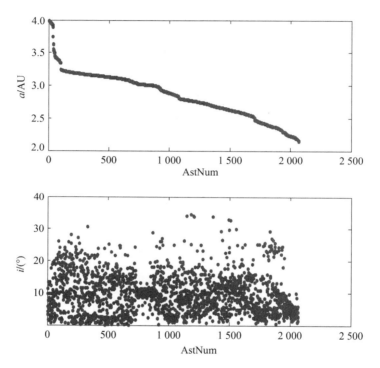

图 3－2　备选的较大型小行星半长轴与倾角分布

对于多目标探测而言，如何确定探测目标以及各目标的探测顺序属于任务的顶层设计，也是影响任务成本和完成成果的关键因素。利用脉冲和电推进小推力实现多目标探测是目前研究较多的方向，而太阳帆的多目标探测研究则较少。对于双脉冲实现的方法而言，由于具有解析解，需要的计算量相对较少，一般可以利用 Lambert 问题求解器对可选目标数据库进行穷举计算即可得到最优结果；而电推进小推力的实现，由于也是复杂的最优控制问题，计算量比较大，难以对所有可能的探测目标进行穷举计算，所以需要一定的粗略估计方法，目前文献中用到的方法包括利用脉冲的圆锥曲线拼接法和解析曲线描述的标称曲线轨道法等，但是这些粗略方法毕竟只是对最优结果的近似，而且从一些文献研究的结果来看，近似的效果有时并不理想，因而找到更好的粗略近似方法是目前小推力多目标探测的一个难点问题。

太阳帆的推进方式决定了其受力以及任务设计的特殊性，既与脉冲方法差别巨大，又不同于小推力方法，因而上述提到的脉冲和小推力的目标序列的确定估计方法并不适用于太阳帆多目标探测。

基于目前太阳帆多目标探测并无有效的粗略估计方法，而从本任务的需求出发，为了实现 7 年探测 3 颗主带小行星，探测目标的序列确定是关键因素，时间裕度很小，可能的探测序列很难找到，因而只能利用最优控制模型，在一定的可能探测目标数据库内进行穷举计算，将任务飞行时间作为判断指标，从而直接精确地找到飞行时间满足任务要求的探测序列。

而即使在 2 065 颗中选择 3 颗作为探测目标，其计算量也是巨大而不可接受的。为了进一步减少计算量，首先确定主探测目标即第三颗探测目标为灶神星（4 Vesta），如此选取的原因不仅在于灶神星是第三大的小行星，而且在于也是在 2.5 天文单位的柯克伍德空隙内侧最大的小行星，即相对体积大容易发现，而其位于主带内侧距离地球相对更近则飞至所需时间相对较短，选择这样的主探测目标更为合理。其次则需要利用穷举的方法确定第 1 号和第 2 号探测目标，每两个天体之间的飞行轨道按照最优控制模型进行求解，即需要对所有目标穷举从而需要大量多次求解上述最优控制问题。对于本任务，进一步减少计算量的方法是采取树状筛选方法，将整个任务分为 3 段，每一段设定飞行时间阈值，满足约束的目标进入下一步筛选，不满足的则筛除掉，从而减少了一部分计算量。3 段全部计算完毕后，将 3 段飞行时间相加进行整体验证，最终将整体飞行时间满足约束条件的序列筛选出来。

最终 3 段的筛选阈值分别取为 3 年 + 2.5 年 + 2 年，3 段的计算结果如图 3 - 3 所示。

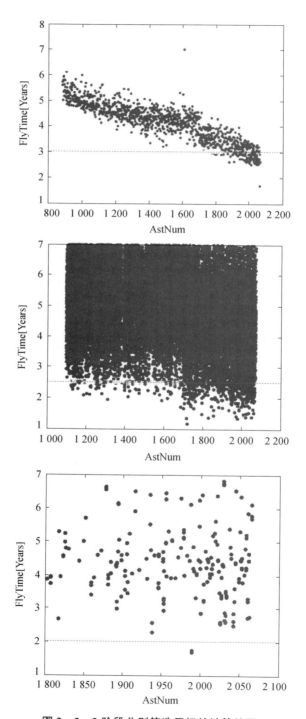

图 3 - 3 3 阶段分别筛选目标的计算结果

最后再将 3 颗探测目标作为整体，计算整体飞行时间进行验证，最终得到 3 组满足飞行时间 <7 年要求的序列结果，再根据飞行时间和探测目标尺寸的综合比较，最终选定一组序列作为标称轨道设计的探测目标。

影响太阳帆飞行时间的是日心转移段轨道，因此首先要确定日心转移段的轨道，进而根据日心段轨迹设计结果进一步选择地心段的发射参数。以 2020 年 1 月 1 日至 2023 年 1 月 1 日之间作为太阳帆从地球出发的可选时间窗口，利用太阳帆飞行时间最短的优化方法，在满足 7 年内探测至少 3 颗主带小行星的前提下，确定飞行时间最短的出发窗口。得出满足要求的结果共有 3 组，分别如下：

（1）2020 年 8 月 17 日从地球出发，中途交会小行星 1703 Barry 和小行星 1831 Nicholson，最终于 2027 年 8 月 6 日到达主目标小行星灶神星 4 Vesta，总共飞行时间为 6.97 年。

（2）2021 年 12 月 30 日从地球出发，中途交会小行星 1089 Tama 和小行星 1831 Nicholson，最终于 2028 年 12 月 7 日到达主目标小行星灶神星 4 Vesta，总共飞行时间为 6.94 年。

（3）2021 年 12 月 18 日从地球出发，中途交会小行星 1219 Britta 和小行星 1831 Nicholson，最终于 2028 年 9 月 28 日到达主目标小行星灶神星 4 Vesta 与之交会，总共飞行时间 6.78 年。

3 组结果中第二颗目标小行星相同，均为 Nicholson，尺寸数据暂时不详，而第一颗目标小行星的尺寸分别为：1703 Barry 的直径为 9.41 km、1089 Tama 的直径为 12.92 km、1219 Britta 的直径为 11.43 km，可见 3 者尺寸相差不大。因此主要考虑飞行时间的限制，其中第 3 组结果飞行时间最短，最终选择第 3 组结果作为可行探测序列，因而首先确定了日心段从地球出发的时刻为 2021 年 12 月 18 日，以及出发时刻太阳帆的状态参数和初始姿态角需求，即初始 $\alpha = 25.02°$、$\delta = 36.90°$。

则设计结果的探测序列为：地球—Britta（小行星编号 1219，临时编号 1932 CJ）—Nicholson（小行星编号 1831，临时编号 1968 HC）—Vesta（小行星编号 4，即灶神星）。计算轨道时，所用的各星的参考轨道根数如表 3 - 2 所示（其中 1[AU] = 1.4959787066E+11［m］）。

表 3 - 2　各星参考轨道根数

星球	参考时刻 MJD	$a\,[\mathrm{AU}]$	e	$i\,[\mathrm{rad}]$	$\Omega\,[\mathrm{rad}]$	$\omega\,[\mathrm{rad}]$	$f\,[\mathrm{rad}]$
地球	56 000. 0	1. 000 840 372 0	0. 016 506 734 1	0. 000 021 262 0	0. 030 895 666 9	1. 719 234 715 7	0. 949 317 279 9
Britta	56 000. 0	2. 213 318 310 0	0. 124 136 370 0	0. 077 054 192 1	0. 743 193 903 0	0. 414 159 912 0	3. 312 423 997 8
Nicholson	56 000. 0	2. 239 179 580 0	0. 128 641 890 0	0. 098 388 643 1	1. 268 003 989 4	3. 198 180 870 5	6. 108 006 876 1
灶神星	56 000. 0	2. 361 910 480 0	0. 088 219 660 0	0. 124 516 326 7	1. 813 317 086 9	2. 619 541 566 1	2. 087 550 775 1

▓ 3.3　主带小行星探测任务轨道设计方法

3.3.1　太阳帆日心轨道动力学基础

太阳帆处于空间不同位置，不同的天体对其引力大小不同，根据太阳帆受到天体的引力的量级，可以考虑主要天体的引力。当太阳帆远离所有天体时，可以只考虑太阳引力。当太阳帆在围绕某个天体运动时，可以只考虑该天体的引力。当天体在某两个主天体形成的限制性三体问题的平动点附近时，需要同时考虑这两个主天体的引力。

太阳帆早期的经典研究都集中在日心轨道，日心轨道动力学可以在不同的坐标系下进行描述。在日心惯性坐标系下，太阳帆的动力学方程可以表示为

$$\begin{cases} \ddot{X}_I + \dfrac{\mu_S}{r^3} X_I = F_X \\[2mm] \ddot{Y}_I + \dfrac{\mu_S}{r^3} Y_I = F_Y \\[2mm] \ddot{Z}_I + \dfrac{\mu_S}{r^3} Z_I = F_Z \end{cases} \tag{3-1}$$

在球坐标系下，定义 ϕ 为 r 与黄道面之间的夹角，ψ 为 r 在黄道面的投影与 X_I 的夹角，如图 3-4 所示，在球坐标系下的动力学方程可以表示为

$$\begin{cases} \ddot{r} - r\dot{\phi}^2 - r\dot{\psi}^2\cos^2\phi = -\dfrac{\mu_S}{r^2} + F_r \\[2mm] r\cos\phi\ddot{\psi} + 2\cos\phi\dot{r}\dot{\psi} - 2r\dot{\psi}\dot{\phi}\sin\phi = F_\psi \\[2mm] r\ddot{\phi} + 2\dot{r}\dot{\phi} + r\dot{\psi}^2\sin\phi\cos\phi = F_\phi \end{cases} \tag{3-2}$$

法线方向在球坐标系的三个分量可以用两个角度来描述，α 为法线与径向的夹角，δ 为法线方向在 $e_\phi e_\psi$ 平面的投影与 e_ϕ 之间的夹角，如图 3-5 所示，太阳光压力的各分量可以表示为

$$\begin{cases} F_r = \beta \dfrac{\mu_S}{r^2} \cos^3 \alpha \\[2mm] F_\psi = \beta \dfrac{\mu_S}{r^2} \cos^2 \alpha \sin \alpha \sin \delta \\[2mm] F_\phi = \beta \dfrac{\mu_S}{r^2} \cos^2 \alpha \sin \alpha \cos \delta \end{cases} \tag{3-3}$$

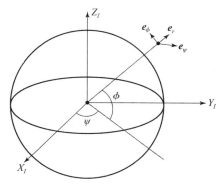 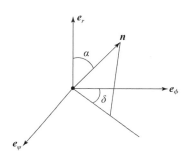

图 3-4　球坐标系的描述　　　图 3-5　太阳帆法线方向在球坐标系下的描述

轨道坐标系由位置单位矢量 $\boldsymbol{e}_r$、轨道面法向单位矢量 $\boldsymbol{e}_h$ 以及横向单位矢量 $\boldsymbol{e}_t$ 形成右手坐标系，如图 3-6 所示，在轨道坐标系下的动力学方程可以表示为

$$\begin{cases} \dot{a} = \dfrac{2}{n_a \sqrt{1-e^2}} \left[e\sin f \cdot F_R + (1 + e\cos f) F_t \right] \\[3mm] \dot{e} = \dfrac{\sqrt{1-e^2}}{n_a a} \left[\sin f \cdot F_R + (\cos f + \cos E) F_t \right] \\[3mm] \dot{i} = \dfrac{r\cos u}{n_a a^2 \sqrt{1-e^2}} F_h \\[3mm] \dot{\Omega} = \dfrac{r\cos u}{n_a a^2 \sqrt{1-e^2} \sin i} F_h \\[3mm] \dot{\omega} = \dfrac{\sqrt{1-e^2}}{n_a a e} \left[-\cos f \cdot F_R + \left(1 + \dfrac{r}{p}\right)\sin f \cdot F_t \right] - \cos i \, \dot{\Omega} \\[3mm] \dot{M} = n_a - \dfrac{1-e^2}{n_a a e} \left[\left(2e\dfrac{r}{p} - \cos f\right) F_R + \left(1 + \dfrac{r}{p}\right)\sin f \cdot F_t \right] \end{cases} \tag{3-4}$$

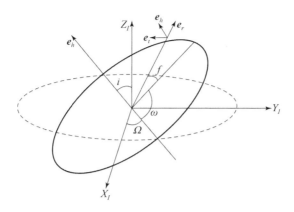

图 3 – 6　轨道坐标系的描述

法线方向在轨道坐标系的三个分量可以用两个角度来描述，α 依然为法线与径向的夹角，δ 为法线方向在 e_h 和 e_t 组成的平面内的投影与 e_h 之间的夹角，如图 3 – 7 所示，太阳光压力在该坐标系下的投影可以表示为

$$
\begin{cases}
F_r = \beta \dfrac{\mu_s}{r^2}\cos^3\alpha \\[2mm]
F_t = \beta \dfrac{\mu_s}{r^2}\cos^2\alpha\sin\alpha\sin\delta \\[2mm]
F_h = \beta \dfrac{\mu_s}{r^2}\cos^2\alpha\sin\alpha\cos\delta
\end{cases}
\tag{3-5}
$$

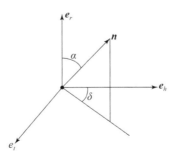

图 3 –7　太阳帆的法线方向在轨道坐标系下的描述

如果将真近点角作为自由变量，有

$$
\begin{cases}
\dfrac{\mathrm{d}a}{\mathrm{d}f} = \dfrac{2pr^2}{\mu_{\mathrm{S}}\,(1-e^2)^2}\left(F_r e\sin f + F_t\,\dfrac{p}{R}\right) \\[4mm]
\dfrac{\mathrm{d}e}{\mathrm{d}f} = \dfrac{r^2}{\mu_{\mathrm{S}}}\left[F_r\sin f + F_t\left(1+\dfrac{r}{p}\right)\cos f + F_t e\,\dfrac{r}{p}\right] \\[4mm]
\dfrac{\mathrm{d}\omega}{\mathrm{d}f} = \dfrac{r^2}{\mu_{\mathrm{S}}e}\left[-F_r\cos f + F_t\left(1+\dfrac{r}{p}\right)\sin f\right] - c\tan i\,\dfrac{a^2\,(1-e^2)^2}{\mu_{\mathrm{S}}}\,\dfrac{\sin u}{(1+e\cos f)^3}F_h \\[4mm]
\dfrac{\mathrm{d}\Omega}{\mathrm{d}f} = \dfrac{a^2\,(1-e^2)^2}{\mu_{\mathrm{S}}\sin i}\,\dfrac{\sin u}{(1+e\cos f)^3}F_h \\[4mm]
\dfrac{\mathrm{d}i}{\mathrm{d}f} = \dfrac{a^2\,(1-e^2)^2}{\mu_{\mathrm{S}}}\,\dfrac{\cos u}{(1+e\cos f)^3}F_h
\end{cases}
$$

$$(3-6)$$

太阳帆的位置矢量在不同坐标系的投影之间可以相互转换，惯性系到球坐标系的转换可以描述为

$$
\begin{bmatrix} \boldsymbol{e}_r \\ \boldsymbol{e}_\psi \\ \boldsymbol{e}_\phi \end{bmatrix}
= R_2(-\phi)R_3(\psi)
\begin{bmatrix} \boldsymbol{e}_{X_I} \\ \boldsymbol{e}_{Y_I} \\ \boldsymbol{e}_{Z_I} \end{bmatrix}
= \begin{bmatrix} \cos\phi & 0 & \sin\phi \\ 0 & 1 & 0 \\ -\sin\phi & 0 & \cos\phi \end{bmatrix}
\begin{bmatrix} \cos\psi & \sin\psi & 0 \\ -\sin\psi & \cos\psi & 0 \\ 0 & 0 & 1 \end{bmatrix}
\begin{bmatrix} \boldsymbol{e}_{X_I} \\ \boldsymbol{e}_{Y_I} \\ \boldsymbol{e}_{Z_I} \end{bmatrix}
$$

$$(3-7)$$

惯性坐标系到轨道坐标系的转换可以表示为

$$
\begin{bmatrix} \boldsymbol{e}_r \\ \boldsymbol{e}_t \\ \boldsymbol{e}_h \end{bmatrix}
= R_3(u)R_1(i)R_3(\Omega)
\begin{bmatrix} \boldsymbol{e}_{X_I} \\ \boldsymbol{e}_{Y_I} \\ \boldsymbol{e}_{Z_I} \end{bmatrix}
$$

$$
= \begin{bmatrix} \cos u & \sin u & 0 \\ -\sin u & \cos u & 0 \\ 0 & 0 & 1 \end{bmatrix}
\begin{bmatrix} 1 & 0 & 0 \\ 0 & \cos i & \sin i \\ 0 & -\sin i & \cos i \end{bmatrix}
\begin{bmatrix} \cos\Omega & \sin\Omega & 0 \\ -\sin\Omega & \cos\Omega & 0 \\ 0 & 0 & 1 \end{bmatrix}
\begin{bmatrix} \boldsymbol{e}_{X_I} \\ \boldsymbol{e}_{Y_I} \\ \boldsymbol{e}_{Z_I} \end{bmatrix}
$$

$$(3-8)$$

利用太阳帆在不同坐标系下的动力学方程的描述，可以研究太阳帆在日心轨道的动力学特征，包括星际转移轨道。如果太阳帆的法向与太阳光方向一致，则太阳帆在惯性系下的动力学方程可以表示为

$$\ddot{\boldsymbol{r}} + (1-\beta)\frac{\mu_{\mathrm{S}}}{r^3}\boldsymbol{r} = 0 \tag{3-9}$$

从上式可以看出，方程描述了太阳帆围绕一个质量为太阳质量 $1-\beta$ 倍的天体运动的动力学方程。等价的引力常数可以表示为

$$\tilde{\mu} = (1-\beta)\mu_{\mathrm{S}} \tag{3-10}$$

二体模型下的结论都适应于该情况下的太阳帆轨道，太阳帆的能量可以表示为

$$C = \frac{1}{2}v^2 - \frac{\tilde{\mu}}{r} \tag{3-11}$$

利用能量可以判断太阳帆的轨道类型：当 $C < 0$ 时，即 $v < \sqrt{\dfrac{2\tilde{\mu}}{r}}$，太阳帆的轨道为椭圆；当 $C = 0$ 时，即 $v = \sqrt{\dfrac{2\tilde{\mu}}{r}}$，太阳帆的轨道为抛物线；当 $C > 0$ 时，即 $v > \sqrt{\dfrac{2\tilde{\mu}}{r}}$，太阳帆的轨道为双曲线。

当太阳帆的轨道为椭圆时，设 h 为太阳帆的角动量，则太阳帆到太阳的距离可以表示为

$$r(f) = \frac{h^2}{(1+e\cos f)\tilde{\mu}} \tag{3-12}$$

轨道速度大小可以表示为

$$v(f) = \frac{\tilde{\mu}}{h}\sqrt{1 + 2e\cos f + e^2} \tag{3-13}$$

轨道周期可以表示为

$$T = \frac{2\pi}{\sqrt{\dfrac{\tilde{\mu}}{a^3}}} \tag{3-14}$$

由上面的公式可知，当太阳帆与传统航天器在一个长半轴相同的日心轨道上运行时，太阳帆比传统航天器的周期长。当偏心率也相同时，太阳帆具有较小的动量矩，即在同一轨道运行时，太阳帆的日心速度比传统航天器小。如果航天器运行在一个半径为 a 的圆轨道上，将太阳帆展开，且太阳光压力沿径向施加，则

太阳帆的轨道将发生改变。当 $\beta < 1/2$ 时，太阳帆的轨道将为椭圆轨道，椭圆轨道的长半轴为

$$\tilde{a} = \frac{r_p}{1-e} = \frac{a}{1-e} = \frac{a(1-\beta)}{\beta} \qquad (3-15)$$

从上述结果可以看出，当 $\beta = 1$ 时，偏心率 $\tilde{e} \to \infty$。很容易理解，$\beta = 1$ 意味着太阳对太阳帆的引力和光压力抵消，因此，太阳帆受到的合外力为零，太阳帆将做直线运动；当 $\beta = 1/2$ 时，偏心率 $\tilde{e} = 1$，太阳帆的轨道为抛物线；当 $\beta < 1/2$ 时，偏心率 $\tilde{e} < 1$，太阳帆的轨道为椭圆；当 $1/2 < \beta < 1$ 时，偏心率 $\tilde{e} > 1$，太阳帆的轨道为双曲线；当 $\beta > 1$ 时，太阳引力和太阳光压力的合力所产生的效果相当于正引力势场，太阳帆的轨道将为双曲线，但是将沿远离太阳的方向运动。

3.3.2 太阳帆轨道优化设计方法

1. 太阳帆最优交会模型

太阳帆进行星际转移的轨迹设计思路一般是利用变分原理求解时间最优的转移轨道，将太阳帆的轨迹设计构造为优化问题的求解，经典的间接法求解即为采用最优控制理论的变分法和极大值原理构造最优控制模型，求得对应的两点边值问题的解则可得到最优转移轨迹和对应的时间最优控制律。太阳帆是利用光压推进，不需要携带燃料，而利用光压力获得到达目标星球的能量必须经过一段时间的积累。对于太阳帆而言，更关注的是航天器的深空飞行时间，因而一般的太阳帆轨迹优化采用的优化指标即为太阳帆的转移飞行时间。作为初步设计，这里把出发星球和目标星球均视为质点，其运动规律均为以太阳为中心的二体轨道，忽略各种摄动力，与目标星球交会为目的，飞行时间最短为优化指标，出发时刻为 2020 年前后，出发和到达时间不定。太阳帆的出发星球已经确定为地球，而主探测目标行星为灶神星也已经确定，只有中途探测目标不确定，这里通过对由 2 065 颗主带小行星组成的数据库进行穷举计算，根据总飞行时间最短的原则筛选出 2 颗中途探测目标小行星。这样即可把太阳帆日心转移段的飞行过程分为 3 个阶段：从地球出发与 1 号目标小行星交会；从 1 号小行星出发与 2 号目标小行星交会；从 2 号小行星出发与主目标灶神星交会。这三个飞行阶段对应的优化问题除了第一阶段的出发时刻不定与后面两段不同外，其余采用的均是相同的最优

控制模型，下面将给出具体的求解模型。

太阳帆的动力学模型采用二体＋光压力，忽略其他摄动力的影响，则动力学方程为（为了计算简便，以下将太阳引力常数 μ_s 归一化处理）

$$\begin{cases} \dot{\boldsymbol{R}} = \boldsymbol{V} \\ \dot{\boldsymbol{V}} = -\dfrac{1}{R^3}\boldsymbol{R} + \beta\dfrac{1}{R^2}\cos^2\alpha\hat{\boldsymbol{n}} \end{cases} \tag{3-16}$$

容许控制集：

$$\hat{\boldsymbol{n}} \in U = \{\alpha(t),\delta(t)\,|\,0°\leqslant\alpha(t)\leqslant90°,0°\leqslant\delta(t)\leqslant360°\} \tag{3-17}$$

其中帆法线的指向以角度 α 和 δ 描述，锥角 α（Cone Angle）定义为帆法线与太阳光线（即太阳帆的日心位置矢量 $\boldsymbol{r}$）之间的夹角，而周角 δ（Clock Angle）定义为帆法线在垂直于太阳光线的平面上投影与太阳帆的轨道角动量（$\boldsymbol{k} = \boldsymbol{R} \times \boldsymbol{V}$）之间的夹角，如图 3-8 所示，帆面的法向量定义式如下：

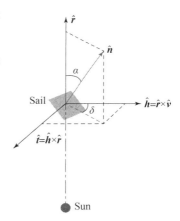

$$\hat{\boldsymbol{n}} = \cos\alpha\hat{\boldsymbol{r}} + \sin\alpha\cos\delta\hat{\boldsymbol{k}} + \sin\alpha\sin\delta\hat{\boldsymbol{k}}\times\hat{\boldsymbol{r}}$$

$$\tag{3-18}$$

图 3-8　姿态角的定义

太阳帆从出发星球出发后，与目标行星交会，出发时刻为时间 t_0，终端时刻 t_f（不定）、帆面法向量 $\boldsymbol{n}(t)$ 为控制变量。最优性能指标为时间最短：

$$\arg\quad\min\quad J = \int_{t_0}^{t_f}\lambda_0\mathrm{d}t \tag{3-19}$$

式中，引入的协态变量 λ_0 为正数，是为了方便归一化协态变量初值而引入的，由于 λ_0 为正数，因此并不影响最优性条件。

采用间接法（庞德里亚金极大值原理）求解该最优问题，则构造 Hamilton 函数并使之极小：

$$\begin{aligned} H &= \lambda_0 + \boldsymbol{\lambda}_R \cdot \boldsymbol{V} + \boldsymbol{\lambda}_V \cdot \left(-\frac{1}{R^3}\boldsymbol{R} + \beta\frac{1}{R^2}\cos^2\alpha\boldsymbol{n}\right) \\ &= \lambda_0 + \boldsymbol{\lambda}_R \cdot \boldsymbol{V} - \frac{1}{R^3}\boldsymbol{\lambda}_V \cdot \boldsymbol{R} + \beta\frac{1}{R^2}\cos^2\alpha\boldsymbol{\lambda}_V \cdot \boldsymbol{n} \end{aligned} \tag{3-20}$$

协态方程为：

$$\boldsymbol{\lambda}_R = -\frac{\partial H}{\partial \boldsymbol{R}} = \frac{1}{R^3}\boldsymbol{\lambda}_V - \frac{3}{R^5}(\boldsymbol{R}\cdot\boldsymbol{\lambda}_V)\boldsymbol{R} - 2\beta\frac{1}{R^4}(\boldsymbol{R}\cdot\boldsymbol{n})(\boldsymbol{\lambda}_V\cdot\boldsymbol{n})\left[\boldsymbol{n} - 2\frac{(\boldsymbol{R}\cdot\boldsymbol{n})\boldsymbol{R}}{R^2}\right]$$

$$\boldsymbol{\lambda}_V = -\frac{\partial H}{\partial \boldsymbol{V}} = -\boldsymbol{\lambda}_R$$

$$(3-21)$$

边值条件约束为

$$\boldsymbol{\Psi}(t_0) = \begin{bmatrix} \boldsymbol{R}(t_0) - \boldsymbol{R}_{\text{start}}(t_0) \\ \boldsymbol{V}(t_0) - \boldsymbol{V}_{\text{start}}(t_0) \end{bmatrix} = 0$$

$$\boldsymbol{\Psi}(t_f) = \begin{bmatrix} \boldsymbol{R}(t_f) - \boldsymbol{R}_{\text{end}}(t_f) \\ \boldsymbol{V}(t_f) - \boldsymbol{V}_{\text{end}}(t_f) \end{bmatrix} = 0$$

$$(3-22)$$

横截条件为

$$\boldsymbol{\lambda}_R(t_0) = -\frac{\partial\varphi}{\partial\boldsymbol{R}(t_0)} - \frac{\partial^{\mathrm{T}}\boldsymbol{\Psi}(t_0)}{\partial\boldsymbol{R}(t_0)}\boldsymbol{\gamma}_{R0} = -\boldsymbol{\gamma}_{R0}$$

$$\boldsymbol{\lambda}_V(t_0) = -\frac{\partial\varphi}{\partial\boldsymbol{V}(t_0)} - \frac{\partial^{\mathrm{T}}\boldsymbol{\Psi}(t_0)}{\partial\boldsymbol{V}(t_0)}\boldsymbol{\gamma}_{V0} = -\boldsymbol{\gamma}_{V0}$$

$$(3-23)$$

$$\boldsymbol{\lambda}_R(t_f) = \frac{\partial\varphi}{\partial\boldsymbol{R}(t_f)} + \frac{\partial^{\mathrm{T}}\boldsymbol{\Psi}(t_f)}{\partial\boldsymbol{R}(t_f)}\boldsymbol{\gamma}_{Rf} = \boldsymbol{\gamma}_{Rf}$$

$$\boldsymbol{\lambda}_V(t_f) = \frac{\partial\varphi}{\partial\boldsymbol{V}(t_f)} + \frac{\partial^{\mathrm{T}}\boldsymbol{\Psi}(t_f)}{\partial\boldsymbol{V}(t_f)}\boldsymbol{\gamma}_{Vf} = \boldsymbol{\gamma}_{Vf}$$

$$(3-24)$$

其中，$\boldsymbol{\gamma}_0 = [\boldsymbol{\gamma}_{R0}, \boldsymbol{\gamma}_{V0}]$，$\boldsymbol{\gamma}_f = [\boldsymbol{\gamma}_{Rf}, \boldsymbol{\gamma}_{Vf}]$为拉格朗日常数乘子。

稳态条件为

$$H(t_0) = \boldsymbol{\gamma}_0 \cdot \frac{\partial\boldsymbol{\Psi}(t_0)}{\partial t_0}$$

$$= -\boldsymbol{\gamma}_{R0}\cdot\boldsymbol{V}_{\text{start}}(t_0) - \boldsymbol{\gamma}_{V0}\cdot\left[-\frac{\boldsymbol{R}_{\text{start}}(t_0)}{\boldsymbol{R}_{\text{start}}(t_0)^3}\right]$$

$$(3-25)$$

$$= \boldsymbol{\lambda}_R(t_0)\cdot\boldsymbol{V}_{\text{start}}(t_0) - \boldsymbol{\lambda}_V(t_0)\cdot\frac{\boldsymbol{R}_{\text{start}}(t_0)}{\boldsymbol{R}_{\text{start}}(t_0)^3}$$

$$H(t_{\mathrm{f}}) = -\boldsymbol{\gamma}_{\mathrm{f}} \cdot \frac{\partial \boldsymbol{\Psi}(t_{\mathrm{f}})}{\partial t_{\mathrm{f}}}$$

$$= \boldsymbol{\gamma}_{Rf} \cdot \boldsymbol{V}_{\mathrm{end}}(t_{\mathrm{f}}) + \boldsymbol{\gamma}_{Vf} \cdot \left[-\frac{\boldsymbol{R}_{\mathrm{end}}(t_{\mathrm{f}})}{\boldsymbol{R}_{\mathrm{end}}(t_{\mathrm{f}})^3} \right] \qquad (3-26)$$

$$= \boldsymbol{\lambda}_R(t_{\mathrm{f}}) \cdot \boldsymbol{V}_{\mathrm{end}}(t_{\mathrm{f}}) - \boldsymbol{\lambda}_V(t_{\mathrm{f}}) \cdot \frac{\boldsymbol{R}_{\mathrm{end}}(t_{\mathrm{f}})}{\boldsymbol{R}_{\mathrm{end}}(t_{\mathrm{f}})^3}$$

需要注意的是，对于太阳帆从地球到 1 号目标小行星的第一段飞行，由于出发时刻不定，采用的是上述完整的方程模型；而对于第二和第三段飞行而言，由于出发时刻即为前一阶段的终端时刻，由前一时刻的结果决定固定值，因而上述模型中关于 t_0 时刻的方程则不再必要。

极值条件为

$$H[x^*(t), \alpha^*(t), \lambda(t), t] = \min_{\mathrm{n}} H[x^*(t), \alpha^*(t), \lambda(t), t] \qquad (3-27)$$

即

$$\min_{\boldsymbol{n}} H = \lambda_0 + \boldsymbol{\lambda}_R \cdot \boldsymbol{V} + \boldsymbol{\lambda}_V \cdot \left(-\frac{1}{R^3}\boldsymbol{R} + \beta \frac{1}{R^2}\cos^2\alpha \boldsymbol{n} \right)$$
$$= \lambda_0 + \boldsymbol{\lambda}_R \cdot \boldsymbol{V} - \frac{1}{R^3}\boldsymbol{\lambda}_V \cdot \boldsymbol{R} + \beta \frac{1}{R^2}\cos^2\alpha \boldsymbol{\lambda}_V \cdot \boldsymbol{n} \qquad (3-28)$$

等价于

$$\min_{\boldsymbol{n}} J_1 = \{\cos^2\alpha \boldsymbol{\lambda}_V \cdot \boldsymbol{n}\} \qquad (3-29)$$

其中：

$$\hat{\boldsymbol{\lambda}}_V = \cos\tilde{\alpha}\,\hat{r} + \sin\tilde{\alpha}\cos\tilde{\delta}\,\hat{k} + \sin\tilde{\alpha}\sin\tilde{\delta}\,\hat{t}\ (0° \leqslant \tilde{\alpha} < 180°, 0° \leqslant \tilde{\delta} < 360°)$$

$$(3-30)$$

$$\hat{\boldsymbol{n}} = \cos\alpha\hat{r} + \sin\alpha\cos\delta\,\hat{k} + \sin\alpha\sin\delta\,\hat{t}\ (0° \leqslant \alpha \leqslant 90°, 0° \leqslant \delta < 360°) \qquad (3-31)$$

上标^表示单位向量，对速度协态的方向并无限制，覆盖全空间。

因此最优条件也等价于

$$\min_{\boldsymbol{n}} J_1 = \{\cos^2\alpha(\cos\alpha\cos\tilde{\alpha} + \sin\alpha\sin\tilde{\alpha}\cos(\delta - \tilde{\delta}))\} \qquad (3-32)$$

由于

$$\alpha \in [0°, 90°], \quad \tilde{\alpha} \in [0°, 180°) \qquad (3-33)$$

得到

$$\delta - \tilde{\delta} = 180° \tag{3-34}$$

即最优条件（a）为

$$\delta = 180° + \tilde{\delta} \qquad (a) \tag{3-35}$$

则此时最优条件等价于

$$\min_{\alpha \in U} J_2 = \{ \cos^2 \alpha (\cos \alpha \cos \tilde{\alpha} - \sin \alpha \sin \tilde{\alpha}) \} \tag{3-36}$$

首先求关于 α 的驻值 $\dfrac{\partial J_2}{\partial \alpha} = 0$，得到

$$-3 \sin \alpha \cos \alpha \cos \tilde{\alpha} + (2 \sin^2 \alpha - \cos^2 \alpha) \sin \tilde{\alpha} = 0 \Rightarrow$$
$$2 \tan \tilde{\alpha} \tan^2 \alpha - 3 \tan \alpha - \tan \tilde{\alpha} = 0 \tag{3-37}$$

得到驻值点为

$$\tan \alpha = \frac{3 \pm \sqrt{9 + 8 \tan^2 \tilde{\alpha}}}{4 \tan \tilde{\alpha}} \tag{3-38}$$

为了保证驻点对应的最优角为锐角，则上式的正负号对应为

$$\alpha^* = \begin{cases} \arctan \left(\dfrac{3 + \sqrt{9 + 8 \tan^2 \tilde{\alpha}}}{4 \tan \tilde{\alpha}} \right), 0° < \tilde{\alpha} < 90° \\[3mm] \arctan \dfrac{\sqrt{2}}{2}, \qquad\qquad\quad \tilde{\alpha} = 90° \\[3mm] \arctan \left(\dfrac{3 - \sqrt{9 + 8 \tan^2 \tilde{\alpha}}}{4 \tan \tilde{\alpha}} \right), \tilde{\alpha} > 90° \end{cases} \tag{3-39}$$

可以验证，上述驻点值对应 J_2 取得极小值。

这样，根据角度关系，法线矢量与速度协态矢量在通过太阳光线矢量的同一平面内（图 3-9），即令

$$\cos \tilde{\delta} \hat{\boldsymbol{k}} + \sin \tilde{\delta} \hat{\boldsymbol{t}} = \hat{\boldsymbol{e}} \tag{3-40}$$

则由

$$\hat{\boldsymbol{\lambda}}_V = \cos \tilde{\alpha} \hat{\boldsymbol{r}} + \sin \tilde{\alpha} \cos \tilde{\delta} \hat{\boldsymbol{k}} + \sin \tilde{\alpha} \sin \tilde{\delta} \hat{\boldsymbol{t}} \tag{3-41}$$

得到

$$\hat{\boldsymbol{\lambda}}_V = \cos \tilde{\alpha} \hat{\boldsymbol{r}} + \sin \tilde{\alpha} \hat{\boldsymbol{e}} \tag{3-42}$$

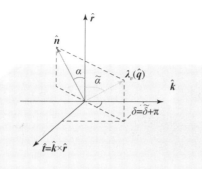

图 3 - 9 太阳帆法向与速度协态的几何关系

而

$$\cos\delta\hat{\boldsymbol{k}} + \sin\delta\hat{\boldsymbol{t}} = \cos(\tilde{\delta}+\boldsymbol{\pi})\hat{\boldsymbol{k}} + \sin(\tilde{\delta}+\boldsymbol{\pi})\hat{\boldsymbol{t}}$$

$$= -\cos\tilde{\delta}\,\hat{\boldsymbol{k}} - \sin\tilde{\delta}\,\hat{\boldsymbol{t}} \qquad (3-43)$$

$$= -\hat{\boldsymbol{e}}$$

则最优控制法线应为

$$\hat{\boldsymbol{n}}^* = \cos\alpha\hat{\boldsymbol{r}} + \sin\alpha\cos\delta\hat{\boldsymbol{k}} + \sin\alpha\sin\delta\hat{\boldsymbol{t}}$$

$$= \cos\alpha\hat{\boldsymbol{r}} - \sin\alpha\hat{\boldsymbol{e}}$$

$$= \cos\alpha\hat{\boldsymbol{r}} - \sin\alpha\left(\frac{1}{\sin\tilde{\alpha}}\hat{\boldsymbol{\lambda}}_V - \frac{\cos\tilde{\alpha}}{\sin\tilde{\alpha}}\hat{\boldsymbol{r}}\right) \qquad (3-44)$$

$$= \frac{\sin(\tilde{\alpha}+\alpha)}{\sin\tilde{\alpha}}\hat{\boldsymbol{r}} - \frac{\sin\alpha}{\sin\tilde{\alpha}}\hat{\boldsymbol{\lambda}}_V$$

则采用上述优化模型，依次对太阳帆飞行的三个阶段进行求解，1 号和 2 号目标小行星从 2 065 颗主带小行星数据库中穷举筛选，最终在总飞行时间少于 7 年的结果中挑选用时最短的结果，即可筛选出满足任务要求所对应的 1 号和 2 号目标小行星。

而要求解上述最优控制问题，对于上述间接法模型而言，需要求解两点边值问题，求解的难点在于确定协态初值。这里引入了协态初值归一化的方法，能够有效解决初值敏感的问题，从而提高了求解效率。根据式（3 - 19）中引入的正值 $\boldsymbol{\lambda}_0$ 以及协态的齐次性，可以利用如下归一化方法：

$$(\hat{\boldsymbol{\lambda}}_0, \hat{\boldsymbol{\lambda}}_R, \hat{\boldsymbol{\lambda}}_V) \triangleq \frac{(\boldsymbol{\lambda}_0, \boldsymbol{\lambda}_R, \boldsymbol{\lambda}_V)}{\sqrt{\lambda_0^2 + \boldsymbol{\lambda}_R(t_0) \cdot \boldsymbol{\lambda}_R(t_0) + \boldsymbol{\lambda}_V(t_0) \cdot \boldsymbol{\lambda}_V(t_0)}} \quad (3-45)$$

$$\hat{\boldsymbol{\lambda}}_R(t_0) \cdot \hat{\boldsymbol{\lambda}}_R(t_0) + \hat{\boldsymbol{\lambda}}_V(t_0) \cdot \hat{\boldsymbol{\lambda}}_V(t_0) + \hat{\lambda}_0^2 = 1$$

即将原本无界的协态初值限定到一个单位球面内，所有的协态初值可以在有界的取值范围内搜索，提高了搜索收敛的效率。

2. 轨迹分段详细优化设计

决定性能指标优劣的关键往往取决于顶层设计，但是详细优化设计又是必需的，这也是最有技术难度的。目前已有许多研究致力于构造轨迹优化设计的有效方法，同时也遇到了各种各样的困难。在介绍连续推力轨迹优化设计的各种方法之前，简要地从动力学角度探讨轨迹优化设计的含义是有意义的。飞行中的航天器是一个动态系统，其位置和速度受到推进系统和天体引力的作用而发生变化。轨迹设计的任务是根据特定的探测飞行任务，为这一动态系统规划具体的飞行轨迹。这里的探测飞行任务包括近行星轨道调整（升高或降低）、航天器从行星逃逸或被俘获、星际转移（日心转移轨道）等。在动力学意义上，轨迹设计具有两个明显的特征：

（1）轨迹设计在本质上是一个动力学反问题，重点在于规划设计而不是分析演绎；

（2）轨迹设计所处理的动力学过程往往是远离平衡态的。这里的平衡态指的是动力系统意义下的平衡点和周期解（如二体椭圆轨道、Halo 轨道、极限环等），而通常的飞行任务除了轨道保持，其他诸如轨道调整、近行星段逃逸或俘获、星际转移等都不是在平衡态附近。

特征（1）反映了轨迹设计问题的难度。除非能够求解动力系统的解析解，否则通常动力学反问题并没有一般性的结论。对于采用脉冲推进方式的航天器而言，经典的二体系统解析解（二体系统的轨道只能是椭圆、抛物线和双曲线轨道）可以用来求解这一动力学反问题，这也是所有基于圆锥曲线轨道设计方法的理论基础。然而，采用连续小推力（包含太阳帆）的航天器是一个受控非线性系统，并没有解析解。特征（2）表明，在动力学分析中应用广泛的（平衡态附近）线性化方法在小推力轨迹设计中很难得到应用。因此，小推力轨迹设计将不得不面对强非线性动力学系统，求解这一强非线性系统将很难回避解对初值的敏感性。事实上，轨迹优化的间接解法中如何处理初始协态敏感问题长期以来是一个公认的困难。（在某些情况下，比如小推力轨迹的摄动制导问题或者小推力轨迹与 Kepler 标称轨道比较接近时，可以通过在初始/标称轨迹附近线性化将原非线性问题转化为线性时变问题来求解）。

现在来分析轨迹设计问题的实质。物理系统的轨迹设计（如发射入轨、轨道转移及软着陆等）是一个动力学过程，它至少包含动力学模型和各种约束条件（即初、末状态约束及路径约束）两个基本要素。在给定动力学模型的情况下，寻找满足各种约束条件的可行解是轨迹设计的本质。在求解可行解这个意义上，打靶法（基于牛顿迭代）对轨迹设计有基本的重要性，尽管对非线性问题而言，该方法的收敛域可能很小、很不规则，不过由于求解可行解方法的自身局限性以及实际工程的需要，通常轨迹设计问题被进一步强化为一个优化问题，即在动力学模型和约束条件的基础上再引入一个优化指标，要求可行解使该指标最优（即求最优轨迹）。被强化为最优问题的轨迹设计，即轨迹优化，初看起来比原问题更加难于求解。但是由于各种强大的优化方法和工具的出现，轨迹优化目前已经成为轨迹设计的主流方法。

轨迹优化至少包含两层含义：首先，连续小推力轨迹设计被构造为一个优化问题。小推力轨迹的优化设计是一个连续、动态的过程优化问题，这完全不同于脉冲推进的轨迹优化问题。后者的优化变量往往是少数几次（通常 1~4 次）轨道机动脉冲，因此是一个离散、静态的参数优化问题。其次，采用什么优化方法来求解轨迹优化设计问题。对于脉冲推进的轨迹优化，这是一个函数极值问题，目前采用粒子群算法（Particle Swarm Optimization，PSO）、遗传算法（Genetic Algorithm，GA）等随机演化算法可以获得具有较好最优特性的解。一旦优化问题构造完毕，后续的工作以反复搜索和经验修正为主。而小推力轨迹优化设计本质上是一个泛函极值问题。求解泛函极值的经典方法是变分法和极大值原理（即最优控制），这在轨迹优化中通常称为间接法，这类方法往往能得到高精度的最优解。与之相对应的，称为直接法，通过将连续优化问题离散为参数优化问题来求解最优轨迹。这类方法容易构造，不过通常优化变量数目很大，需要求解大型非线性规划问题，求解结果的最优性和精度往往不如间接法。

对于太阳帆的轨迹优化而言，由于控制变量是连续变化的，控制允许集是开集，因而经典最优控制理论指出，利用变分法的基本原理，即可通过推导性能指标的一阶变分并令其为零得到相应的最优必要条件。通常，最优必要条件包含三部分，即协态微分方程、协态横截条件和与控制变量相关的最优必要条件。与控制变量相关的最优必要条件给出了最优控制的隐式解，它通常是依赖于协态变量的。将最优控制的隐式解代入受控动力学系统的状态微分方程和协态微分方程，结合相应的初、末状态约束与协态横截条件，最优控制将原轨迹优化问题转为一个两点边值问题（TPBVP）。当轨迹设计含有中途飞越或交会时，将在内点时刻导致内点约束条件及相应的内点最优必要条件，此时轨迹优化问题对应于一个多点边值问题（MPBVP）。在两/多点边值问题中，状态和协态微分方程组是基本控制方程，基本未知量是状态变量与协态变量。求解两/多点边值问题（TPBVP和MPBVP）是轨迹优化间接解法的基本问题。

理论上，只要求解了这个两/多点边值问题就可以得到最优轨迹和最优控制。但是，无论是初始条件还是终端条件，都不是完全的，即小于方程的数目。因此，不能按照微分方程初值问题的解法（即直接时间积分）来求解该问题。

在初始时刻，初始状态通常是已知的，但是初始协态未知。假如初始协态给定，通过数值积分状态－协态微分方程组可以得到终端状态和协态。通过不断调整初始协态的猜测值，可使在终端时刻满足终端状态和协态约束条件。这就是单步打靶法求解两点边值问题的思路。通常构造由终端状态约束、部分协态横截条件及其他一阶必要条件组成的所谓打靶方程，这是一个非线性方程组。因此，小推力轨迹优化设计的间接法最后归结为利用基于牛顿迭代的单步打靶法求解非线性方程组的解。通常打靶方程的维数与打靶变量的数目相同，简单情形下打靶变量就是协态初值。对含有中途飞越或交会的内点约束问题，打靶方程往往还要包含内点约束及其所诱导的内点一阶必要条件。此时，打靶方程维数增加，打靶变量包含协态初值、与内点约束相关的拉格朗日乘子及内点约束时刻等参数。

通过构造打靶方程和猜测打靶变量，无论是TPBVP还是MPBVP，最后都归结为求解非线性方程组的解。然而，求解轨迹优化问题的打靶方程（组）常常遇到所谓的初值敏感困难。对于协态初值敏感困难，可以从两方面理解：一方面是由于优化问题本身的非线性导致方程的解对协态初始值非常敏感；另一方面是因为协态变量的物理意义不清晰，很难通过有效的分析为打靶法提供合理的初始猜测。在轨迹优化间接法的研究工作中，绝大部分都是围绕这个初值敏感困难而展开的。

通过各种辅助性方法来获得合理的初始猜测是化解以上初值敏感困难的途径之一。很多文献在试图解决协态初值敏感这一困难上做出了讨论和研究，如构造辅助性的优化子问题的方法、坐标变换的方法、有限差分近似的方法等。在本任务设计中，利用了蒋方华等构造的协态归一化技术，可以看成是在理解协态物理意义方向上的重要努力，这对于有效求解打靶方程有很大的帮助。具体地说，通过对原性能指标乘以任意正数，得到增广的协态。该技术用到的两个重要的观察是：任给正数并不影响最优解，同时增广协态的幅值也不影响最优解。因此，协态归一化通过映射将增广协态"拉回"到单位球面上（注意这是多对一的映射），从而极大地缩小了协态变量可能的搜索范围，而原来的协态变量可能搜索范围是无限域。数值结果表明，协态归一化技术提高了获得初始猜测的效率。

虽然协态归一化技术为求解带来了便利，然而并不能完全化解打靶方程的初值敏感性，太阳帆与小推力相比其受力特性决定了解的收敛域更窄，并且随着未知量的增多，解的收敛困难程度迅速增大。实际上，当打靶未知量增多到数十个时已经很难得到收敛解。而从两点边值问题扩增到多点边值问题时，每增加一个中间交会约束，相应的则增加七个打靶变量，因而在实际计算中，直接进行求解多点边值问题的多段轨迹同时优化，由于变量增多收敛域变窄，求解难度急剧增大，很难得到收敛结果。为了解决此困难，我们采取分段优化拼接的方法，将多段优化的多点边值问题转化为多个单段的两点边值问题，下一阶段的初始状态和时刻与上一阶段的末端状态和时刻进行拼接，由于单段求解比较容易收敛，因而提升了得到整段轨迹设计结果的效率。这里必须指出的是，单段优化拼接的结果可能并不满足多段同时优化的多点边值问题的最优性必要条件，因而不能保证满足整体的最优性。另一方面，即使求解两点边值问题的打靶方程，也很容易出现次优收敛解，毕竟求解的依据是一阶必要条件而非充分条件，即满足最优性必要条件的解不止一个，表 3 – 3 即列出了第一阶段从地球飞往 Britta 时会得到的次优收敛解。对于此困难，我们采用多次求解比较筛选的办法，从而人为筛除掉次优解。

表 3 – 3　地球飞往 **Britta** 出现的次优收敛解

最优性	出发 MJD	到达 MJD	飞行时间/年
次优	59 098. 206	60 261. 314	3. 184
次优	58 499. 399	59 616. 326	3. 058
最优	59 566. 552	60 606. 303	2. 847

3. 控制角度连续化

根据最优控制理论设计的初步优化结果，在两段轨迹衔接时，会出现控制姿态角突变的现象，如图 3 – 10 所示为地球到 Barry 到 Nicholson 到灶神星的最优姿态角变化情况。

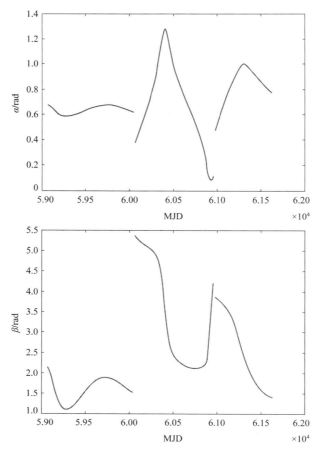

图 3 – 10　最优姿态角不连续现象示意图

这是由于根据最优控制理论要求，两段轨道的连续性条件为位置和速度，即状态变量，而控制姿态角是与协态变量相关的，而最优控制理论在中间交会约束时不要求协态的连续性，无论是采用多段的多点边值问题打靶求解还是单段拼接的两点边值问题打靶求解，这种协态的突变不连续状况都不可能避免，因而满足最优性条件的结果中姿态角的不连续也不可能避免。为了工程实现中姿态控制的方便，这里对姿态角进行连续化处理，即将原设计的交会结果调整为飞越，在原设计结果的交会前 5 天和后 25 天利用 30 天时间一边飞越探测小行星，一边调整姿态为下阶段探测做准备。调整策略为匀速变化两个姿态角，使得 30 天后的姿态角与此时出发进行下阶段优化飞行需要的初始姿态角相同。由于太阳帆的姿轨耦合特性，姿态的调整必然导致轨道位置和速度的变化，因而需要计算姿态角匀速调整 30 天后太阳帆的位置和速度，以其为初值优化下一阶段的轨道，并查看优化结果对应的初始的姿态角，与上次匀速调整后的结果对比，经过多次迭代后可以得到收敛结果，最终地球到 Britta 到 Nicholson 到灶神星的姿态变化如图 3 – 11 所示。

3.3.3　标称轨道设计结果

1. 坐标系定义

J2000.0 地心赤道坐标系

坐标系原点为地心，X 轴指向 J2000.0 历元的春分点，Z 轴为垂直于赤道面方向，Y 轴在赤道面内并与 X 轴和 Z 轴成右手系，本坐标系主要用于地心逃逸段的分析。

J2000.0 日心黄道坐标系

坐标系原点为日心，x 轴指向 J2000.0 历元时刻的平春分点，z 轴垂直于黄道面，y 轴在黄道面内并与 x 轴和 z 轴成右手系，本坐标系主要用于日心飞行段的分析。

目标小行星轨道系

坐标系原点为目标小行星，x 轴为目标小行星日心位置矢量方向，z 轴垂直轨道平面沿轨道运动角动量方向，y 轴在轨道平面内与 x 轴和 z 轴成右手系，此坐标系主要用于飞越目标小行星的过程中太阳帆与其相对位置的分析（非惯性系），示意图如图 3 – 12 所示。

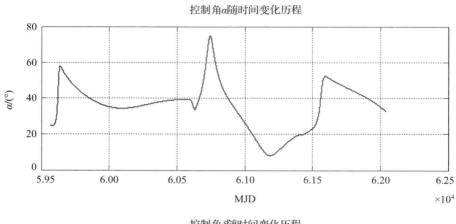

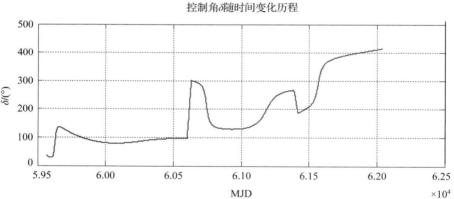

图 3 – 11　连续化处理后的姿态角变化

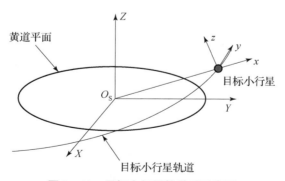

图 3 – 12　目标小行星轨道系示意图

2. 地心段逃逸

将已有的日心段飞行结果作为参考，地心段逃逸终端需满足日心段出发的太阳帆状态需求。地心逃逸段与日心转移段的分界与衔接为地球的太阳引力摄动影响球，影响球距地心的半径为 922 000 km。由于影响球半径的尺度远远小于日心段飞行的尺度，因而地心逃逸轨道与影响球边界的交点位置（即作为日心段轨道设计的出发点）对日心段的轨道飞行几乎没有影响，并且可以简化认为日心段的出发点就是地球质心的日心位置 $R_0 = R_{Earth}$，而太阳帆到达影响球边界的相对地球的速度大小和方向则直接决定了逃逸地球后的日心运动。以下设计中，由于日心段飞行的设计结果已有，根据该设计结果，认为太阳帆日心段的出发速度与地球质心的日心速度相同，即认为地心逃逸段轨道为抛物线轨道（可以将抛物线逃逸看作双曲线逃逸的"临界"特殊情况），到达影响球边界时（此时即可认为相对地球到达无穷远处）太阳帆相对地球的速度为 $V_\infty = 0$（即相对地球静止）。根据速度求和的结果 $V_0 = V_{Earth} + V_\infty = V_{Earth}$，此时太阳帆相对太阳的速度就等于地球相对太阳的速度，也即太阳帆进行日心段飞行的初始速度，此时太阳帆需展开完成，并开始利用太阳帆的光压提供推力推进太阳帆的日心段运动，示意图如图 3－13 所示。

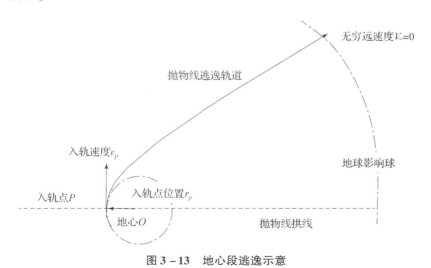

图 3－13　地心段逃逸示意

地心段的飞行选择赤道惯性坐标系。假设太阳帆从半径为 6 700 km 的圆过渡轨道上某处入轨（火箭可以直接打到该入轨点位置并满足入轨速度，不需要在该虚拟过渡圆上绕行），进入抛物线逃逸轨道，则该抛物线逃逸轨道的半长轴、偏心率已知（$a = +\infty$，$e = 1$），抛物线顶点作为入轨点，入轨点高度为 $r_p = 6\,700$ km，而入轨点抛物线速度大小为 $v_p = 10.91$ km/s，逃逸段轨道如图 3 – 14 所示。

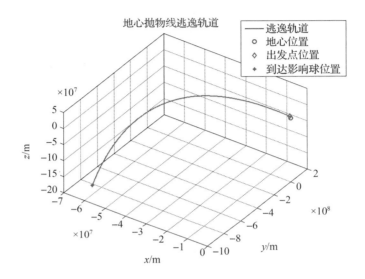

图 3 – 14   太阳帆地心抛物线逃逸轨道

表 3 – 4 给出具体的逃逸轨道参数（赤道惯性坐标系）。

表 3 – 4   太阳帆地心段逃逸轨道参数

参数项目	参数数值
最佳入轨时刻/UTCG	2021 年 12 月 10 日 19：38：51.463
入轨点半径/km	6 700
入轨点速度大小/(km·s^{-1})	10.91
入轨点位置分量/(km)	[– 591.131 3；6 440.825 5；1 748.236 3]
入轨点抛物线速度分量/(km·s^{-1})	[– 9.781 0；– 2.080 5；4.357 7]

3. 日心转移段

从入轨点开始，在影响球范围内，太阳帆轨道模型为只考虑地球引力的二体问题（光压力不提供推力）；影响球范围之外，太阳帆轨道模型为只考虑太阳引

力的二体问题 + 太阳光压力。以 2020 年 1 月 1 日至 2023 年 1 月 1 日之间作为太阳帆从地球出发的可选时间窗口，将太阳帆日心段的飞行任务分为 3 个阶段：从地球到第 1 号目标小行星，从第 1 号目标小行星到第 2 号目标小行星，从第 2 号目标小行星到主目标小行星。首先确定主目标小行星为灶神星（4 Vesta），而 1号目标小行星和 2 号目标小行星需要根据飞行时间的限制进行优化选择。利用分段分析飞行时间最短为指标的轨迹优化方法，从 2 065 颗主带小行星组成的数据库中选择出 1 号和 2 号目标小行星，使得满足太阳帆完成探测 3 颗主带小行星的整体飞行时间最短的要求。根据优化计算的结果，最终选择 1219 Britta 作为 1 号目标小行星，1831 Nicholson 作为 2 号目标小行星。

　　根据运载能力及转移轨道特性，确定转移轨道参数。太阳帆在整个转移轨道飞行中利用光压连续推进，太阳帆的加速特性有 2 个显著特点：随着距离太阳越来越远其加速能力越来越弱，以及轨道运动的加速度与太阳帆相对太阳的姿态相关。因而太阳帆的转移轨道设计比较特殊，虽然轨道和姿态的运动是相互耦合的，而一般情况下为了简化设计，在进行转移轨道设计时均以飞行时间最短为优化指标，并不考虑姿态角的控制，而是根据轨道设计的约束反推确定姿态角。本任务将太阳帆日心段飞行过程分为 3 个阶段，分别是：从地球到第 1 号目标小行星 1219 Britta 飞行时间最短的转移过程，从 1219 Britta 到第 2 号目标小行星 1831 Nicholson 飞行时间最短的转移过程，从 1831 Nicholson 到主目标小行星 4 Vesta（灶神星）的转移过程，3 段飞行轨迹的初始设计按照一般的时间最短为性能指标的优化问题进行计算，因而每段轨道的初始姿态角是由优化方程约束的，并不能保证与上一段轨道的末态姿态连续。为了尽可能减少姿态的大幅度迅速控制，需要在初始设计结果基础上进行迭代调整，使太阳帆的姿态角在整个飞行过程中尽可能地连续变化，因而调整方法选为在到达与目标小行星距离最近点之后，利用 30 天的时间，调整姿态角至下一飞行阶段需要的初始姿态角。而姿态角的变化会相应地影响轨道运动，因而需要在初始轨道设计结果基础上进行迭代，使姿态满足需求。同时，由于太阳帆在目标小行星附近距离太阳已经超过 2 AU，太阳帆的轨道机动能力已经比较弱，因而即使利用 30 天调整姿态导致了轨道变化，修正的轨道与初始设计结果也相差不大，仍然能够保证在目标小行星附近维持较长时间对其进行拍照探测等活动。基于以上设计方法，下面给出转移轨道设计结果。

飞行过程中的各时间节点分别如表 3 – 5 所示。

表 3 – 5　太阳帆日心转移飞行段时间节点

事件	时刻 [简约儒略日 MJD]	对应日期	说明
从地球出发	59 566.55	2021 – 12 – 18	
开始接近 Britta	60 424.19	2024 – 04 – 24	之后接近 Britta 小于 1 000 万 km
距离 Britta 最近	60 606.30	2024 – 10 – 23	最近距离 4 621 km，之后开始远离
开始远离 Britta	60 833.98	2025 – 06 – 07	之后远离 Britta 超过 1 000 万 km
开始接近 Nicholson	61 246.11	2026 – 07 – 25	之后接近 Nicholson 小于 1 000 万 km
距离 Nicholson 最近	61 393.67	2026 – 12 – 13	最近距离 11 337 km，之后开始远离
开始远离 Nicholson	61 549.25	2027 – 05 – 24	之后远离 Nicholson 超过 1 000 万 km
与灶神星交会	62 041.23	2028 – 09 – 27	最近距离 125 km，之后开始伴飞灶神星
			从地球出发到与灶神星交会共飞行 2 474.68 天（约 6.78 年）

整个飞行过程的太阳帆的三维轨迹在日心黄道坐标系如图 3 – 15 所示。

通过黄道平面上的投影可更清晰地观察到太阳帆飞行过程中与各行星之间的相对位置关系，如图 3 – 16 所示。

整个转移飞行过程中的关键时间节点的太阳帆轨道数据如表 3 – 6 所示（J2000.0 日心黄道坐标系）。

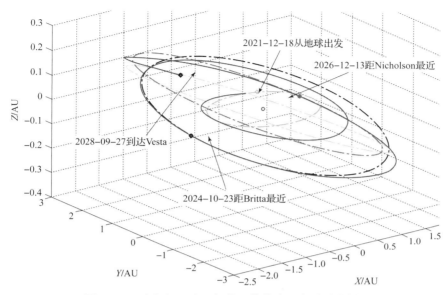

图 3 – 15　太阳帆日心飞行段三维轨迹（书后附彩插）

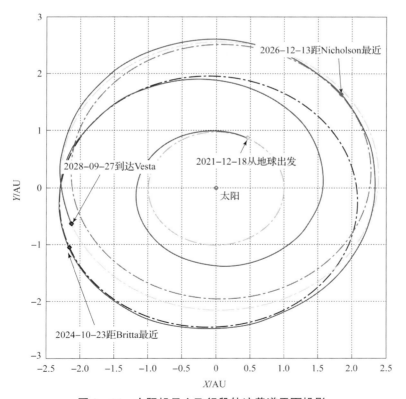

图 3 – 16　太阳帆日心飞行段轨迹黄道平面投影

表 3 – 6　太阳帆日心飞行段关键时间节点的轨道数据

事件	对应日期	日心惯性系位置/m	日心惯性系速度/(m·s⁻¹)
从地球出发	2021 – 12 – 18	1.0E + 11 × [0.675 453 182 703 153　1.314 036 822 467 285　0.000 027 482 026 427]	1.0E + 04 × [– 2.696 603 762 847 630　1.352 505 803 628 556　0.000 030 514 416 786]
开始接近 Britta	2024 – 04 – 24	1.0E + 11 × [– 3.074 950 425 588 684　1.191 065 384 778 661　0.221 244 276 505 544]	1.0E + 04 × [– 0.902 660 493 526 206　– 1.690 287 845 283 054　– 0.040 765 048 418 723]
距离 Britta 最近	2024 – 10 – 23	1.0E + 11 × [– 3.208 795 631 492 314　– 1.645 879 346 296 059　0.074 059 722 434 978]	1.0E + 04 × [0.686 597 816 740 430　– 1.691 247 297 476 228　– 0.132 528 799 912 739]
开始远离 Britta	2025 – 06 – 07	1.0E + 11 × [– 0.657 448 634 513 948　– 3.686 603 594 007 448　– 0.174 714 752 508 363]	1.0E + 04 × [1.710 322 723 760 697　– 0.248 447 626 129 001　– 0.114 602 528 991 449]
开始接近 Nicholson	2026 – 07 – 25	1.0E + 11 × [3.507 879 732 259 779　0.366 958 678 745 097　– 0.322 806 633 521 857]	1.0E + 04 × [– 0.112 690 478 658 386　1.903 685 245 472 546　0.073 536 513 410 053]
距离 Nicholson 最近	2026 – 12 – 13	1.0E + 11 × [2.684 182 762 676 524　2.532 086 975 138 470　– 0.178 372 019 523 707]	1.0E + 04 × [– 1.116 404 153 565 705　1.398 083 152 793 293　0.146 080 950 560 424]

续表

事件	对应日期	日心惯性系位置/m	日心惯性系速度/(m·s⁻¹)
开始远离 Nicholson	2027 - 05 - 24	$1.0E+11 \times$ [0.755 455 693 415 516 3.786 531 139 658 871 0.011 613 871 067 761]	$1.0E+04 \times$ [- 1.633 514 729 495 591 0.418 844 864 928 242 0.126 470 454 201 004]
与灶神星交会	2028 - 09 - 27		

3.3.4　轨道设计结果分析

太阳帆探测器从发射开始到开展主带小行星探测，需要经过几个不同重要阶段，而在不同的阶段将有不同的重点任务需要完成。

（1）发射段：由运载器直接送入地球逃逸轨道，主要完成初始速率阻尼、对日定向、充气展开、气瓶分离、天线展开等动作。

（2）转移阶段：探测器沿预定轨道飞行，与地球的距离变化范围为 0 ~ 55 000 万 km，飞行时间 2 475 天，飞行期间太阳帆进行姿态微调。

（3）飞越小行星阶段：在探测器飞向主带小行星的过程中，离开地球约 860 天后将会接近小行星 1219 Britta 不超过 1 000 万 km，并于 2024 年 10 月 23 日距 1219 Britta 最近，最近距离 4 621 km，相机开启，1 000 万 km 内飞越过程中可持续拍照时间约 400 天。离开地球约 1 680 天后将会接近第二颗小行星 1831 Nicholson，并于 2026 年 12 月 13 日与 1831 Nicholson 距离最近，最近距离 11 337 km，相机开启，1 000 万 km 内飞越过程中可持续拍照时间约 300 天。

（4）任务阶段：2028 年 9 月 27 日太阳帆探测器与主探测目标 4 Vesta（灶神星）交会，进入伴飞轨道运行，科学载荷展开对目标的观测任务；期间与地球的距离基本保持在 46 000 万 km 左右，姿态保持锥角 $\alpha = 90°$。

1. 转移飞行过程分析

通过分析整个转移轨道飞行过程中需求的姿态角随时间的变化历程，可见控制角均为连续变化，其中锥角 α 的变化范围为 0° ~ 80°，而转角 δ 的变化范围覆盖整个区间，为 0°~360°，如图 3−17、图 3−18 所示。

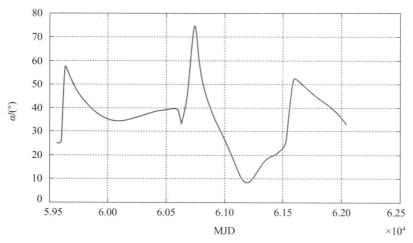

图 3−17　太阳帆飞行中控制角 α 随时间变化曲线

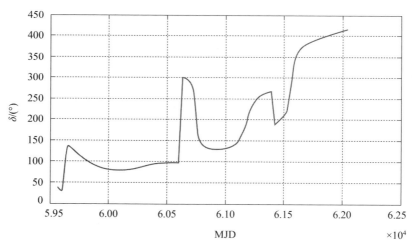

图 3−18　太阳帆飞行中控制角 δ 随时间变化曲线

2. 飞行过程中太阳帆的帆面法向定向分析

由以上的控制角变化情况，即可知道太阳帆在飞行过程中的对日定向，若将太阳帆的帆面法向量在飞行轨迹中标示出，则可直观看出太阳帆在空间中各时刻的姿态情况，如图 3−19 所示，给出了太阳帆每间隔 10 天的标称帆面法向量情况（也是太阳帆在该时刻受到的光压推力方向），而理想的太阳帆的帆面则时刻垂直于该向量。可看出太阳帆的姿态是连续平缓变化的，并且箭头的方向、大小和稀疏分布情况反映了不同的姿态变化特性。

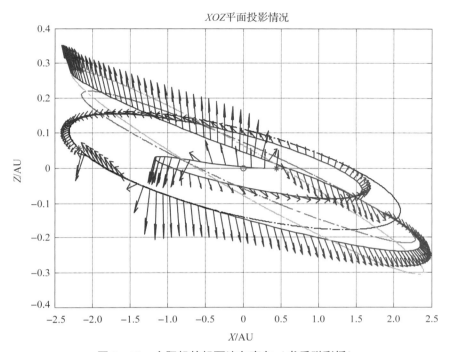

图 3 – 19　太阳帆的帆面法向定向（书后附彩插）

对应的姿态角速度的时间历程如图 3 – 20 所示。

角度率不连续是由于控制率的变化，即使得太阳帆在 30 天内匀速调整姿态角，以保证由轨道飞行的上阶段最优控制率调整到下阶段最优控制率需要的初值，角速度可以不连续，只要保证控制角大小连续变化即可。考察最大控制角速度的值，可以看出锥角 α 最大角速度约为 2°/天，转角 δ 最大角速度约为 7°/天。

3.3.5　不同参数的影响分析

1. 推进效率的影响

考虑到太阳帆的柔性、变形等影响，一般会使真实太阳帆的推进能力有所减弱，并且这种影响不是固定的而是时变的，需要对太阳帆的结构、姿态、轨道进行耦合分析才能精确得到，并且定量的影响作用是有个体化差异的，与太阳帆的形状、位置、姿态等特性和状态有紧密关系。在轨道设计阶段，无法考虑这种耦合的时变影响，否则会给轨道设计带来极大困难，并且无法从本质上分析解决轨

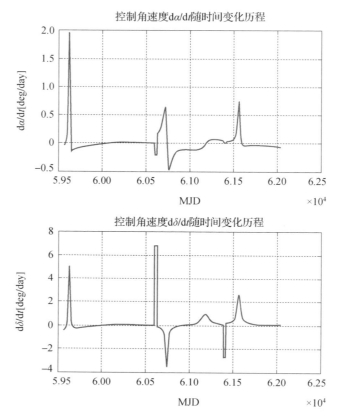

图 3 – 20　太阳帆飞行中姿态角速度随时间变化曲线

道设计的关键难题，因而在轨道设计时，一般把这种时变的影响平均化地处理为推进效率的等效固定损失，计算时将太阳帆的光压因子选为某固定推进效率下的结果。下面将针对本任务提出的 200 kg、160 m 见方的太阳帆，分析不同的推进效率对轨道设计的影响。选取不同推进效率实际上是改变了太阳帆的推进能力，下面的分析将基于相同的探测目标和约束条件，定量地分析不同推进效率对轨道设计结果的影响。

前文给出的标称轨道设计结果是基于推进效率为 65%，即 $\beta = 0.126\,5$ 的前提下的，实际上此效率值相对较小，是考虑了较低性能的太阳帆情况。对于不同的推进效率 η，太阳帆的光压因子 β 和对应的特征加速度 κ 如表 3 – 7 所示。

表 3 – 7　不同推进效率对应的光压因子与特征加速度

η	0.65	0.7	0.75	0.80	0.85	0.90	0.95	1.00
β	0.126 5	0.136 2	0.146 0	0.155 7	0.165 4	0.175 2	0.184 9	0.194 6
$\kappa/(\mathrm{mm} \cdot \mathrm{s}^{-2})$	0.75	0.82	0.88	0.93	0.99	1.05	1.11	1.17

同样地，探测目标仍然为地球出发→Britta 交会→Nicholson 交会→Vesta 交会，由于最优控制律决定了在两颗目标之间的姿态角不连续，上文给出的连续性处理是为了工程上姿态控制实现的便利性，并且该结果是在初始计算得到的交会结果基础上在到达目标附近进行了姿态微调，对整个飞行时间和整体的姿态变化规律影响不大，因而这里只对比交会情况下的初始设计结果。从地球出发的可选窗口时刻仍然在 2020 年 1 月 1 日至 2023 年 1 月 1 日的 3 年之间优化选择，各星的参考轨道根数如表 3 – 2 所示，其他约束条件与上文算例相同，只改变光压因子的大小得出推进效率与飞行时间的关系曲线如图 3 – 21 所示。

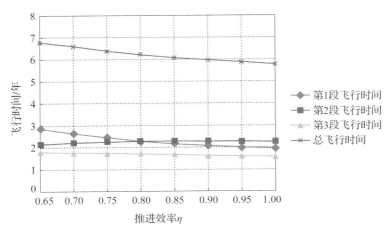

图 3 – 21　推进效率与飞行时间的关系曲线

从图中可以看出，随着推进效率的增加，主要影响了地球到第 1 颗目标小行星 Britta 的飞行时间，第 1 段飞行时间会逐渐缩短，并且减短效果比较明显，而第 2、3 段由于第 1 段飞行时间的变化，目标之间的相位差受到影响，不同推进效率之间的飞行时间长短变化不明显，但由于第 1 段时间缩短较多的影响，总共的飞行时间也呈缩短的趋势。

但是需要指出的是，即使对于相同的探测目标序列，在出发窗口有一定限制的前提下，太阳帆推进性能的提升并不一定意味着任务飞行时间的缩短，这是因为推进能力高的太阳帆需要的最优窗口可能并不在有限制的时间窗口内，此时有限制的时间窗口可能对应了高性能太阳帆一个比较"坏"的相对相位关系，甚至造成更长的任务飞行时间。当然，一般情况下，当时间窗口的限制放宽时，推进性能的提升对于缩短任务时间的规律是存在的。

从另一方面考虑，对于不同的推进效率（即光压因子不同），太阳帆的加速性能不同，在任务顶层的探测目标选择时可能结果也并不相同，甚至一种特定的推进性能即对应一种优化结果，但由于本文中上述讨论利用的不同的太阳帆推进性能之间差别并不很大，因而对顶层设计的结果影响并不很大，不同的推进性能其顶层设计筛选结果差别也不会很大。

2. 锥角约束的影响

上文相关分析均是基于锥角不受约束的情况。实际中，随着锥角 α 的不断增大，当 α 的值超过某一角度值而接近 90° 的范围内，光压力不再按照 α 的余弦函数平方分布，而是接近于 0 推力。另外，太阳帆展开后一般具有巨大的反射帆膜，要实现大面积帆飞行器的姿态调整，相比于一般航天器对姿态控制系统提出了更高的要求。因此，一方面为了避免过大锥角时无推进力的情况；另一方面为了姿态控制系统实现的便利性，工程实际中会要求在轨道优化设计时人为限定控制角的范围，即认为控制锥角（太阳帆的法线与光线夹角）只能在有限的范围内变化。

假设工程要求的锥角变化范围在 0° 至某一锐角范围内，即最大的 α 不能超过 90°，则容许控制集如下式所示

$$0° \leqslant \alpha(t) \leqslant \alpha_{\max} \leqslant 90°, 0° \leqslant \delta(t) \leqslant 360° \qquad (3-46)$$

下面讨论控制锥角范围受限的情况下的最优控制律。当锥角受约束时，最优条件仍如式（3-36）所示，即

$$\min_{\alpha \in U} J_2 = \{\cos^2\alpha(\cos\alpha\cos\tilde{\alpha} - \sin\alpha\sin\tilde{\alpha})\} \qquad (3-47)$$

与不受约束的情况不同的是，J_2 对 α 的驻值点有可能不落在锥角约束的范围内。因此最优控制律要根据无约束情况中临界值 $\left(\alpha^* = \arctan\dfrac{\sqrt{2}}{2} = 35.26\right)$ 具体判

断。当最大约束锥角 α_{max} 大于等于 35.26° 时，最优控制律为

$$
\alpha^* = \begin{cases}
\alpha_{max}, 0° \leqslant \tilde{\alpha} \leqslant \tan^{-1}\left(\dfrac{3\tan\alpha_{max}}{2\tan^2\alpha_{max}-1}\right) \\[3mm]
\arctan\left(\dfrac{3+\sqrt{9+8\tan^2\tilde{\alpha}}}{4\tan\tilde{\alpha}}\right), \tan^{-1}\left(\dfrac{3\tan\alpha_{max}}{2\tan^2\alpha_{max}-1}\right) < \tilde{\alpha} < 90° \\[3mm]
\arctan\dfrac{\sqrt{2}}{2}, \tilde{\alpha}=90° \\[3mm]
\arctan\dfrac{3-\sqrt{9+8\tan^2\tilde{\alpha}}}{4\tan\tilde{\alpha}}, 90° < \tilde{\alpha} < 180°
\end{cases}
\tag{3-48}
$$

$$\delta^* = \tilde{\delta} + 180°$$

当最大约束锥角 α_{max} 小于 35.26° 时，最优控制律为

$$
\alpha^* = \begin{cases}
\alpha_{max}, 0° \leqslant \tilde{\alpha} \leqslant \tan^{-1}\left(\dfrac{3\tan\alpha_{max}}{2\tan^2\alpha_{max}-1}\right)+180° \\[3mm]
\arctan\left(\dfrac{3-\sqrt{9+8\tan^2\tilde{\alpha}}}{4\tan\tilde{\alpha}}\right), \tan^{-1}\left(\dfrac{3\tan\alpha_{max}}{2\tan^2\alpha_{max}-1}\right)+180° < \tilde{\alpha} < 180° \\[3mm]
0°, \tilde{\alpha}=180°
\end{cases}
$$

$$\delta^* = \tilde{\delta} + 180°$$

$$\tag{3-49}$$

图 3-22 给出了不同最大容许值 α_{max} 下的最优控制角 α^* 随主矢量方向角 $\tilde{\alpha}$ 的变化关系。

值得指出的是，除了最优控制律不同外，锥角受约束情形与无约束情形的求解步骤相同：仍采用协态初值归一化技术，利用非线性算法程序包求解由终端状态式（3-22）、静态条件式（3-25）和式（3-26）及归一化条件式（3-45）组成的打靶方程。计算时三段转移轨道分别优化，其中第一段（地球到 Britta）中出发时刻是一个优化变量，第二、三和四段中的出发时刻为上一段的到达时刻，不再是优化变量，相应的关于初始时刻的打靶方程也不再采用。

利用锥角受约束的最优控制律进行太阳帆探测 3 颗主带小行星任务。这里选择的探测序列为从地球出发，依次交会小行星 Britta、Nicholson 和 Vesta。考虑的

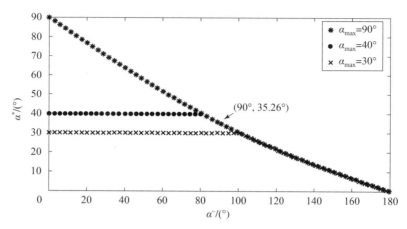

图 3 – 22   不同最大锥角约束值 $\alpha_{\max}$ 下的最优控制律

最大约束锥角分别为 90°（即对应无约束情形）、60°、50° 和 45° 四种情形。四种情形下太阳帆的最优控制律如图 3 – 23 所示。具体地，四种情形下太阳帆交会的飞行时间如表 3 – 8 所示。

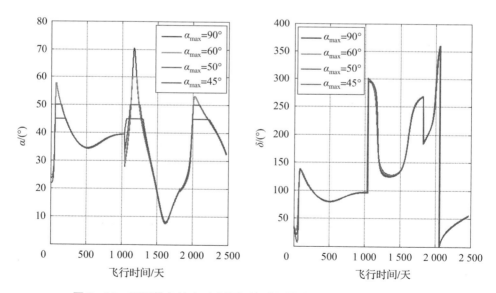

图 3 – 23   不同锥角约束时太阳帆的时间最优控制律（书后附彩插）

表 3 - 8　四种情形下太阳帆交会三颗小行星的时间节点

各个转移段	项目	90°（即无约束情形）	60°最大锥角	50°最大锥角	45°最大锥角
从地球到 Britta	出发时刻（MJD；年份）	59 566.552 5；2021 年 12 月 18 日	59 566.552 5；2021 年 12 月 18 日	59 566.302 0；2021 年 12 月 17 日	59 564.609 1；2021 年 12 月 16 日
	飞行时间（天）	1 039.750 4	1 039.750 4	1 040.270 8	1 042.988 1
从 Britta 到 Nicholson	出发时刻（MJD）	60 606.303 0	60 606.303 0	60 606.572 8	60 607.597 2
	飞行时间（天）	784.131 8	784.189 5	784.426 9	784.368 0
从 Nicholson 到 Vesta	出发时刻（MJD）	61 390.434 8	61 390.492 5	61 390.999 7	61 391.965 2
	飞行时间（天）	648.099 2	648.085 1	647.996 9	648.572 1
	到达时刻（MJD）	62 038.534 0	62 038.577 6	62 038.996 6	62 040.537 3
3 段合并	飞行总时间（天）	2 471.981 4	2 472.025 1	2 472.694 6	2 475.928 2

　　从控制律响应图和交会数据表中可以看出，最大约束角度越小，太阳帆完成交会所需时间越长，这也是符合预期的。具体到本任务，一定的锥角约束对于本任务总飞行时长的影响并不显著。锥角约束对任务时间的影响与具体的交会目标有关，总的来说，当无约束的最优控制律中超过所取约束角度的时段占的比例较小时，锥角约束对飞行时间的影响并不显著，反之则影响显著。

　　可以设想的是，当最大锥角约束变得很小时，飞行时长可能会变得较大而不符合任务的飞行总时间要求。实际的仿真计算中发现，由于非线性方程对初值的敏感性，当给定的最大锥角逐渐变小时，打靶方程的解的收敛难度可能会变得很大。因此，结合工程上能实现的锥角机动范围，给出了如上几组锥角约束的情形。

■ 3.4　百米级太阳帆姿态轨道耦合控制方法

3.4.1　太阳帆 GNC 分系统概述

本节的目的是建立太阳帆 GNC 系统，测量太阳帆航天器当前的轨道和姿态信息，根据地面站和预定程序，给出轨道和姿态的控制信号，最后通过调整太阳帆航天器的姿态来完成轨道的调整。系统功能与组成如表 3 - 9 所示。

表 3 - 9　太阳帆 GNC 分系统功能与组成

系统	组成	功能
导航分系统	激光高度计 + 星敏感器	激光高度计和星敏感器组合确定太阳帆航天器的轨道和姿态信息
控制分系统	星载计算机	获取当前的轨道和姿态信息，根据地面指令和预定程控指令，计算出轨道和姿态的控制量
执行机构	滑块 + 滚转轴稳定机	对控制系统的输出信息进行执行操作，直到控制系统给出控制结束信息

主要技术指标如下：

姿态测量精度：< 0.001°

控制计算时间精度：< 0.1 ms

执行机构控制精度：< 10 cm

1. 姿态控制分系统工作模式分析

在太阳帆航天器探测主带小行星整个任务周期内，可以将姿态定义为各种模式，具体为：展开模式、正常飞行模式、飞越模式、绕飞模式、安全模式等。

（1）展开模式。

太阳帆航天器由火箭上面级提供 C3 能量，脱离地球影响球；然后由上面级建立航天器的展开姿态，进行太阳帆的展开。在展开过程中，要求航天器具有较好的姿态稳定度，以便于太阳帆平稳展开。

姿态要求（三轴）为：展开过程中，为了使太阳帆稳定展开，要求姿态稳定度≤0.1°/s；展开结束后，进行速率阻尼，使姿态指向精度≤0.1°，姿态稳定度≤0.005°/s。

（2）正常飞行模式。

在飞向主带小行星过程中为正常飞行模式，要求太阳帆法向负向指向太阳，遥测、遥控天线指向地球。在此飞行模式下，对太阳帆的指向精度要求较高。

姿态要求（三轴）为：姿态指向精度≤0.05°，姿态稳定度≤0.005°/s。

（3）飞越模式。

飞越模式是指太阳帆航天器顺途对小行星进行观测的过程，航天器可以对飞跃小行星进行必要的探测。在此模式中，太阳帆法向负向指向太阳，数传天线指向地球。在飞越小行星过程中，采用就位观测，姿态稳定度要求较高。

姿态要求（三轴）为：姿态指向精度≤0.05°，姿态稳定度≤0.005°/s。

（4）绕飞模式。

绕飞模式是指太阳帆航天器对主目标小行星进行绕飞，并对其进行拍照，绘制其高分辨率图像，并对其物理和化学成分进行探测。在此模式中，由于要对小行星进行高分辨率成像，所以对航天器的姿态要求很高。

姿态要求（三轴）为：姿态指向精度≤0.01°，姿态稳定度≤0.001°/s。

（5）安全模式。

当卫星出现重大故障时，系统进入安全模式，保证卫星的存活。

2. 太阳帆航天器姿态基准定义

定义太阳帆航天器的姿态，首先需要定义太阳帆航天器的轨道坐标系和本体坐标系，其姿态就是本体坐标系相对于轨道坐标系的偏差。

太阳帆航天器轨道坐标系的定义为：原点 O 位于航天器的质心，OZ 轴由航天器质心指向太阳质心；OX 轴在轨道平面内，与 OZ 轴垂直，并指向航天器的飞行方向；OY 轴与 OX 轴、OZ 轴组成右手螺旋定则。轨道坐标系的示意图如图

3 - 24 所示。

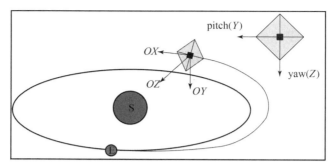

图 3 - 24　太阳帆航天器坐标示意图

太阳帆航天器体坐标系 $OXYZ$ 的定义为：滚转轴（roll）OX 沿帆面法线方向由帆的背光面指向帆的反射面，俯仰轴（pitch）OY、偏航轴（yaw）OZ 分别沿伸展臂轴向，并满足右手螺旋定则。

在实际的太阳帆航天器姿态控制过程中，期望调整量为太阳帆的两个角——α 锥角和 δ 转角，其定义如图 3 - 25 所示。此时需要建立第二轨道坐标系 $O\hat{r}\hat{p}\hat{q}$，其中 $O\hat{r}$ 指向矢径 r 方向，$O\hat{q}$ 在轨道平面内与 $O\hat{r}$ 垂直并指向运动方向，$O\hat{r}$、$O\hat{q}$ 和 $O\hat{p}$ 构成右手坐标系。我们用两个角度：锥角（cone angle）α（$-90° \leqslant \alpha \leqslant 90°$）和转角（clock angle）$\delta$（$-180° \leqslant \delta \leqslant 180°$）来描述太阳帆指向 n 的空间方向。

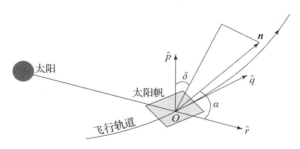

图 3 - 25　太阳帆的指向参数锥角 α 和转角 δ

利用姿态转化矩阵，可以将锥角 α 和转角 δ 转化到航天器的三个姿态角 φ，θ，ψ。

3. 姿态控制分系统的组成

太阳帆航天器姿态控制分系统可分为：敏感器单元、校正网络（姿态控制

器）、控制指令执行单元、太阳帆航天器本体单元，其原理方框图如图 3 - 26
所示。

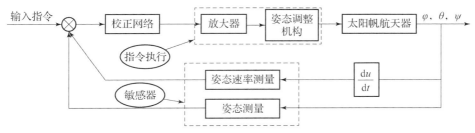

图 3 - 26　太阳帆航天器姿态控制系统方框图

敏感器单元负责对太阳帆航天器的姿态和姿态角速率进行测量，得到航天器
当前的姿态信息。

校正网络（姿态控制器）根据输入指令和测量信息计算出太阳帆航天器的
姿态调整量，并经过放大输入姿态调整机构。

姿态调整机构负责将控制指令转化为太阳帆控制力矩，控制太阳帆航天器的
滚动、俯仰和偏航三轴。

太阳帆航天器环节为太阳帆航天器的姿态轨道耦合动力学模型和帆的挠性模
态振动方程，这两种方程共同构成太阳帆航天器的本体环节。

从姿态控制系统框图中可以看出，太阳帆航天器姿态控制系统根据指令要求
φ_r、θ_r、ψ_r，并根据航天器当前测量的姿态信息计算姿态控制指令 m、Θ，指令
执行机构对控制指令进行执行，从而产生三轴的控制力矩 T_{cx}、T_{cy}、T_{cz}，太阳帆
航天器在控制力矩的作用下进行姿态 φ、θ、ψ 调整。从方块图来看，太阳帆航天
器姿态控制系统的输入为期望姿态，输出为调整后航天器的姿态。

3.4.2　太阳帆光压力矩调节器设计

姿态控制执行机构包括光压力矩调节器（滑块执行机构）与滚转轴稳定机
（RSB）。光压力矩调节器是调节太阳帆航天器质心的有效部件，通过调节太阳帆
航天器的质心，进而使质心偏离太阳压心，从而产生太阳帆航天器的姿态控制力
矩，主要是控制太阳帆的俯仰角和偏航角。而滚转轴稳定机主要是改变每个帆面
的法线方向，控制太阳帆的滚转角。

设计指标要求如下：

（1）光压力矩调节器定位精度 0.01 m；

（2）滚转轴稳定机转角定位精度 0.3°。

1. 光压力矩调节器组成

光压力矩调节器由结构模块、机构模块、控制驱动模块、电源模块 4 部分组成，光压力矩调节器安装于太阳帆伸展臂外部，沿伸展臂轴向滑动，如图 3 – 27 所示。

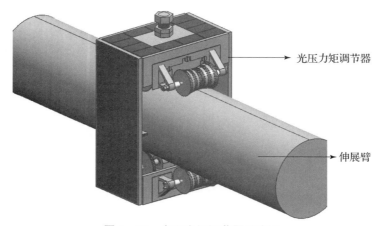

图 3 – 27　光压力矩调节器组成图

2. 光压力矩调节器调节原理

光压力矩调节器通过滑块自身在伸展臂上的移动，改变太阳帆航天器的质量分布，从而改变太阳帆航天器的质心，使质心偏离太阳压心，产生太阳帆航天器的姿态控制力矩，进而达到太阳帆航天器俯仰轴和偏航轴姿态调整的目的，如图 3 – 28 所示。

太阳帆航天器调姿光压力矩调节器电源模块从表面太阳能电池贴片获得能源，控制驱动模块接收动作指令，驱动电机正转或者反转从而带动主动轮转动，主动轮与伸展臂表面发生滑动摩擦沿伸展臂轴向运动，结构模块跟随驱动电机运动，从而带动主从动轮以及辅助从动轮转动，如图 3 – 29 所示。并且主从动轮通过预紧调节系统保证滑块始终与伸展臂适当紧密夹紧，不会发生旋转打滑，辅助从动轮也同时保证滑块始终与伸展臂适当紧密夹紧，不会发生旋转打滑与前倾或者后倾。

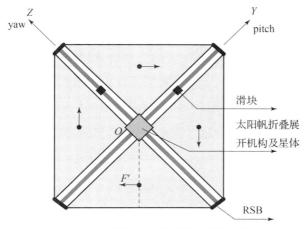

图 3 – 28　光压力矩调节器调节原理图

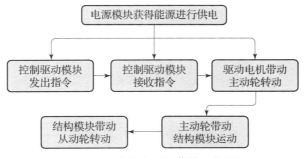

图 3 – 29　光压力矩调节器工作原理

3. 光压力矩调节器设计参数仿真计算

数量设计：针对四方形帆体设计的太阳帆，光压力矩调节器在其伸展臂上滑动以控制太阳帆俯仰轴和偏航轴的姿态，存在 2 个或 4 个两种方案。若数量为 2 个，则要求伸展臂中心贯通，允许光压力矩调节器从中心穿行；若数量为 4 个，以俯仰轴为例，太阳帆总重 200 kg，每个光压力矩调节器重 2 kg，光压力为 0.16 N，滑块极限位置 100 m，根据力矩公式

$$T_Y = \frac{Fm_r}{M+m} Z(t)$$

计算得到俯仰轴控制力矩为 0.156 8 N·m；同样条件下，若光压力矩调节器数量为 2 个，其俯仰轴控制力矩为 0.158 4 N·m。可见，当数量为 2 时，不仅控制力矩比前者稍大，而且还减轻了 2 个光压力矩调节器以及相应的驱动机构，控制律

也简单。故将光压力矩调节器数量确定为 2 个。

质量设计：根据上式可知，令单个光压力矩调节器质量在 0 ~ 10 kg 之间变化。在这个区间中，控制力矩随滑块质量增大而增大，控制力矩也很小，在 0.1 N·m 量级内。依据任务对姿态以及姿态控制精度的要求，如果约束执行机构的最大速度：RSB ≤ 10°/s，滑块 ≤ 0.5 m/s，根据控制力矩可以算出滑块最小质量为 1.05 kg，考虑留一定余量，选取每个光压力矩调节器为 1.5 kg。

光压力矩调节器极限位置设计：每根伸展臂长度为 113 m，考虑到末端安装 RSB 等结构，所以约束滑块的极限位置为 100 m。

光压力矩调节器极限速度设计：依据总体分配给控制与推进系统 20 W 功率指标分配份额，其中敏感器 8 W，每个 RSB 电机 2.5 W，每个光压力矩调节器 1 W。经过初步估算，滑块驱动机构正压力 F_n 为 5 N，静摩擦系数 μ 为 0.4，则驱动力 $F = \mu F_n = 0.4 \times 5 = 2$ N。根据功率公式可以得出滑块的极限速度为 0.5 m/s。

针对 160 m 太阳帆，其姿态控制系统中的光压力矩调节器设计参数如表 3 – 10 所示。

表 3 – 10　160 m 太阳帆光压力矩调节器设计参数表

名称	设计参数	设计结果
光压力矩调节器	数量	2 个
	质量	1.5 kg
	极限位置	100 m
	极限速度	0.5 m/s

4. 结构模块设计

结构模块由中心箱体及其他各个模块安装支架组成。中心箱体由 8 块箱体侧板、太阳能电池贴片组成，其中上顶板内部有 1 个带螺纹孔的凸台；伸展臂可以从前后面的侧板方孔中穿过；在左右侧板内侧各有 1 个带有长条形缝隙的限位结构，双 Ω 截面形状的伸展臂的突出边缘可以插入长条形缝隙中，此种设计为光压力矩调节器提供沿伸展臂截面转动的限位，以防止光压力矩调节器在伸展臂上前后滑动时绕伸展臂轴向转动从而影响其定位精度，如图 3 – 30 所示。

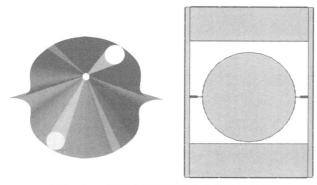

图 3 - 30　光压力矩调节器中心箱体限位图

中心箱体 8 块箱体侧板组成一个外部框架,将其他分系统组成一个整体,起到承力主框架与安装接口作用;8 块箱体侧板中上下左右 4 块侧板可以用来安装太阳能电池贴片,用于对整个系统供电供能,针对实际的不同任务约束条件,还可以在左右侧板上安装小型太阳能帆板,以满足更大功率需求的光压力矩调节器。

5. 机构模块设计

机构模块由预紧调节机构、主从动轮机构和可调辅助从动轮机构组成,如图 3 - 31 所示。

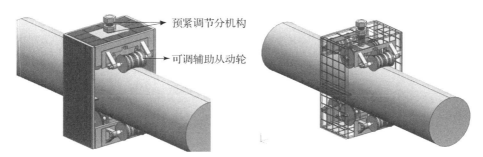

图 3 - 31　光压力矩调节器机构模块图

预紧调节机构由预紧螺杆、锁定螺母、可调电机底座三部分组成。其中预紧螺杆穿过箱体上顶板以及带螺纹孔凸台,与其配合,凸台增长了配合长度,保证预紧螺杆牢固安装。预紧螺杆通过螺纹配合可以上下调节高度,在预紧螺杆底部钻有销孔,可调电机底座上端面带有销轴,可以插入预紧螺杆底部的销孔中,轴孔间隙配合。主从动轮机构由凸起滚轮、支架、阶梯轴、锁紧螺钉、聚四氟滑环、垫片、锁紧螺母组成。支架固定在箱体底板上，阶梯轴通过锁紧螺钉固定在支架上，凸起滚轮安装于两侧的两片聚四氟滑环之间，聚四氟表面光滑，有利于凸起滚轮绕阶梯轴转动，锁紧螺母调整凸起滚轮与聚四氟滑环之间的压紧力，垫片保护聚四氟滑环表面免受锁紧螺母划伤。

6. 控制驱动模块设计

控制驱动模块由远程控制计算机及控制软件、无线信号发射器、控制板及无线信号接收器、步进电机驱动器、步进电机、主动轮机构组成。控制驱动模块工作原理如图 3 – 32 所示。

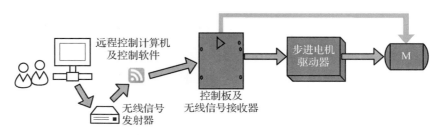

图 3 – 32　光压力矩调节器控制驱动原理图

光压力矩调节器采用无线远程控制驱动方式。光压力矩调节器本体上安装有控制板；控制板上装有无线信号接收器；远程控制计算机上安装有控制软件与无线信号发射器；控制板分别与步进电机和步进电机驱动器连接；太阳能电池系统分别与控制板和步进电机连接。根据初步估算，光压力矩调节器正压力合力为 5 N，滑块极限速度为 0.5 m/s，滚轮与伸展臂静摩擦系数 μ 为 0.4，则驱动力 $F = \mu N = 0.4 \times 5 = 2$ N。根据功率公式，得出所需电机提供工作功率为 1 W。根据太阳能电池贴片功率计算结果，表明太阳能电池贴片所提供电能可以满足滑块工作要求。

控制驱动设计可以针对光压力矩调节器在运行中突发停滞故障模式进行相应的处理调节。光压力矩调节器在运行中因为各种原因，如瞬态阻力矩过大而运动卡死、无线信号传输接收瞬间间断等而出现故障时，在控制软件上会出现相应的故障提示信息，同时软件自动进行停止指令，使步进电机停止工作，继而整套系统全面关闭进行系统重启，软件自行对各项指标进行检查后，将步进电机的最小转速步长作为输入参数再次对步进电机进行启动控制，以获得最大转动扭矩，从而使光压力矩调节器在故障点重启开动。

3.4.3　滚转轴稳定机设计

1. 滚转轴稳定机组成

滚转轴稳定机（RSB）由结构模块、控制驱动模块和转杆机构 3 部分组成，滚转轴稳定机安装于太阳帆伸展臂端部，转杆机构绕伸展臂轴向转动，如图 3 – 33 所示。

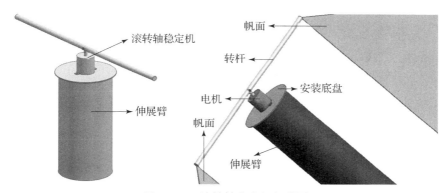

图 3 – 33　滚转轴稳定机组成图

2. 滚转轴稳定机调节原理

RSB 接到转动指令后，转杆转过一定角度，从而带动帆面倾斜，太阳光压力就会在倾斜的帆面上产生分力，如图 3 – 34 所示；4 个 RSB 同时转动，且转动的方向和角度均一致，因此 4 片三角形帆倾斜角度始终能够保持一致，太阳光压力在 4 片帆上产生的分力恰为 2 对共面力偶，这 2 对力偶共同产生了沿帆面法线方向的力矩，即滚转轴控制力矩。

RSB 转杆与帆面 45°角点相连接，如图 3 – 34 所示；其中伸展臂为充气式伸展臂，帆面和伸展臂均与中心箱体连接。RSB 安装底盘固定于伸展臂端部，电机安装于底盘上，输出轴垂直于底盘平面；转杆安装于电机输出轴上，可以被电机带动旋转；转杆端部与帆面角点连接，每片帆面均有两个角点与各自邻近的转杆连接，当 2 个转杆同时转动时，帆面即被带动以帆面斜边中线为轴进行转动。

3. 滚转轴稳定机设计参数仿真计算

RSB 转杆长度是 RSB 设计优化的核心参数，其直接关系到帆面转动角度即

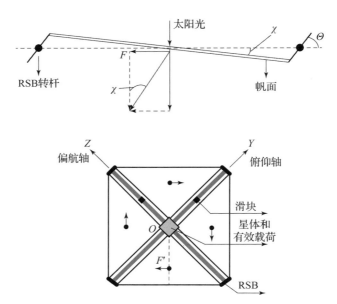

图 3 – 34　滚转轴稳定机调节原理图

滚转轴控制力矩大小和控制精度，也决定了 RSB 的设计性能以及电机性能需求，一旦 RSB 转杆长度确定，其他设计参数便可依此进行设计计算，因此 RSB 的设计工作主要放在对其转杆长度参数的优化仿真计算上。除此之外，需要设计计算的参数还包括：RSB 转杆转动角度范围、RSB 转杆极限转速、RSB 转杆质量、RSB 转杆转动惯量等。

RSB 转杆长度设计约束：根据任务需求以及设计要素，需要考虑的设计约束如下：

（1）RSB 转杆采用拟定材料与拟定截面，参数如表 3 – 11 所示，要求其质量尽量小。

表 3 – 11　RSB 转杆参数

材料	弹性模量	泊松比	截面形状	密度	许用应力极限
碳纤维	210 GPa	0.33	圆环形，外径 300 mm，壁厚 0.1 mm	848 kg·m^{-3}	≥800 MPa

（2）为了方便太阳帆航天器总体收拢安装，RSB 转杆长度取值在 1.2～1.5 m

范围内。

（3）帆面经过 RSB 伸杆旋转带动后，发生变形，其应力不能超过帆面材料屈服极限，并且安全系数大于 3，其材料参数如表 3 - 12 所示。

表 3 - 12 太阳帆帆面参数

材料	弹性模量	泊松比	结构尺寸	密度	屈服应力极限
聚酰亚胺薄膜	2.5 GPa	0.34	厚度 1.5 μm，边长 160 m	1 420 kg·m^{-3}	≥69 MPa

（4）帆面达到最大转动角度时，RSB 转杆与帆面连接点处受力，从而使转杆发生弯曲，转杆由此产生的应力不能超过其材料屈服极限，并且安全系数大于 3。

（5）帆面转动变形后，角点通过 RSB 转杆施加给伸展臂端部一定的轴向力，此力要小于伸展臂失稳临界载荷，伸展臂材料、结构参数如表 3 - 13 所示。

表 3 - 13 伸展臂参数

材料	弹性模量	泊松比	截面形状	密度	长度	失稳临界载荷
碳纤维	210 GPa	0.33	圆环形，外径 300 mm，壁厚 0.1 mm	848 kg·m^{-3}	113 m	42 N

（6）帆面转动角度越大，其控制力矩也越大，越易于姿态控制，但是随之 RSB 转杆长度也会越长，所需星上资源也越多，因此，为了节省资源以及降低转杆质量，在满足太阳帆航天器姿态控制精度的前提下，帆面转动角度范围的上限应至少为 0.17°，所以 RSB 转杆设计时就以此值作为帆面转动角度最大值的设计需求。

RSB 转杆长度优化设计思路：由于必须满足帆面能转动 0.17°的设计约束，因此 RSB 转杆长度的选取存在如下关系，如图 3 - 35 所示，AB 对应帆面斜边一半长度，O_1B 为较长情况下的 RSB 转杆一半杆长，O_2B 为较短情况下的 RSB 转杆一半杆长，当 AB 帆面斜边转动一定角度 χ 时，对应的 O_1B 转动 θ_1、O_2B 转动 θ_2，同时 AB 帆面的 B 点分别被拉伸到 B_1 点与 B_2 点。

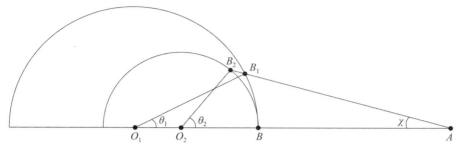

图 3-35　RSB 转杆长度转角关系图

从图可以看出，当帆面需要转动一定角度时，RSB 转杆长度越长，帆面被拉伸的程度越小，这对于帆面来说比较有利，但是会增加 RSB 转杆质量，不利于前述设计约束条件 1，所以对于 RSB 转杆长度的设计优化思路为：在设计约束条件下尽量减小 RSB 转杆长度，并且通过有限元数值仿真来校核帆面材料应力、转杆弯曲应力以及伸展臂屈曲失稳，从而确定 RSB 转杆长度值。

RSB 转杆长度设计仿真验证：设 RSB 转杆长度为 L，帆面转角与 RSB 伸杆转角存在如下关系式：

$$\sin x = \frac{L\sin\theta}{160}$$

为了使质量最小，依据设计约束条件 2 取 RSB 转杆长度为 1.2 m，依据设计约束条件 6 帆面最小转动范围上限应 ≥0.17°，得出 1.2 m RSB 转杆转动最小值为 23.5°，考虑一定冗余，取 RSB 伸杆转动范围为 ±30°，下面针对设计约束条件 3、4、5 进行验证。

利用有限元软件建立太阳帆航天器四分之一模型，如图 3-36 所示，其边界条件为：帆面预应力场 6 500 Pa；光压 9.12e^{-6} Pa/m^2；太阳帆四分之一模型左上角点强制位移（-0.08，0，0.3，单位 m），太阳帆四分之一模型右下角点强制位移（0，-0.08，-0.3，单位 m）（强制位移用于模拟帆面角点被 RSB 转杆旋转带动后被拉伸于空间位置）。通过非线性静力分析后，得出 RSB 转杆转动到极限位置 ±30°时的帆面应力结果。仿真结果显示，帆面最大应力为 7.1 MPa，小于帆面材料屈服极限，安全系数大于 3，满足设计约束条件 3；通过提取帆面角点力为 20.5 N，将其作用在 RSB 端部，通过有限元建模仿真，结果显示 RSB 转杆产生最大应力为 1.87 MPa（图 3 - 37），小于其材料许用应力极限，安全系数大于 3，满足设计约束条件 4；帆面角点作用在伸展臂端部的轴向力为 36.672 N，小于其失稳临界载荷，满足设计约束条件 5。

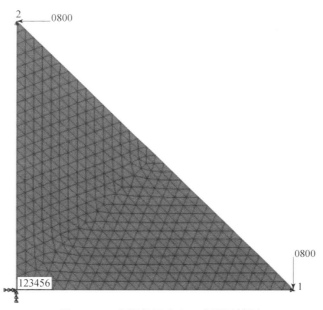

图 3 - 36　太阳帆四分之一有限元模型

图 3 - 37　RSB 转杆应力云图

由此看出，当 RSB 取设计约束条件 2 中的最小值时，其他设计约束条件均验证满足，因此得出 RSB 转杆长度的优化设计取值为 1.2 m，下面以此关键设计参数为准，进行 RSB 其他参数设计。

RSB 转杆极限转速设计：RSB 转杆极限转速是在 RSB 转杆长度确定后需要进行计算的另一个关键性能参数，它决定了 RSB 转杆转动的最大速度，即滚转轴姿态控制力矩变化速度问题，它与太阳帆航天器姿态控制方案设计密切相关。

功率、转矩、转速之间的计算公式为

$$T = \frac{9.55P}{N}$$

式中，T 为转矩，由 RSB 转杆两端帆面拉力作用而得；P 为功率，根据方形太阳帆航天器总体功率分配要求，此处取值为 2 W；N 为转速，即 RSB 转杆转动速度，单位为 r/min。可以推导出如下公式：

$$\omega = \frac{57.3}{0.5fL\sin\theta}$$

式中，ω 为 RSB 转杆转速，单位为°/s；f 为帆面作用在 RSB 转杆端部拉力在垂直于扭矩力臂方向上的分力；L 为 RSB 转杆长度；θ 为 RSB 转杆转动角度。由上式可见，f 与 $\sin\theta$ 的乘积与转速 ω 呈反比例关系。再由 RSB 结构设计、与帆面连接关系可知：f 与 $\sin\theta$ 之间呈正相关关系，即帆面转角越大，帆面被拉伸程度就会越大，其作用在 RSB 转杆端部的拉力也就越大，那么帆面作用在 RSB 转杆端部拉力在垂直于扭矩力臂方向上的分力 f 也就越大。基于以上两点分析，可以得出：在帆面刚刚转动时，$\sin\theta$ 与 f 均趋近于 0，此时刻理论上转速可以无限大，但是，帆面继续转动时，$\sin\theta$ 与 f 均同时增大，那么对应的转速也将随之减小，所以理论上 RSB 转杆转速不存在全过程极大值，只有全过程极小值，即发生在帆面转角达到转动上限 0.17°时，此时代入上式相应数值得出转速值为 20.83°/s。

由于 RSB 转杆极限转速将作为一个重要的约束输入提供给姿态控制方案设计，因此必须给出一个固定值，不能是无穷大，所以将帆面转角达到转动上限时对应的 RSB 转杆转速值作为 RSB 转杆极限转速。由于除此之外的帆面转动过程中任一状态对应的转速值都大于 20.83°/s，因此将此值作为姿态控制方案设计时的 RSB 转杆极限转速约束条件，将保证 RSB 转杆全程不超过此转速，也就保证了在帆面转动全过程中其功率消耗不会超过 2W 的总体约束条件，否则如果选取大于 20.83°/s 的值作为姿态控制方案设计时的 RSB 转杆极限转速约束条件，就有可能使姿态控制时帆面转动的某个时刻其消耗功率大于 2 W，给空间任务带来风险。

RSB 转杆设计参数统计：综合上述参数计算仿真验证，我们可以得出一组优化设计后的 RSB 设计参数，如表 3–14 所示。其中的转杆质量与转杆转动惯量可以根据成熟的公式计算得出。

表 3 – 14　RSB 参数设计结果

伸杆长度	伸杆转动角度范围	伸杆极限转速	伸杆质量	伸杆转动惯量
1.2 m	±30°	20.83°/s	0.096 kg	0.005 76 kg · m²

以滑块和 RSB 作为太阳帆姿态控制执行机构，可以保证有效载荷与太阳帆的相对位置固定；对于太阳帆的展开过程没有特殊要求，执行机构简单紧凑，保障了太阳帆姿态控制系统的可靠性；而且结构简单，易于制造控制，成本低廉，可靠性高，同时也能够满足太阳帆姿态大角度快速机动的要求。太阳帆在变轨过程中，要经常进行较大角度的机动，光压力矩调节器通过改变太阳帆航天器的质心，从而产生太阳帆航天器的姿态控制力矩，进而控制太阳帆航天器的俯仰角和偏航角；RSB 通过改变每个帆面的法线方向，进而控制太阳帆航天器的滚转角。采用基于滑块和 RSB 的姿态控制系统较为合适。

3.4.4　太阳帆动力学模型对控制结果的影响分析

以质量为 200 kg 太阳帆航天器为例。针对刚体太阳帆模型、全帆形式太阳帆非线性姿态动力学模型和全杆形式太阳帆非线性姿态动力学模型，以及全柔性太阳帆动力学模型，采用太阳帆非线性 PID 姿态控制器分别进行数值仿真分析。

设太阳帆初始姿态角为：$\phi(0) = -80°$，$\theta(0) = 10°$，$\psi(0) = 10°$，轨道半径为 1 AU。在短期响应测试中，使用斜坡信号（2°/h）作为参考输入分别对 3 个轴的姿态控制系统进行测试。

在 3 个轴上设 $\dot{\phi}(0) = \dot{\theta}(0) = \dot{\psi}(0) = 0$，即 3 个轴的初始角速度均为零。并认为模态坐标初始位置为零，模态坐标初始导数为零，这样可以避免初始模态坐标对姿态产生干扰，直接观察姿态激起模态振动的影响。

对挠性太阳帆进行有限元建模，将全帆分成 489 个单元，并观察 4 个尖端点和帆面边缘的中点随着姿态控制而变形的情况，相关点的编号如图 3 – 38 所示。

1. 刚性太阳帆模型的姿态稳定和姿态机动控制

首先研究刚性太阳帆的姿态稳定控制。仿真时间为 4 h，仿真结果如图 3 – 39 所示。

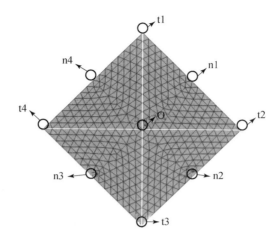

图3-38　太阳帆尖端点和帆中点

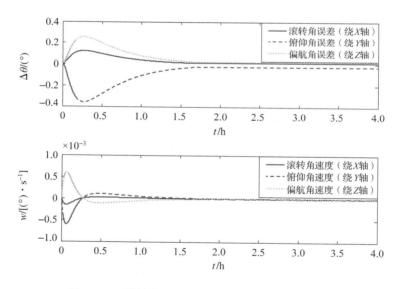

图3-39　刚性太阳帆姿态稳定控制的姿态变化图

由刚性太阳帆姿态稳定控制的姿态变化图可知，开始时，由质心压心差造成的光压干扰力矩起到主导作用，太阳帆姿态即三轴姿态角发生转动，均偏离了初始位置，在第0.27 h三轴姿态角误差同时达到最大值，然后在姿态控制系统作用下缓慢回到初始位置附近，滚转角在第1.5 h左右进入稳态，俯仰角和偏航角在第1.65 h左右后进入稳态，三轴稳态误差分别是0.01°、0.03°、0.02°。姿态角速度在光压干扰力矩作用下从零初始状态开始增大，在第 0.06 h 达到峰值，也是在 1.65 h 后进入稳态，滚转轴、俯仰轴和偏航轴三轴角速度回到零状态附近，即不再发生转动。

下面研究刚性太阳帆姿态机动控制。以斜坡信号加载在太阳帆控制系统上，参考输入始于 0 h，仿真时间为 4 h，仿真结果如图 3-40 所示。

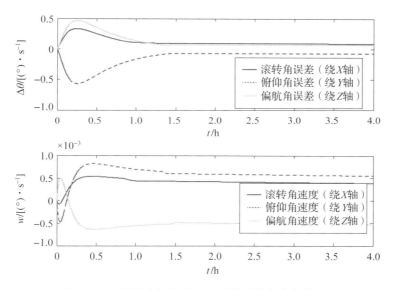

图 3-40　刚性太阳帆姿态机动控制的姿态变化图

由刚性太阳帆姿态机动控制的姿态变化图可知，太阳帆在姿态控制系统和光压干扰力矩共同作用下，从初始位置上开始偏离，刚开始逐渐斜坡信号，三轴欧拉角偏差在第 0.25 h 分别达到最大值 0.33°、-0.57° 和 0.47°，在第 1.5 h 左右进入稳定跟踪信号状态，与信号的误差分别保持在 0.09°、-0.07° 和 0.07°。从角速度变化子图可以看出，三轴角速度刚开始变化模式同刚性太阳帆的姿态稳态，说明刚开始是光压干扰力矩起着主导作用，之后在第 1.5 小时左右进入稳态，三轴稳态角速度分别为 4×10^{-4} °/s、6×10^{-4} °/s 和 -5×10^{-4} °/s。

通过对刚性太阳帆模型的姿态稳定控制仿真和姿态机动仿真，可以得出如下结论：

（1）所设计的执行机构和控制器能够进行该模型的姿态控制，都能够满足所要求的姿态指向精度和稳定度；

（2）该套控制系统能够抑制质心压心产生的干扰力矩；

（3）姿态稳定控制时姿态稳定度明显优于姿态机动控制。

2."中心刚体 + 挠性附件"动力学模型

十字中心刚体

通过太阳帆的有限元模态仿真分析显示太阳帆的大柔性主要体现在对称分布的四片柔性材料帆面结构上，太阳帆伸展臂振型位移相对于太阳帆振型位移基本为零，相当于刚性体，所以在中心刚体加挠性附件的模型中，将中心箱体与伸展臂作为十字中心刚体模型。

质量杆挠性附件假设

为了逐步研究太阳帆帆面挠性特性对太阳帆姿态控制的影响，同时简化太阳帆模型，首先将每块帆面按质量等效原则简化为 1 根挠性杆件，以期通过杆的挠性特性来反映帆面的挠性特性。质量等效原则为：将每块帆面沿着斜边中线等分成 10 份，10 份帆面按照从小到大的顺序比例关系为：1∶3∶5∶7∶9∶11∶13∶15∶17∶19，按照此比例将帆面质量分配给每一份对应的等长度斜边中线线段，最终等效为总长度为斜边中线长的变截面变质量挠性杆。每一块帆面均按此等效原则简化为总质量与帆面总质量相等、沿帆面斜边方向具有同样质量变化特性的质量杆挠性附件。太阳帆的十字中心刚体加质量杆挠性附件有限元模型如图 3 - 41 所示。

帆面挠性附件假设

帆面挠性附件与十字中心刚体的连接方式为：帆面的两个 45°角点与邻近的伸展臂自由端连接，帆面 90°角点与中心箱体中心连接。为了更加贴近实际状态，有限元模型采用 RBE2 单元对连接处进行模拟，保证了帆面节点与伸展臂节点在三向位移坐标上的一致性，同时又不对 3 个转动自由度做任何约束，如图 3 - 42 所示。

三种模型对比

由于篇幅限制，这里只给出上述两种中心刚体加挠性附件太阳帆姿态动力学模型的斜坡信号姿态角误差图（图 3 - 43），并与刚体模型进行对比，不再单独给出姿态角跟踪曲线图、执行机构速度图和模态坐标图。

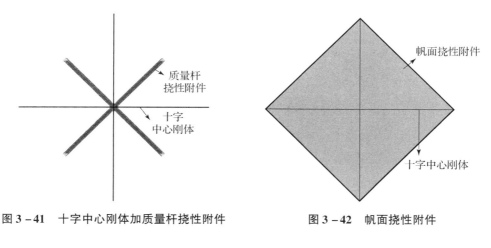

图 3 – 41　十字中心刚体加质量杆挠性附件　　　　图 3 – 42　帆面挠性附件

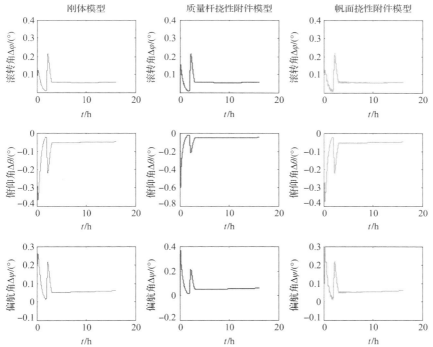

图 3 – 43　三种太阳帆姿态动力学模型在斜坡信号下的姿态角误差

　　根据上图所示结果，与刚体模型相比，考虑太阳帆帆面柔性特性的两种模型，其姿态角误差曲线的超调量均有所增加，增加百分比为 20% ~ 50%，并且误差曲线的小幅抖动更加剧烈。可以看出后两种模型一定程度上能够体现太阳帆帆面挠性振动对太阳帆姿态运动的影响。分析比较上面太阳帆三种姿态动力学模型可以得出如下结论：

- 刚体模型模型简单，适合控制律设计和分析。缺点是忽略了大型太阳帆航天器的柔性特性，特别是帆面挠性振动对姿态控制的影响，只适合太阳帆初步设计。

- 质量杆挠性附件模型和帆面挠性附件模型具有较为简单的动力学模型，便于星上进行控制设计，可以用于大型柔性太阳帆姿态动力学仿真分析，其仿真结果具有一定的工程参考价值。与刚体模型相比，两种模型均不同程度地体现了太阳帆航天器柔性特性。

3. 太阳帆全柔性动力学模型

太阳帆模型由刚性模型换成挠性模型，其他仿真条件不变，同样进行姿态稳定控制和姿态机动控制，然后对比模型对控制的影响。

从图 3 – 44 中可以看出，挠性太阳帆欧拉角变化过程同刚性太阳帆几乎完全一样，三轴稳态误差同样分别是 0.01°、0.03°、0.02°。而角速度变化形式有些区别，表现在，由于光压干扰力矩存在，刚开始时挠性太阳帆控制系统动作导致角速度距离振荡，说明此时挠性振动占主导因素。之后区别大致形式如同刚性太阳帆，但挠性振动还是轻微影响到角速度，最后挠性振动不再对角速度产生影响。挠性振动影响姿态控制执行机构也主要在控制初期，使得执行机构速度出现抖动，滑块速度甚至达到了极限 50 cm/s。

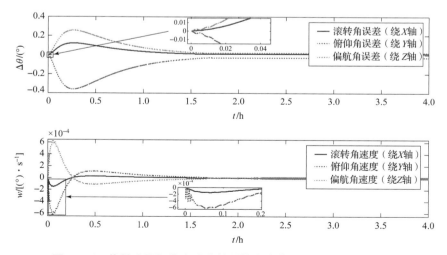

图 3 – 44 挠性太阳帆姿态稳定控制的姿态变化图 （书后附彩插）

　　从图 3 - 45 帆中点和尖端点的变形曲线图可以看出，姿态控制的初期激起的振动变形比较剧烈，到 0.5 h 后基本趋于平稳。而从帆中点和尖端点最大变形表（表 3 - 15）中可以看出，帆面最大变形比尖端点最大变形要大一到两个量级，帆中点最大变形的大小和发生时间是一致的，在 31.654 s 的最大变形都是 0.011 48 m，而尖端点 t1 和 t3 比尖端点 t2 和 t4 大一个量级，并且发生时间也不同。

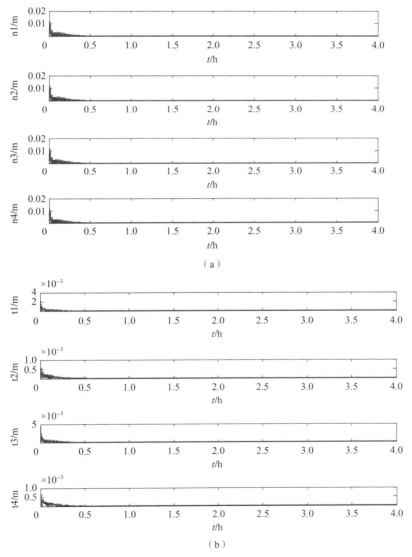

图 3 - 45　挠性太阳帆姿态稳定控制的特征点变形曲线图

（a）帆中点；（b）尖端点

表 3 – 15　挠性太阳帆姿态稳定控制的特征点最大变形表

节点	最大变形位移（单位：m）	发生时间（单位：s）
n1	0. 011 480	31. 654
n2	0. 011 481	31. 654
n3	0. 011 480	31. 654
n4	0. 011 481	31. 654
t1	0. 002 277	10. 248
t2	0. 000 575	33. 985
t3	0. 004 316	10. 248
t4	0. 000 659	31. 289

　　姿态机动控制的仿真结果如图 3 – 46 所示，可以看出，挠性太阳帆欧拉角变化过程同刚性太阳帆几乎相同，三轴稳态误差同样分别是 0.09°、– 0.07°、0.07°，比姿态稳定控制的误差大。而角速度变化形式有些区别，表现在由于光压干扰力矩存在，刚开始时挠性太阳帆控制系统动作导致角速度距离振荡，说明此时挠性振动占主导因素。之后区别大致形式如同刚性太阳帆，但挠性振动还是轻微影响到角速度，最后挠性振动不再对角速度产生影响。

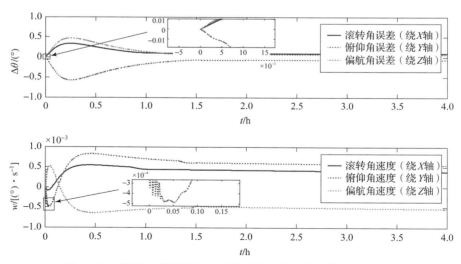

图 3 – 46　挠性太阳帆姿态机动控制的姿态变化（书后附彩插）

从帆中点和尖端点最大变形表（表 3 – 16）中可以看出，帆面最大变形比尖端点最大变形要大一到两个量级，帆中点最大变形的大小和发生时间是一致的，都是在 31.449 s 的最大变形基本一致，而尖端点 t1 和 t3 比尖端点 t2 和 t4 大一个量级，并且发生时间也不同。

表 3 – 16 挠性太阳帆姿态机动控制的特征点最大变形表

节点	最大变形位移/m	发生时间/s
n1	0.011 312	31.449
n2	0.011 313	31.449
n3	0.011 311	31.449
n4	0.011 313	31.449
t1	0.002 276	10.163
t2	0.000 531	32.448
t3	0.004 314	10.163
t4	0.000 625	31.133

通过对太阳帆全柔性动力学模型进行姿态稳定控制和姿态机动控制仿真，可以得出如下结论：

● 所设计的执行机构和控制器能够进行太阳帆全柔性动力学模型的姿态控制，都能够满足所要求的姿态指向精度和稳定度；

● 无论在姿态稳定控制过程中还是在姿态机动控制过程中，代表太阳帆整体变形情况的 8 个特征点变形都很小，说明太阳帆的挠性变形对姿态控制的影响较小。

■ 3.5 总结与展望

太阳帆不需消耗燃料而利用光压推进使得太阳帆在很多任务中有显著优势，特别是深空探测中需长期推进的任务，如小行星探测，并且由于太阳帆推力一般较小，深空飞行时间长，多目标探测则能更有效提升任务效率。本章节利用太阳帆实现了一次发射而在 7 年内探测 3 颗主带小行星的目的，并给出了具体的设计结果。太阳帆任务轨道设计时飞行时间是一项重要考量的指标，而行星际交会任务则是典型的时间最优控制问题，利用最优控制原理设计了太阳帆多星探测的任务轨道，并分析了该任务轨道的具体特性，为姿态控制和导航、通信等系统分析提供了参考。

结合上述轨道，对姿态控制系统进行了设计分析。通过对刚性太阳帆模型、全杆太阳帆模型、全帆太阳帆模型和全柔性太阳帆模型进行仿真分析，得出如下结论：相较刚体模型，挠性体模型的太阳帆动力学方程更贴近太阳帆姿态控制动力学和挠性变形的本质。采用非线性 PID 控制器和 RSB、滑块、控制杆和控制叶片都能够成功进行姿态稳定控制、姿态机动控制和挠性振动抑制。无论在姿态稳定控制过程中还是在姿态机动控制过程中，代表太阳帆整体变形情况的 8 个特征点变形都很小，说明太阳帆的挠性变形对姿态控制的影响较小。

太阳帆具体设计成什么样才能够在满足任务指标的基础上实现性能的最大化是研究工作中面临的主要难题。由于太阳帆航天器作为一种全新的全柔性结构，在设计过程中设计变量以及各变量之间的耦合关系都需要进行梳理，为此本章从结构构型、支撑臂、帆面、折展、支撑包装结构等多个太阳帆特有系统上进行了设计技术研究，设计思路可以供读者参考。

4.1 太阳帆构型比较与方案设计

当前已有的太阳帆结构构型形式多样，已在轨展开并进行过空间实验的太阳帆航天器均采用了正方形结构。一类是自旋展开，利用端部质量的离心力保持帆面的形状；另一类利用支撑臂展开，通过支撑臂的强度保持帆面形状。自旋展开构型的太阳帆由于其自旋特点，姿态调整难度较大，相对三轴稳定结构来说不具有优势，对于姿态调整能力本来就较弱的太阳帆而言，三轴稳定更有可能是未来发展的趋势。为了分析各种机构构型对太阳帆性能的影响，本节工作针对具有三轴稳定能力且有支撑结构的方形帆、圆形帆和叶形帆展开比较分析。对比过程中的关注点包括：帆面几何形状设计、质量惯量对比和力学分析结论等。几种构型如图 4 - 1 所示。

1. 太阳帆构型设计

以等效边长 160 m 的方形帆面积为例，进行方形、环形、叶形三种构型的建模、仿真及讨论分析。

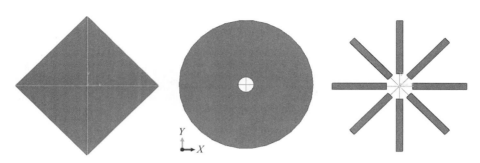

图 4 - 1　三种太阳帆构型示意图

1）方形帆

方形帆是目前太阳帆研究中最常用的构型，其特点是加速度较高、结构稳定，力学特性比较接近传统航天器。方形 160 m 太阳帆航天器支撑臂长 113 m，单片薄膜为接近等腰直角三角形构型，三点连接于十字型支撑臂的端点。根据前面章节的分析，方形帆可以采用 RSB 机构和滑块来实现三轴稳定，为了计算方形帆的大角度姿态机动，在方形帆的支撑臂上设置带质量的滑块。

2）环形帆

支撑臂为内外双环，内半径为 20 m，外半径为 129.57 m。薄膜为环形，内外都与支撑环相连接。内外支撑环之间可以加轻质的拉索以保证太阳帆的强度和稳定。环形帆的中心质量位于环形帆的中心，通过轻质绳索悬浮约束于内环。环形为了计算环形帆的大角度姿态机动，在环形帆的外侧支撑环上对称设置两个带质量的滑块，为了能与方形帆、叶形帆保持相同的加速度，根据比例设置质量为 10 kg，在外环支撑上任意滑动。

3）叶形帆

叶形帆采用八个长条形叶片做自旋稳定以张紧薄膜帆面，叶片长度为 159.54 m，宽度为 20 m。叶片内侧以单根 T 字形连杆与中心相连接。连杆长 38.24 m，T 形头部宽度与叶片宽度一致，为 20 m。叶形帆的大角度姿态机动与方形帆、环形帆不同。由于叶形帆需要自旋稳定，在叶片上设置质量块进行偏转控制是不够合适的，因此在中心不旋转的稳定位置设置一根长为 20 m 的控制杆，一端连于太阳帆中心，另一端设置质量块，控制杆和质量块合重 10 kg。假设控制杆最大倾角为 45°。

2. 不同构型质量及惯量对比

记方形帆的对角线长为 L，环形帆的直径为 R，各自面积为 A_S 与 A_C，两者需求梁长度分别为 D_S 与 D_C，则有

$$D_S = 2\sqrt{2A_S}, \quad D_C = 2\sqrt{\pi A_C}$$

假设两者面积相同，即 $A_S = A_C$，可以得到

$$\frac{D_S}{D_C} = \sqrt{\frac{2}{\pi}} \sim 0.8$$

由上可知，方形帆支撑臂长度需求要少于环形帆，说明同等太阳光推力作用的方形帆比环形帆质量更小，因而具有更高的运行性能。但是，以上结论仅限于不考虑结构质量的假想模型。方形帆会在支撑臂顶端受到载荷，变形可能性较高，而环形帆则在圆周受到规整载荷。环形帆可以通过回转来减小边缘张力。具体情况，需要多方面结合进行更具体的有限元分析。

接下来初步评估方形帆和环形帆的转动惯量，太阳帆航天器机动所需的扭矩与其转动惯量成正比。考虑方形帆的单根杆长为 l，并且取杆的单元长度质量为 λ，忽略帆面质量而仅考虑支撑臂结构的影响，计算其对角线方向的转动惯量为

$$I_S = \frac{\lambda}{3\sqrt{2}} A^{3/2}$$

从上式中可以看到，随着太阳帆尺寸的线性递增，帆面转动惯量呈非线性递增。同样对环形帆进行分析，按照同样的单元长度质量，关于面内轴线，其转动惯量为

$$I_C = \frac{\lambda}{3\sqrt{\pi}} A^{3/2}$$

两者相比较，可以得到

$$\frac{I_S}{I_C} = \frac{1}{3}\sqrt{\frac{\pi}{2}} \sim 0.4$$

因此，在解析计算中，对于给定的面积，方形帆有更小的转动惯量，也因此具有更好的转向性能。

如果将构型扩展至正多边形太阳帆模型支撑臂，采用帆面面积与支撑臂数量之比来评价这些设计，则当杆件数目为 N，杆长为 R 时，多边形帆的面积为

$$A = NR^2 \sin\left(\frac{\pi}{N}\right)\cos\left(\frac{\pi}{N}\right)$$

当 N 的数值变大，即 $A \to \pi R^2$ 而 $N \to \infty$ 的极限情况时，该帆成为一个环形太阳帆。杆件总长度 D 和数量 N 之间的关系可以简单描述为

$$D = NR$$

借助该结果可以得到一般性的结构利用率表达式，即

$$\frac{A}{D} = \frac{R}{2}\sin\left(\frac{2\pi}{N}\right)$$

从上式中显然可以得到，当 N 取 4 时，杆件材料达到最大的利用率，太阳帆的理想几何模型是方形。

3. 太阳帆预应力校验

太阳帆航天器运行过程中，由帆面自旋或支撑臂对薄膜帆面进行张紧。为了确保后续分析的正确性，本节首先需要对预应力情况进行校验分析，分别列出方形帆、环形帆、叶形帆的预应力仿真计算结果。

● 方形帆预应力校验

经过仿真，测得方形帆预应力最小为 6 746.82 Pa，最大为 279 341 Pa，预应力最小的部位在三角形帆面中心，三角形的端点为应力最大位置，如图 4 – 2 所示。

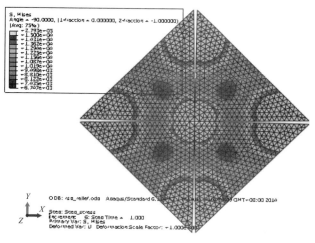

图 4 – 2　方形帆预应力仿真结果（书后附彩插）

● 环形帆预应力校验

经过仿真，环形太阳帆预应力最小为 14 761.7 Pa，最大为 154 098 Pa。整个帆面应力分布均匀，无特殊集中应力，如图 4 - 3 所示。

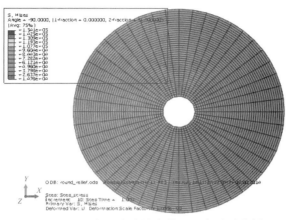

图 4 - 3　环形帆预应力仿真结果（书后附彩插）

● 叶形帆预应力校验

经过仿真，测得叶形帆预应力最小为 26 639.5 Pa，最大为 1.732×10^7 Pa，如图 4 - 4 所示。可以看到，由于帆面靠自旋张紧，帆面内外侧应力分布差距较大。内侧应力集中要高于方形帆和环形帆一个量级。

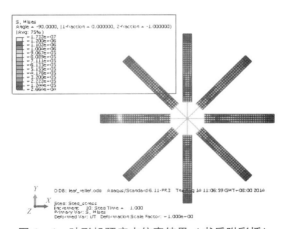

图 4 - 4　叶形帆预应力仿真结果（书后附彩插）

4. 太阳帆静力学分析

在预应力分析步计算结果的基础上，进行静力学分析。由于太阳帆航天器在轨道运行无约束,因此设置惯性释放载荷,可以计算得到太阳帆在宇宙空间的真实变形状况。

- 方形帆光压变形静力学结果

经过仿真,薄膜最大变形为 0.518 m,如图 4 - 5 所示。最大变形位于薄膜帆面的四个外边缘,其与帆面中心点的位移差值即为太阳帆的最大面外法向变形。

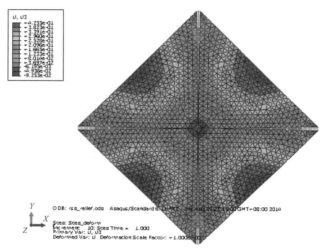

图 4 - 5　方形帆光压静变形仿真结果 (书后附彩插)

- 环形帆光压变形静力学结果

经过仿真,环形帆内外缘最大法向位移偏差为 0.372 9 m,如图 4 - 6 所示。由于环形帆的结构一体化特性,整个帆面的静变形非常平滑。

- 叶形帆光压变形静力学结果

经过仿真,外缘最大变形为 0.085 51 m,如图 4 - 7 所示。由于自旋稳定的效果,越靠近太阳帆中心变形越小,叶片边缘变形最大。

可以看到,方形帆的变形要略大于环形帆和叶形帆,这符合构型设计的预想。方形帆的优势在于稳定性、可控性等方面,而对于 100~200 m 量级尺寸的太阳帆而言,0.518 m 的变形在可接受范围之内。

5. 太阳帆动力学分析

方形帆模态频率动力学结果如表 4 - 1 所示,各个阶次的频率整体相距较近,处于 10^{-2} 量级,整体分布较为平均和稳定。

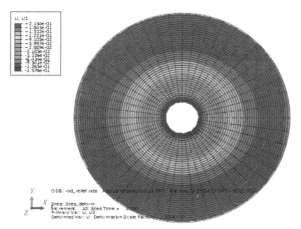

图 4 - 6　环形帆光压静变形仿真结果（书后附彩插）

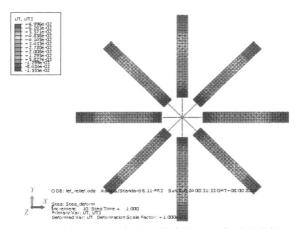

图 4 - 7　叶形帆光压静变形仿真结果（书后附彩插）

表 4 - 1　方形帆频率提取结果

阶次	频率/Hz
1	9.95×10^{-3}
2	1.05×10^{-2}
3	1.11×10^{-2}
4	1.11×10^{-2}
5	1.20×10^{-2}
6	1.27×10^{-2}

环形帆模态频率动力学结果如表 4 - 2 所示，由于环形帆构型的一体化程度较高，因此频率数值大小随着阶次的提高较快，即相近的多阶频率比较少。

表 4 - 2　环形帆频率提取结果

阶次	频率/Hz
1	7.66×10^{-3}
2	8.94×10^{-3}
3	1.53×10^{-2}
4	2.29×10^{-2}

叶形帆模态频率动力学结果如表 4 - 3 所示，由于叶形帆有八个帆面，因此模态较为密集，在非常相近的频率下，不同帆面上对应有相同频率的不同阶模态。

表 4 - 3　叶形帆频率提取结果

阶次	频率/Hz
1	1.52×10^{-2}
2	1.52×10^{-2}
3	1.52×10^{-2}
4	1.52×10^{-2}
5	1.52×10^{-2}
6	1.52×10^{-2}
7	1.52×10^{-2}
8	1.52×10^{-2}

环形帆由于其整体化的结构特性，具有较好的频率特性。方形帆频率量级与环形帆相当。而叶形帆由于具有较多的叶片，整体具有较多的局部模态，从稳定性和机动控制角度而言，要略逊于前二者。但方形帆在结构简单性、操控方便性等方面具有优势，同时对于支撑结构的需求也较少，变形和质量特性的变化较小，是较为合适的选择之一。

■ 4.2　支撑臂选择与设计

太阳帆属于典型的柔性结构，需要支撑臂的辅助才能将其顺利展开。本节重点介绍了适合于太阳帆展开的充气式支撑臂、复合材料豆荚杆支撑臂的方案设计、可控展开方法，通过太阳帆折叠展开特性需求进行了比较分析。

4.2.1　支撑臂构型种类

充气支撑臂质量小、展折比大，适合作为太阳帆的支撑结构。但传统的依靠气体压力提供充气管刚度的充气支撑臂局部刚度较低，很容易发生局部屈曲或振动，导致飞行器受力不稳定。因此研究者们提出提高充气支撑臂的刚度是非常重要的，如采用结构增强、薄膜固化等方式。L'Garde 公司研制的 20 m 太阳帆地面试验采用的就是桁架配合充气刚化支撑臂，如图 4 – 8 所示。

展开

图 4 – 8　配合辅助桁架的充气刚化支撑臂

Hiroaki 和 Tsunoda 提出了两种充气支撑臂的固化方法：一种是采用永久发泡剂填充充气结构的内部，不需要大质量体系，但难以达到预期的状态，且不易控制；另一种是通过化学反应或金属刚化使薄膜固化，如交错编织纤维制品便是常用的固化膜，由热塑性塑料、纤维绳与增强纤维相互编织而成，图 4 – 9 中的充气支撑臂固化膜使用的便是交织纤维制品。

由于折叠形式直接影响展开方式，所以这些研究按折叠形式，将支撑臂的折叠展开研究主要分为四类：Z 形折叠展开、卷曲折叠展开、多边形折叠展开以及变直径伸缩式展开。

固化层：三层编织复合材料
（0.56 mm）

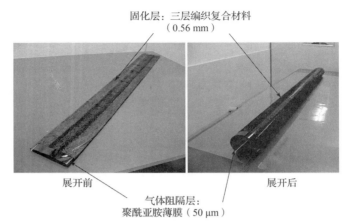

展开前   展开后

气体阻隔层：
聚酰亚胺薄膜（50 μm）

图 4 - 9　使用三轴编织复合材料固化

- Z 形折叠展开方法

Z 形折叠是薄膜支撑臂结构折叠收拢的基本折叠方式之一。1998 年 Greshik 等在 KC - 135 失重飞机上，通过在空间环境中的跌落消除重力方法，对太阳能阵列和充气薄膜天线的缩比模型进行测试。其中太阳能阵列有两根平行的聚酯薄膜管（长 1 m、直径 0.025 m）支撑，薄膜管按 Z 形折叠，折叠线的方向垂直于阵列的折叠方向，研究其展开性能。2002 年 Campbell 也同样在 KC - 135 失重飞机上，对缩比的充气薄膜天线进行了充气展开实验，薄膜管按 Z 形折叠。结果表明空间环境下增压方式对薄膜管的充气展开有直接影响。

- 卷曲折叠展开方法

卷曲折叠是柔性支撑臂结构折叠收拢的一种基本折叠方法，折叠曲率比 Z 形折叠小，对材料的损伤也较小。2008 年 NASA 利用航天飞机进行了充气支撑臂 RIGEX 在轨试验，如图 4 - 10 所示。测试了在轨展开和刚化过程、动态特性、展开后直线度等内容，并和地面模拟分析、试验结果进行了验证。证明了充气结构在太空应用的可行性和进行精确展开的能力。

- 多边形折叠展开方法

2006 年，Senda 等利用飞行器抛物线飞行时形成的微重力环境，对多边形折叠的充气管的展开动力学进行试验研究，如图 4 - 11 所示。结果表明五边形折叠的薄膜管在充气展开过程中能极好保持直线性，而四边形和六边形折叠的薄膜管在充气展开过程中出现了弯曲。

图 4 – 10　充气支撑臂结构在轨试验

图 4 – 11　在飞行器形成微重力环境时五边形折叠管的充气展开试验

- 变直径伸缩式展开方法

为了进一步提高折叠薄膜管在充气展开过程中的稳定性和直线性，对变直径伸缩式折叠管进行了充气展开试验（图 4 – 12），发现变直径伸缩折叠管的充气展开过程有极好的展开稳定性。

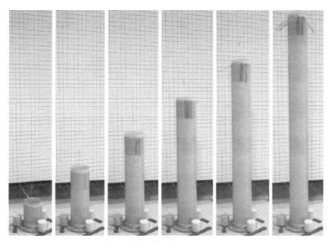

图 4 – 12　变直径伸缩管的充气展开过程及原理图

1. 盘绕式桁架支撑臂

与 L'Garde 同期作为两条技术路线开展研究的 ATK 公司 20 m 太阳帆地面样机采用了盘绕式支撑臂（图 4 – 13）。盘绕式桁架支撑臂可以展开至 100 m，它的展开依赖于这些足够长的纵梁，它们可以像弹簧一样被卷起来存放。与铰链桁架支撑臂相反，这种支撑臂不是由不同的分割的小模块铰接而成，而是把全部纵梁卷起来，靠弹性变形提供了其展开所需要的能量，这样就使得支撑臂的顶端在展开过程中会出现旋转。这种支撑臂折叠后的体积仅是展开后体积的 2%。在空间结构中经过多次试验，其展折比大，但是展开稳定性和展开精度较低。

图 4 – 13　盘绕式桁架支撑臂

2. 自回弹支撑臂

自回弹支撑臂依靠截面设计使支撑臂在卷曲状态下产生自回弹力，从而实现自展开，常见的有采用金属或碳纤维复合材料的人字形截面、C 形截面以及双 Ω 形截面，如图 4 – 14 所示。

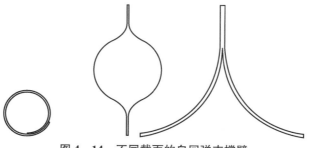

图 4 – 14　不同截面的自回弹支撑臂

NanoSail – D 系列太阳帆以及 LightSail 系列太阳帆均采用的 TRAC（Triangular Rollale and Collapsible）人字形支撑臂，如图 4 – 15 所示。

图 4 - 15　NanoSail - D 太阳帆使用的 TRAC 支撑臂

NanoSail - D 以及 LightSail - 1 采用的为不锈钢材质 TRACvSS 系列支撑臂，也有 TRACv1 - 5 不同铺层的碳纤维复合材料支撑臂，如图 4 - 16 所示。但经过实验，碳纤维复合材料的支撑臂最小卷绕半径要远大于不锈钢材质，故小型太阳帆采用金属支撑臂较为合适。

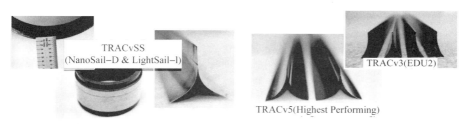

图 4 - 16　不同材料 TRAC 人字形支撑臂

2012 年英国的萨里大学研制了 2.2 m × 2.2 m 太阳帆原理样机，支撑臂采用 C 形截面、卷曲折叠的方式，如图 4 - 17 所示。这种支撑臂降低了展开的复杂性和结构的重量。

图 4 - 17　卷曲折叠的 C 形支撑臂结构

　　双Ω形截面支撑臂为碳纤维复合材料薄壁管，展开后截面类似双Ω形，支撑臂形状及展开、收拢方式如图4-18所示。针对具有自回弹特性的复合材料支撑臂，具体提出了支撑臂根部电机驱动控制展开、支撑臂自由端电机驱动控制展开以及充气管、粘扣配合控制展开（图4-19）3种展开控制方法，充气管布置在双Ω形截面支撑臂内部，粘扣的两部分分别粘在支撑臂外侧相应位置。

展开状态下截面

折叠压扁截面

图4-18　双Ω形截面支撑臂展开后和展开前截面形状

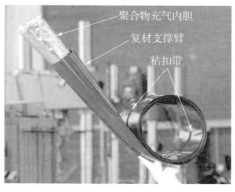

聚合物充气内胆
复材支撑臂
粘扣带

图4-19　内部充气管与表面粘扣配合控制双Ω形截面支撑臂展开

DLR 与 ESA 联合研制的 Gossamer - Ⅰ、Ⅱ、Ⅲ均采用了双 Ω 形截面支撑臂，作为双 Ω 形截面支撑臂研发最早的机构，DLR 的研制能力已较为成熟。

DLR 在无重力空间环境下进行了双 Ω 形截面支撑臂的展开实验，实验内容包括双 Ω 形截面支撑臂无控制自由展开混乱状态的验证、充气控制展开过程保持直线的验证、多次充气控制展开的可重复性验证、测试充气过程不稳定情况下支撑臂展开的可控性、自由端电机驱动控制展开过程保持直线的验证，此外还进行了地面重力环境下的相关实验，实验过程如图 4 - 20 所示。实验过程中 3 种展开控制方法都表现了良好的控制效果，并且具有很好的可重复性和展开直线性。实验结果及相关分析表明，可卷曲碳纤维复合材料支撑臂结构简单、易操作，具有突出的优势；相对于铰链控制折叠展开的缩放式结构，它的展开可靠性高；相对于空间充气刚化结构，它在地面重力环境下的实验结果具有很高的参考性；此外，可卷曲碳纤维复合材料支撑臂热稳定性好，截面大小、长度、壁厚等几何参数很容易改变，适合多种应用需求。

图 4 - 20　DLR 无重力环境下内部充气管与表面粘扣配合控制展开实验过程

4. 2. 2　支撑臂结构设计

本节针对 160 m × 160 m 的太阳帆航天器进行了太阳帆的支撑臂方案设计，主要包括构型筛选、结构设计、折叠展开方式设计、材料选取等。

1. 支撑臂构型分析

为了确定太阳帆支撑臂的结构形式，本节通过对比分析的方式，研究了传统桁架结构与充气辅助展开双 Ω 形截面支撑臂的结构刚度。以外接圆直径为 300 mm 的正方形和正三角形截面桁架，以及豆荚状和圆形截面薄壁杆件共四种结构为研究对象，设置相同边界条件的悬臂梁结构，通过分析结构模态来反映结构刚度。

（1）正方形截面桁架：结构形式可描述为单跨长度 1 m、总长度 100 m 的长桁架结构，截面为外接圆直径 300 mm 的正方形，单跨、截面如图 4 - 21 所示。其中杆件均为直径 3 mm 的实心碳纤维圆杆，密度取值为 1 500 kg/m³。

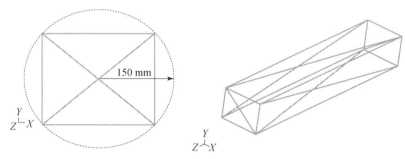

图 4 - 21　正方形截面桁架单跨与截面

（2）正三角形截面桁架：结构形式同样为单跨长度 1 m、总长度 100 m 的长桁架结构，截面为外接圆直径 300 mm 的正三角形，单跨及截面如图 4 - 22 所示。其中杆件也均为直径 3 mm 的实心碳纤维圆杆，材料参数同上。

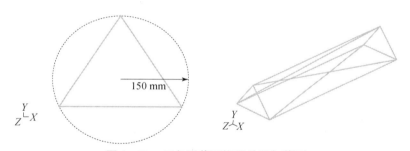

图 4 - 22　三角形截面桁架单跨与截面

（3）双 Ω 形截面支撑臂：结构同样为 100 m 长，截面为豆荚状，压扁平之后可卷曲折叠收拢，采用辅助充气方式驱动展开，具体如图 4 - 23 所示。采用薄壁碳纤维材料，属性与上述碳纤维圆杆相同，管壁厚度 0.2 mm。

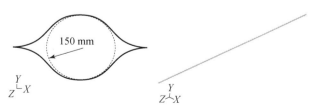

图 4 - 23　双 Ω 形截面支撑臂及结构整体图

（4）圆形截面薄壁支撑臂：该结构为 100 m 长圆管状结构，如图 4 – 24 所示。管壁由层合铝薄膜和碳纤维增强条组成，其中层合铝薄膜和增强条的厚度分别为 0.1 mm 和 0.2 mm，采用充气方式展开。碳纤维的材料密度取值为 1 500 kg/m³，层合铝的密度取值为 1 400 kg/m³。

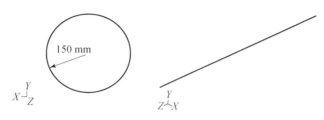

图 4 – 24　圆形截面薄壁支撑臂及结构整体图

根据上述方案参数，对四种不同构型支撑臂的振型和基频进行分析比较：在截面外接圆 300 mm 直径的同等条件下，结果表明双 Ω 形截面支撑臂和圆形截面薄壁支撑臂的基频较大。上述 4 种结构前 6 阶频率如表 4 – 4 所示。

表 4 – 4　支撑臂不同结构形式的模态

频率/Hz	方形	三角形	双 Ω 形	圆形
第 1 阶	0.046 2	0.046 3	0.060 4	0.061 7
第 2 阶	0.046 2	0.046 3	0.097 7	0.061 8
第 3 阶	0.289 1	0.290 2	0.378 5	0.386 5
第 4 阶	0.289 1	0.290 2	0.612 0	0.386 9
第 5 阶	0.808 3	0.812 0	1.059 4	1.081 2
第 6 阶	0.808 3	0.812 0	1.711 0	1.082 5

2. 支撑臂结构设计

● 支撑臂横截面设计

依据航天器总体要求，160 m × 160 m 太阳帆航天器考虑太阳帆航天器中心体的几何尺寸，得到单个太阳帆的支撑臂长度为 112 m。支撑臂采用的碳纤维复合材料外壁一方面要又韧又薄，适合卷曲折叠，另一方面展开成型后具有一定的抗弯和抗扭刚度。为此，根据上节分析结论以及展开性能，本节选取双 Ω 形截面支撑臂进行设计，此类支撑臂形似豆荚，也称之为豆荚杆，同时在内部有充气内胆作为展开的动力源。其具有两个特点：一是在受到一定的面外外力作用下，可以压扁支撑臂实现卷曲折叠；二是当充气的方式剥离开束缚折叠状态的粘扣后，双"Ω"存储的弹性势能能够展开横截面，且具有一定的抗弯和抗扭刚度。其截面设计如图 4 - 25 所示：通过 4 个曲率半径（简称为 4 半径）完成双"Ω"截面，实现了变曲率连接点的光滑过渡。

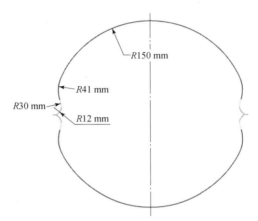

图 4 - 25　双 Ω 形截面支撑臂结构的截面形状

为了降低质量，选定单层壁厚为 0.1 mm，材料为碳纤维复合材料，密度为 80 g/m²。单个豆荚杆支撑臂质量为 8.5 kg，四个支撑壁的质量为 34 kg。

支撑臂上的粘扣设计：设计通过对称布置的四条粘扣来控制卷曲折叠的支撑臂有序平稳地展开，粘扣由勾面和绒面组成，每面厚度约为 0.15 mm，宽度为 18 mm，线密度约为 3 g/m。粘扣位置：图 4 - 26 中蓝色的小弧线段，它与垂直轴线成 45°角，通过胶黏剂充分与支撑臂的外壁黏合在一起。

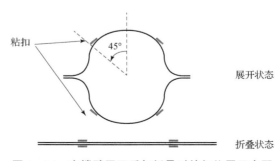

图 4 - 26　支撑臂展开后与折叠时粘扣位置示意图

图 4 – 27 所示为 160 m 太阳帆的支撑臂展开后的示意图。

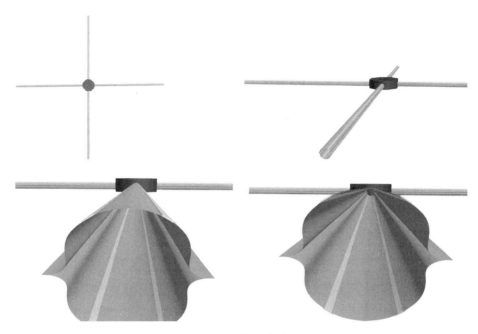

图 4 – 27　160 m 太阳帆的支撑臂展开后的示意图

- 支撑臂法兰盘设计

支撑臂法兰盘的设计是为了满足支撑臂与中心体相连接，实现支撑臂的固定，所以法兰盘的边沿有四个圆孔通过螺栓与中心体连接，每个支撑臂内在粘扣的正下方有 2 个充气内胆，通过法兰盘上 8 mm 直径的圆孔连通实现充气展开。即每个法兰盘上有两个 8 mm 直径的圆孔，具体如图 4 – 28 所示。

- 充气内胆设计

支撑臂的碳纤维复合材料外壁一方面要又韧又薄，适合卷曲折叠，另一方面展开成形后具有一定的抗弯和抗扭刚度。卷曲折叠的支撑臂是通过气体充入支撑臂的内胆，由内胆内的气压剥离开粘扣，驱动展开支撑臂。依据气密性和减重的要求，内胆设计为圆柱形，轴对称分布于支撑臂内壁，与截面纵轴夹角为 45°，如图 4 – 29 所示。

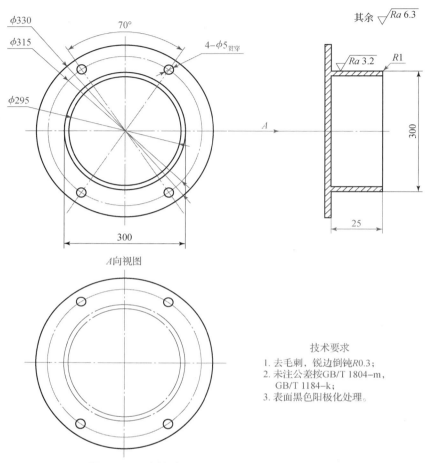

图 4-28 支撑臂底部法兰盘及充气孔的设计图

充气内胆材料是聚酰亚胺薄膜，其厚度为 0.012 mm，体密度为 1 410 kg/m³，面密度为 16.9 g/m²。于是，112 m 长、直径为 30 cm 的内胆质量约为 1.78 kg。

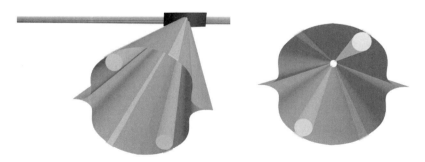

图 4-29 双 Ω 形截面支撑臂内表面的充气内胆设计图

3. 支撑臂折叠展开设计

围绕太阳帆帆面的展开特点，支撑臂采用卷曲折叠方案，其采用充气辅助方式展开，为了实现平稳有序的可靠展开过程，在支撑臂的外表面沿长度方向粘贴了一定宽度的粘扣，此粘扣是耐高低温的柔性材料，由绒面和勾面成对组成。在内压的作用下搭扣剥离，且不再需要外力维持。充气支撑臂在充气展开过程中是依靠充气压力剥离搭扣来完成连续展开过程的，这样就保证了展开过程的有序性。依据初样在常温环境下展开过程中的压力 p 平均为 16 kPa，同时由试验测试得到锦丝搭扣剥离的平均应力 q 约为 80 kPa。由公式 $p\pi r = q\Delta s$ 可计算得到控制展开的搭扣所需的宽度 Δs，即 $\Delta s = \dfrac{p\pi r}{q} = \dfrac{16 \times \pi \times 60}{80 \times 2} = 18.84$（mm）。

对折叠体积进行估算，折叠半径为 0.2 m（200 mm）时，估算每圈的折叠厚度为 5 mm（螺距），折叠收拢后形状为圆柱体，其高度为支撑臂压扁宽度 50 cm。

依据折叠前后体积保持相同，即 $50 \times 0.5 \times 11\ 200 = \pi(R^2 - 20^2) \times 50$ 得：折叠收拢形状为圆柱体时的最外圈的直径为 $2 \times R = 2 \times 470 = 940$（mm）。支撑臂卷曲折叠收拢的中心与固支端的几何距离约为 800 mm。最内圈周长为 1.25 m，若以卷曲折叠平均圈长 1.5 m 估算，则 112 m 支撑臂需共卷曲缠绕 70 圈。图 4－30 所示为支撑臂收拢状态示意图。

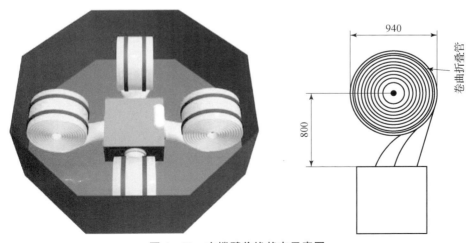

图 4－30 支撑臂收拢状态示意图

4. 支撑臂材料设计

确定整体结构方案后，依据空间环境特点，对支撑臂的材料进行设计。结合国内外展开结构在轨空间应用情况，设计的材料既要满足空间环境又要满足质量和折叠体积要求。

双 Ω 形截面支撑臂外壁采用 T700 – 12K 的碳纤维，它是一种含碳量在 95% 以上的高强度、高模量纤维的新型纤维材料，如图 4 – 31 所示。它是由片状石墨微晶等有机纤维沿纤维轴向方向堆砌而成，经碳化及石墨化处理而得到的微晶石墨材料。碳纤维"外柔内刚"，重量比金属铝轻，但强度却高于钢铁，并且具有耐腐蚀、高模量的特性，在国防军工和民用方面都是重要材料。它不仅具有碳材料的固有本征特性，又兼备纺织纤维的柔软可加工性，是新一代增强纤维。碳纤维具有许多优良性能，碳纤维的轴向强度和模量高，密度低、比性能高，无蠕变，非氧化环境下耐超高温，耐疲劳性好，比热及导电性介于非金属和金属之间，热膨胀系数小且具有各向异性，耐腐蚀性好，X 射线透过性好；导电导热性能良好，电磁屏蔽性好等。碳纤维的杨氏模量是传统的玻璃纤维的 3 倍多；是凯夫拉纤维的 2 倍左右；在有机溶剂、酸、碱中不溶不胀，耐蚀性突出。碳纤维 T700 – 12K 的主要技术参数：单丝直径 $0 \sim 8$ μm，抗拉强度 $\geqslant 3\,500$ MPa，弹性模量 $\geqslant 2.1 \times 10^{5}$ MPa，纤维密度为 $1.74 \sim 1.79$ g/cm^3，伸长率 $\geqslant 1.5\%$，含碳量 $\geqslant 95\%$。

图 4 – 31 双 Ω 形截面支撑臂的碳纤维材料

4.2.3　支撑臂力学分析

1. 支撑臂结构静力学分析

● 支撑臂的抗弯与抗扭刚度分析

计算支撑臂截面惯性矩，针对图 4-32 所示四半径截面，第一象限内四段圆弧末端点分别设为 A，B，C，D，对应的横坐标记作 x_1，x_2，x_3，x_4。

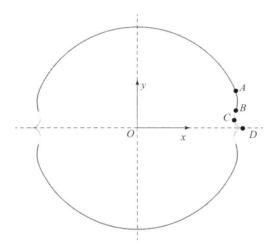

图 4-32　四半径截面示意图

根据公式 $I_{xx} = 4\int y^2 \mathrm{d}A = 4\int y^2 t \mathrm{d}l = 4\int y^2 t \sqrt{1 + \left(\dfrac{\mathrm{d}y}{\mathrm{d}x}\right)^2}\mathrm{d}x$ 得 $I_{xx} = 4\int_0^{x_1} t r_1 \sqrt{r_1^2 - x^2}\mathrm{d}x +$

$4\int_{x_1}^{x_2} t r_2 \sqrt{r_2^2 - (x - x_2)^2}\mathrm{d}x + 4\int_{x_2}^{x_3} t r_3 \sqrt{r_3^2 - (x - x_3)^2}\mathrm{d}x + 4\int_{x_3}^{x_4} t r_4 \sqrt{r_4^2 - (x - x_4)^2}\mathrm{d}x$，

同理可得 I_{yy}。

支撑臂截面对 x 轴、y 轴的惯性矩以及极惯性矩。双半径截面支撑臂惯性矩如下：

$$I_x = 1.065 \times 10^{-6}\ \mathrm{m}^4$$

$$I_y = 1.966 \times 10^{-6}\ \mathrm{m}^4$$

$$I_p = 3.031 \times 10^{-6}\ \mathrm{m}^4$$

由材料力学理论，支撑臂截面抗弯系数、抗扭系数如下：

$$EI_x = 2.1 \times 10^{11} \times 1.065 \times 10^{-6} = 2.24 \times 10^5\ (\mathrm{N \cdot m}^2)$$

$$EI_y = 2.1 \times 10^{11} \times 1.966 \times 10^{-6} = 4.13 \times 10^5 (\text{N} \cdot \text{m}^2)$$

$$GI_p = 7.9 \times 10^{10} \times 3.031 \times 10^{-6} = 2.39 \times 10^5 (\text{N} \cdot \text{m}^2)$$

考虑悬臂梁式边界及加载条件，支撑臂沿 x 轴方向的抗弯刚度为

$$\frac{F_x}{\Delta l} = \frac{2EI_y}{l^3} \cdot \frac{l^2}{l^2 + \Delta l^2} \approx \frac{2EI_y}{l^3} = 0.588 (\text{N/m}) \qquad (4-1)$$

支撑臂沿 y 轴方向的抗弯刚度为

$$\frac{F_y}{\Delta l} = \frac{2EI_x}{l^3} \cdot \frac{l^2}{l^2 + \Delta l^2} \approx \frac{2EI_x}{l^3} = 0.319 (\text{N/m}) \qquad (4-2)$$

支撑臂自由端沿 z 轴扭转刚度为

$$\frac{T}{\Delta \varphi} = \frac{GI_p}{l} = 2\ 133.93 (\text{N} \cdot \text{m/rad}) \qquad (4-3)$$

四半径截面支撑臂惯性矩如下：

$$I_x = 1.04 \times 10^{-6}\ \text{m}^4$$

$$I_y = 1.05 \times 10^{-6}\ \text{m}^4$$

$$I_p = 2.09 \times 10^{-6}\ \text{m}^4$$

由材料力学理论，支撑臂截面抗弯系数、抗扭系数如下：

$$EI_x = 2.1 \times 10^{11} \times 1.04 \times 10^{-6} = 2.18 \times 10^5 (\text{N} \cdot \text{m}^2)$$

$$EI_y = 2.1 \times 10^{11} \times 1.05 \times 10^{-6} = 2.21 \times 10^5 (\text{N} \cdot \text{m}^2)$$

$$GI_p = 7.9 \times 10^{10} \times 2.09 \times 10^{-6} = 1.65 \times 10^5 (\text{N} \cdot \text{m}^2)$$

考虑悬臂梁式边界及加载条件，支撑臂沿 x 轴方向的抗弯刚度为

$$\frac{F_x}{\Delta l} = \frac{2EI_y}{l^3} \cdot \frac{l^2}{l^2 + \Delta l^2} \approx \frac{2EI_y}{l^3} = 0.315 (\text{N/m}) \qquad (4-4)$$

支撑臂沿 y 轴方向的抗弯刚度为

$$\frac{F_y}{\Delta l} = \frac{2EI_x}{l^3} \cdot \frac{l^2}{l^2 + \Delta l^2} \approx \frac{2EI_x}{l^3} = 0.310 (\text{N/m}) \qquad (4-5)$$

支撑臂自由端沿 z 轴扭转刚度为

$$\frac{T}{\Delta \varphi} = \frac{GI_p}{l} = 1\ 473.21 (\text{N} \cdot \text{m/rad}) \qquad (4-6)$$

对于多半径截面形成的双 Ω 截面，采用材料力学的理论计算方法，得到支撑臂截面半径与抗弯刚度和临界载荷之间的关系曲线如图 4-33 所示。

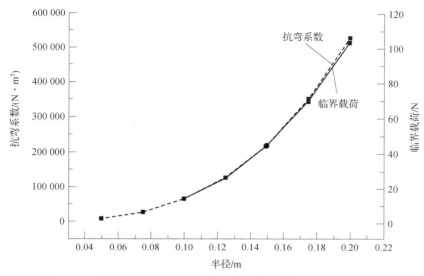

图 4 - 33　支撑臂截面半径与抗弯系数、临界载荷之间的关系曲线

2. 支撑臂结构动态特性分析

● 不同截面尺寸的支撑臂模态分析

针对支撑臂的不同截面尺寸，主要讨论了结构模态的变化，表 4 - 5 所示为三种直径支撑臂的模态频率，可以得到，随着支撑臂直径的增加，支撑臂各阶模态频率都随之增加。直径由 20 cm 增加到 30 cm，支撑臂基频增加了 0.009 Hz，近 30%。

表 4 - 5　不同直径前 12 阶模态频率（单位：Hz）

支撑臂直径	第 1 阶	第 2 阶	第 3 阶	第 4 阶	第 5 阶	第 6 阶
20 cm	0.026 602	0.026 606	0.166 72	0.166 75	0.466 69	0.466 77
25 cm	0.031 114	0.031 123	0.194 94	0.194 95	0.545 61	0.545 65
30 cm	0.035 288	0.035 311	0.221 12	0.221 15	0.618 82	0.618 89
支撑臂直径	第 7 阶	第 8 阶	第 9 阶	第 10 阶	第 11 阶	第 12 阶
20 cm	0.914 14	0.914 31	1.510 3	1.510 6	2.254 6	2.255 0
25 cm	1.068 6	1.068 6	1.765 1	1.765 2	2.634 2	2.634 4
30 cm	1.211 7	1.211 9	2.001 1	2.001 3	2.022 7	2.024 0

- 不同截面形状的支撑臂模态分析

前文已对四种不同构型支撑臂的振型和基频进行过分析比较，结果表明双 Ω 形截面支撑臂和圆形截面薄壁支撑臂的基频较大，本节深入对圆截面、双半径 Ω 形截面、四半径 Ω 形截面进行模态分析。模态分析所得振型结果分别如图 4 – 34 ~ 图 4 – 36 所示。

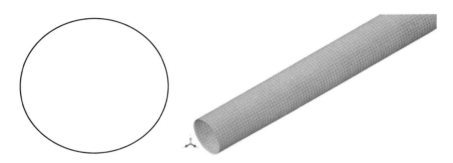

图 4 – 34　直径为 300 mm 的圆形支撑臂截面尺寸及网格划分

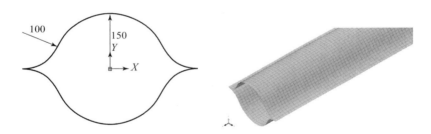

图 4 – 35　双半径支撑臂截面尺寸及网格划分

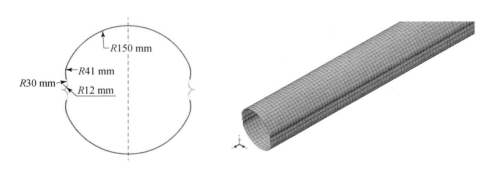

图 4 – 36　四半径支撑臂截面尺寸及网格划分

模态分析前 5 阶频率结果，如表 4 - 6 所示。

表 4 - 6　不同几何截面对支撑臂模态的影响（单位：Hz）

阶数 频率 截面类型	1	2	3	4	5
圆截面	0.072	0.072	0.469	0.469	1.332
双半径截面	0.069	0.096	0.434	0.599	1.214
四半径截面	0.074	0.075	0.470	0.475	1.314

针对 160 m 太阳帆展开支撑臂的一阶固有频率，在同样的主半径条件下，四半径截面支撑臂的固有频率明显高于圆截面和双半径截面支撑臂。改进后的四半径截面支撑臂一阶频率比双半径提高了 7.25% 左右。

● 不同几何截面的支撑臂结构稳定性分析

太阳帆支撑臂完全展开后，将受到帆面施加在支撑臂端部的轴向压缩分量。于是，在支撑臂的自由端作用轴向压缩力。将自由端面所有节点与端面中心点耦合到一起，单位力作用在端面中心点上，进行支撑臂结构稳定性分析。

以不同几何截面的圆截面、双半径截面和四半径截面的支撑臂为研究对象，利用有限元软件进行特征值屈曲分析，得到不同几何截面的支撑臂屈曲模态前 5 阶频率结果，如表 4 - 7 所示。

表 4 - 7　不同几何截面对支撑臂屈曲模态的影响（单位：Hz）

阶数 频率 截面类型	1	2	3	4	5
圆截面	43.48	43.48	391.32	391.32	1 086.90
双半径截面	43.87	83.64	394.76	752.34	1 096.20
四半径截面	42.66	43.66	384.00	392.94	1 066.50

采用压杆临界公式对四半径截面支撑臂的屈曲临界载荷进行理论计算得到 $F_{cr} = 42.837$ N，与有限元分析结果基本吻合。

■ 4.3　帆面选择与设计

4.3.1　帆面材料选择

为提高太阳帆航天器的特征加速度，帆面材料需尽可能轻薄，且太阳帆帆面薄膜材料与空间环境直接接触，需经受紫外辐照、带电粒子辐射、污染、原子氧冲蚀、冷热交变、微流星等恶劣的空间环境的考验。因此深空探测太阳帆需要考虑薄膜的空间耐辐照、耐冷热交变的性能，地球中轨运行的太阳帆还要考虑耐原子氧性能。同时太阳帆薄膜材料需要具有较好的力学强度。

国外在太阳帆薄膜材料上通常采用聚酯薄膜材料或者聚酰亚胺薄膜材料，日本 2004 年空间太阳帆展开试验以及行星学会宇宙 1 号太阳帆均采用聚酯薄膜材料，而已发射成功的 IKAROS 太阳帆以及 Nanosail－D 太阳帆采用的是聚酰亚胺薄膜材料。根据相关文献报道，其他的有机聚合物材料由于耐辐射性能以及力学性能都不如聚酯及聚酰亚胺，不适合用作太阳帆帆面薄膜材料。目前太阳帆可用的高性能聚酯材料有 PET 和 PEN，聚酰亚胺薄膜材料有日本大宇公司的 Upilex 以及杜邦的 Kapton 系列等。

PET 全称聚对苯二甲酸乙二醇酯，英文名：Polyethylene Terephthalate，是乳白色或浅黄色、高度结晶的聚合物，表面平滑有光泽。在较宽的温度范围内具有优良的物理力学性能，长期使用温度可达 120 ℃，电绝缘性优良，甚至在高温高频下，其电性能仍较好，但耐电晕性较差，抗蠕变性、耐疲劳性、耐摩擦性、尺寸稳定性都很好。PET 有良好的力学性能，冲击强度是其他薄膜的 3～5 倍，耐折性好。耐油、耐脂肪、耐稀酸、稀碱、耐大多数溶剂。具有优良的耐高、低温性能，可在 120 ℃温度范围内长期使用，短期使用可耐 150 ℃高温，可耐－70 ℃低温，且高、低温时对其力学性能影响很小。气体和水蒸气渗透率低，具有优良的阻气、水、油及异味性能。透明度高，可阻挡紫外线，光泽性好。

PEN 全称聚萘二甲酸乙二醇酯，英文名：Polyethylene Naphthalate，是一种新兴的优良聚合物。其化学结构与 PET 相似，不同之处在于分子链中 PEN 由刚性更大的萘环代替了 PET 中的苯环。萘环结构使 PEN 比 PET 具有更高的物理力学性能、气体阻隔性能、化学稳定性及耐热、耐紫外线、耐辐射等性能。

　　PEN 材料的性能：①气体阻隔性：由于萘的结构更容易呈平面状，因此 PEN 最突出的性能之一就是气体阻隔性能好。PEN 对水的阻隔性是 PET 的 3~4 倍，对氧气和二氧化碳的阻隔性是 PET 的 4~5 倍，对水的阻隔性是 PET 的 3.5 倍。②化学稳定性能：PEN 具有良好的化学稳定性，PEN 对有机溶液和化学药品稳定，耐酸碱的能力好于 PET。由于 PEN 的气密性好，分子量相对较大，所以在实际使用温度下，析出低聚物的倾向比 PET 小，在加工温度高于 PET 加工温度的情况下分解放出的低级醛却也少于 PET。③耐热性能：由于萘环提高了大分子的芳香度，使 PEN 比 PET 更具有优良的热性能。PEN 在 130 ℃ 的潮湿空气中放置 500 h 后，伸长率仅下降 10%。在 180 ℃ 干燥空气中放置 10 h 后，伸长率仍能保持 50%。而 PET 在同等条件下就会变得很脆，无使用价值。PEN 的熔点为 265 ℃，与 PET 相近，其玻璃化温度在 120 ℃ 以上，比 PET 高出 50 ℃ 左右。④耐紫外线辐射性能：由于萘的双环结构具有很强的紫外光吸收能力，因此 PEN 可阻隔小于 380 nm 的紫外线，其阻隔效应明显优越于 PET。另外，PEN 的光致力学性能下降少，光稳定性约为 PET 的 5 倍，经放射后，断裂伸长率下降少，在真空中和氧气中耐放射线的能力分别可达 PET 的 10 倍和 4 倍。⑤其他性能：PEN 还具有优良的力学性能，PEN 的杨氏模量和拉伸弹性模量均比 PET 高出 50%。而且，PEN 的力学性能稳定，即使在高温高压情况下，其弹性模量、强度、蠕变和寿命仍能保持相当的稳定性。另外，还具有优良的电气性能，PEN 有与 PET 相当的电气性能，其介电常数、体积电阻率、导电率等均与 PET 接近，但其电导率随温度变化小。表 4-8 为 PEN 与 PET 性能比较情况。

表 4-8　PEN 薄膜与 PET 薄膜性能比较

性能	单位	PEN	PET
熔点	℃	265	260
结晶化温度	℃	190	129
耐热性	℃	175	120
热收缩率	（150 ℃，30 min）%	0.4	1.0

续表

性能	单位	PEN	PET
耐水解性	h	200	50
抗辐射性	MGY	11	2
杨氏模量	kg/mm²	1 800	1 200
拉伸模量	MPa	588	44
抗冲击强度	mm	2.24	2.18
抗张强度	kg/mm²	50	45
长久使用温度	℃	160	120

由表 4-8 可看出，PEN 薄膜在使用温度、耐辐照性能方面要优于 PET 薄膜。

聚酰亚胺薄膜（polyimide film；PI film），包括均苯型聚酰亚胺薄膜和联苯型聚酰亚胺薄膜两类。前者为美国杜邦公司产品，商品名 Kapton，由均苯四甲酸二酐与二苯醚二胺制得。后者由日本宇部兴产公司生产，商品名 Upilex，由联苯四甲酸二酐与二苯醚二胺（R 型）或间苯二胺（S 型）制得。薄膜制备方法为：聚酰胺酸溶液流延成膜、拉伸后，高温酰亚胺化。薄膜呈黄色透明，相对密度为1.39～1.45，有突出的耐高温、耐辐射、耐化学腐蚀和电绝缘性能。20 ℃时拉伸强度为 200 MPa，200 ℃时大于 100 MPa。聚酰亚胺是目前已经工业化的高分子材料中性能最好的薄膜类绝缘材料之一，具有优良的力学性能、电性能、化学稳定性以及很高的抗辐射性能、耐高温和耐低温性能（-269～400 ℃）。1959 年美国杜邦公司首先合成出芳香族聚酰亚胺，1962 年试制成聚酰亚胺薄膜（PI 薄膜），1965 年开始生产，品牌号为 KAPTON。

聚酰亚胺薄膜具有比聚酯材料更为优异的空间环境稳定性以及力学性能，是非常适合用于太阳帆帆面的薄膜材料。选用 NASA 报告中计划开展研究的 1 μm厚、面密度为 1 g/m² 的聚酰亚胺薄膜作为设计方案中的帆面薄膜材料，选用目前已技术成熟的商业化 12.5 μm 聚酰亚胺薄膜产品作为原理样机研制的帆面薄膜，并进行帆面薄膜的高反射率薄膜的镀制以及帆面大面积拼接的研究。

4.3.2　帆面镀膜方案

1. 高反射率薄膜材料选择

太阳帆帆面需要在柔性聚酰亚胺基底上镀制高反射率薄膜以提高反射率。目前高反射率薄膜通常采用的材料为 Au、Ag、Al，其中 Au 膜的反射率最高，可达 95% 以上，Ag 膜的反射率次之，约为 92%，Al 膜的反射率在 90% 左右。Au 材料非常昂贵，成本过高；Ag 膜在空间环境下非常容易受到原子氧作用氧化发黑导致性能降低；而 Al 膜在被氧化时会在表面形成致密的氧化物阻止进一步的氧化反应，因此抗氧化性能较好。综合考虑以上因素，认为 Al 适用于太阳帆帆面的高反射率薄膜镀层。

2. 高反射率薄膜镀制工艺

镀铝膜的制备采用磁控溅射的方法，这是因为从成膜的质量角度考虑，蒸发成膜与溅射成膜相比，无论在薄膜自身的致密度还是薄膜与基底结合的牢固度等方面都相去甚远，因此为了保障薄膜的质量，以选用溅射方法为佳。

柔性基底薄膜镀制设备采用现有大面积连续卷绕直流磁控溅射镀膜设备——JCJ – 1200/3 磁控溅射卷绕式镀膜设备（图 4 – 37）。通过对磁控靶和镀膜工艺进行优化，对影响产品性能的主要工艺进行详细的研究，获得了最佳镀膜工艺参数。

图 4 – 37　JCJ – 1200/3 磁控溅射连续卷绕镀膜设备

进行的镀膜工艺试验项目主要有：

a. 基底离子束清洗活化工艺试验；

b. 基底在不同温度下镀膜工艺试验；

c. 不同溅射气体流量对聚酰亚胺镀铝膜产品影响工艺试验；

d. 镀膜走带速度及走带张力控制工艺试验；

e. 溅射状态的溅射参数选择工艺试验。

1）基底离子束清洗活化工艺试验

采用线性离子源连续清洗活化工艺，不但可提高产品质量，增加工艺稳定性，还可提高生产效率。通过离子束清洗活化工艺试验，使聚酰亚胺基底表面经受离子轰击后出现表面键断裂而使基底表面具有较好的活性。另外，通过具有一定能量和束流的离子束轰击可将基底表面吸附的杂质气体清除，保证在镀膜过程中不会因杂质气体的污染对产品性能产生影响。在工艺试验过程中，通过镀膜试验验证的方法对真空度、离子能量、离子束流等参数进行试验分析与参数优化，完善聚酰亚胺基底材料批量连续活化清洗工艺。

在 JCJ – 1200/3 型 1.2 m 幅宽磁控卷绕镀膜设备上进行大面积连续离子束清洗活化工艺研究，该设备配备了一套条形离子源，有效轰击幅宽大于 1.2 m。离子源工作压力为 0.35 ~ 1 Pa，最大放电电压不小于 500 V，最大放电电流不小于 3 A。

离子束清洗活化工艺装置示意图如图 4 – 38 所示。

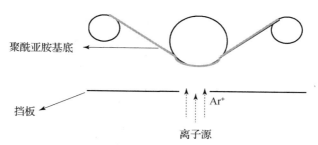

图 4 – 38 离子束活化工艺装置示意图

离子束活化清洗工艺主要参数：

● 基底幅宽：1.2 m；

● 连续走带速度：0.3 ~ 1.0 m/min；

● 离子种类：Ar⁺；

- 离子源功率：600 ~ 1 350 W；
- 离子源电压：300 ~ 500 V；
- 放电电流：1.0 ~ 3.5 A；
- 气体流量：80 ~ 120 sccm；
- 工作压力：0.35 ~ 1 Pa。

活化试验后的薄膜样品进行了镀膜验证试验，并做了镀铝膜的太阳反射率测试。下面分别在离子源功率、气体流量、走带速度三个关键工艺参数改变情况下对离子束活化清洗参数进行研究。

➢ 气体流量、走带速度参数不变，离子源功率改变情况下试验结果

通过改变离子源功率进行试验，其他参数保持不变。工作压力为 5.0×10^{-1} Pa。每种功率连续作用 2 m，试验结果见表 4 - 9。

表 4 - 9　改变离子源功率，离子束清洗活化试验结果

方式	走带速度/ （m·min^{-1}）	功率/W	电压/V	电流/A	外观	铝面太阳 反射率
低能大束流	0.3	607	405	1.5	没有可见损伤	0.90
	0.3	1 025	410	2.5	没有可见损伤	0.90
	0.3	1 162	415	2.8	没有可见损伤	0.91
	0.3	1 260	420	3.0	没有可见损伤	0.91
	0.3	1350	422	3.2	有 1 个直径 0.5mm 的放电点	0.91

镀膜试验结果显示，离子源功率为 1 162 W 和 1 260 W 时，镀铝膜太阳反射率较高；功率较低时清洗活化不够彻底，造成太阳反射率偏低，所以应选择较大功率离子束参数；但随着功率增大，放电电压和束流也随着增大，对基底会产生轻微损伤，因此优选离子束功率为 1 260 W。

➢ 离子源功率、走带速度参数不变，气体流量改变情况下试验结果

在离子源功率确定的情况下，通过通入气流量的改变以确定离子源工作的最佳真空度，试验结果见表 4 - 10。

表 4 – 10 改变通入气体流量，离子束清洗活化试验结果

方式	走带速度/(m·min⁻¹)	功率/W	气体流量/sccm	真空度/Pa	外观	铝面太阳反射率	备注
低能大束流	0.3	1 260	80	3.0×10^{-1}	没有可见损伤	0.91	异常放电较多
	0.3	1 260	90	3.6×10^{-1}	没有可见损伤	0.91	异常放电较多
	0.3	1 260	100	4.2×10^{-1}	没有可见损伤	0.91	异常放电较少
	0.3	1 260	110	4.9×10^{-1}	没有可见损伤	0.91	异常放电很少
	0.3	1 260	120	5.0×10^{-1}	没有可见损伤	0.91	异常放电很少

从镀膜试验可以看出，气体流量的变化并不明显影响镀膜结果，但线性离子源在较低的气体压强下工作时，异常放电较多；线性离子源在较高的气体压强下工作时，异常放电非常少。因此优选气体流量为 120 sccm。

➤ 离子源功率、气体流量参数不变，走带速度改变情况下试验结果

在确定离子源功率和气体流量的情况下，改变走带速度进行试验，试验结果见表 4 – 11。

表 4 – 11 改变走带速度，离子束清洗活化试验结果

方式	走带速度/(m·min⁻¹)	功率/W	电压/V	电流/A	外观	铝面太阳反射率
低能大束流	0.2	1 260	420	3.0	没有可见损伤	0.90
	0.3	1 260	420	3.0	没有可见损伤	0.91
	0.4	1 260	420	3.0	没有可见损伤	0.91
	0.5	1 260	420	3.0	没有可见损伤	0.91
	0.6	1 260	420	3.0	没有可见损伤	0.91
	0.7	1 260	420	3.0	没有可见损伤	0.91
	0.8	1 260	420	3.0	没有可见损伤	0.91
	0.9	1 260	420	3.0	没有可见损伤	0.91
	1	1 260	420	3.0	没有可见损伤	0.91

离子束清洗活化试验研究结果：

a）走带速度越慢，单位面积活化时间越长，活化效果越好；但是，太小的走带速度将造成铝面太阳反射率下降。

b）离子源功率越大，放电电压越高，束流越大，活化效果越好；但是，随着功率的升高，基底出现放电损伤点。

c）真空度对活化清洗影响不明显，但过低的真空室压力容易出现异常放电。

根据试验验证确定了最佳工艺参数，见表 4 – 12。

表 4 – 12　离子束清洗活化工艺参数优化结果

离子束清洗活化工艺项目	优化参数
连续走带速度	$0.3 \ \mathrm{m \cdot min^{-1}}$
离子源功率	1 260 W
离子源电压	420 V
放电电流	3.0 A
工作气体流量	120 sccm

综上所述，基底连续离子束清洗活化方法是目前比较新颖的一种基底表面活化清洗方法。通过选定合适的参数进行聚酰亚胺基底表面活化处理后，镀制铝膜的光学性能有所提高。

2）聚酰亚胺基底在不同温度下镀膜工艺试验

在磁控溅射成膜过程中，基底温度会对产品性能产生很大影响，如果没有基底冷却系统，随着镀膜过程的进行，镀膜辊将越来越热，造成成膜温度随镀膜时间的延长而升高，影响大面积成膜的工艺稳定性和性能一致性。

采用镀膜辊恒温冷方法并进行相关试验，验证镀膜辊的冷却效果、批量生产时膜性能稳定性，并确定最佳镀膜辊温度。

柔性聚酰亚胺基底上镀铝膜过程中基底冷却工艺试验，主要研究内容包括：

（1）镀膜辊不同冷却温度下镀膜试验；

（2）大面积铝膜性能测试研究。

对于大面积连续卷绕镀铝膜，铝膜的太阳反射率均匀性是十分重要的。我们选择镀膜辊 10 ℃、−10 ℃及−25 ℃三个温度下镀制铝膜，各镀长度 25 m，在镀膜完成后分别对其进行太阳反射率测试。验证量化镀膜时性能稳定，选择最佳镀膜辊冷却温度。对镀制的铝膜进行了测试，测试结果见表 4 − 13、表 4 − 14、表 4 − 15。

表 4 − 13   镀膜辊 10 ℃铝膜太阳反射率测试结果

纵向 ＼ 横向	太阳反射率					
	测点 1	测点 2	测点 3	测点 4	测点 5	测点 6
测点 1（0 m）	0.901	0.903	0.902	0.901	0.902	0.903
测点 2（10 m）	0.903	0.902	0.905	0.903	0.903	0.903
测点 3（25 m）	0.902	0.903	0.902	0.903	0.902	0.902

铝膜外观良好，测试结果满足指标要求。

表 4 − 14   镀膜辊 −10 ℃铝膜太阳反射率测试结果

纵向 ＼ 横向	太阳反射率					
	测点 1	测点 2	测点 3	测点 4	测点 5	测点 6
测点 1（0 m）	0.910	0.913	0.910	0.908	0.910	0.912
测点 2（10 m）	0.910	0.911	0.912	0.914	0.912	0.908
测点 3（25 m）	0.913	0.914	0.913	0.915	0.912	0.913

铝膜表面光洁，测试结果满足指标要求，太阳反射率更大。

表 4 − 15   镀膜辊 −25 ℃铝膜太阳反射率测试结果

纵向 ＼ 横向	太阳反射率					
	测点 1	测点 2	测点 3	测点 4	测点 5	测点 6
测点 1（0 m）	0.909	0.912	0.914	0.914	0.910	0.913
测点 2（10 m）	0.912	0.915	0.910	0.911	0.912	0.913
测点 3（25 m）	0.914	0.913	0.912	0.911	0.914	0.913

铝膜表面光洁，指标与 – 10 ℃冷却下指标接近。

1.2 m 幅宽铝膜基底冷却工艺结果分析：

从以上结果可以看出，镀膜辊加入恒温冷却系统后可大大提高膜性能的均匀性和一致性，满足量化生产。当镀膜辊处于 10 ℃时所镀制的铝膜粘贴试验性能明显优于 – 10 ℃和 – 25 ℃下所镀制的铝膜，产生该现象的主要原因是在 – 10 ℃和 – 25 ℃时镀膜辊温度较低，虽然适当提高了太阳光谱的反射率，但同时也降低了膜层与基底间的结合力，导致了膜层粘贴试验性能略有下降。因此，根据试验结果选择，我们认为当镀膜辊处于 10 ℃时所制备的铝膜性能是最好的，完全满足指标要求。

通过镀膜辊恒温冷却工艺研究，解决了在量化生产中因为镀膜辊过热而造成膜性能均匀性和一致性的问题，并且找到了最佳镀膜辊恒温冷却温度，保证了膜层质量。

3）不同工作气体流量对聚酰亚胺单面镀铝膜的影响工艺试验

采用磁控溅射法制备薄膜，工作气体的成分和流量、压强是影响膜性能的重要因素。参照 0.5 m 幅宽柔性热控膜的制备经验，结合文献调研确定铝膜镀制选用的工作气体为氩气，纯度为 99.99%。通过镀膜试验确定气体流量。

磁控溅射中气压过高会使溅射粒子的平均自由程变短，增加溅射粒子与工作气体分子碰撞的概率，不但降低沉积速率，而且降低溅射粒子的能量，同时过大的气体流量使抽气泵组不能迅速将残余气体抽出，影响靶面气体均匀性，影响镀膜均匀性，增加薄膜杂质含量，从而影响薄膜的质量。气压过低会降低气体分子的电离数量，影响气体的辉光放电，严重时使溅射无法维持，同时影响镀膜均匀性。现有镀膜设备通过质量流量计控制工作气体的流量进而控制工作气体的压强。

试验的方法为在不同气体流量下进行溅射镀膜，观察溅射电压的稳定性、溅射电流的波动大小，并在镀膜完成后观察靶面。

参照 0.5 m 幅宽柔性热控材料的制备经验，结合铝膜镀膜试验，确定了产品制备的工作气体流量。镀膜试验证明，所选择的气体流量控制稳定，所镀制薄膜性能优良，满足生产稳定性要求。

具体参数如下：

- 聚酰亚胺基底磁控溅射镀铝；

- 工作气体：高纯氩气；
- 纯度：99.99%；
- 气体流量：100 sccm；
- 溅射室压强：0.38 Pa。

4）镀膜基底卷绕走带速度及基底张力控制工艺试验

对于大面积连续卷绕镀膜，走带速度和基底张力对薄膜质量有较大影响。速度过低，走带速度均匀性降低，基底容易出现皱褶；速度过高，会增加薄膜的内应力，增加薄膜内部缺陷，会拉伤基底，影响镀膜质量，另外薄膜变薄，反射率性能不能满足要求。走带速度的确定必须与溅射功率相结合。

经过多次试验并结合 0.5 m 幅宽柔性热控材料的镀膜经验确定 1.2 m 幅宽聚酰亚胺单面渡铝膜制备时的卷绕走带速度为 0.3 m/min，基底张力为 30 N。

5）铝膜溅射状态的溅射参数选择工艺试验

本设备采用的是直流磁控溅射的方法制备铝膜，其溅射电源是引进的美国 AE 公司的 10 kW 直流电源，该电源可提供恒功率、恒电压、恒电流三种控制方式。根据调研资料、0.5 m 幅宽镀膜经验，以及 1.2 m 幅宽镀膜试验，证明恒功率模式更适合于铝膜的均匀性控制。高纯铝靶由北京有色金属研究总院提供，纯度 99.99%。

根据以往的经验，分别选择溅射功率 7 000 W、8 000 W、9 000 W、10 000 W 进行铝膜的制备，各镀制 5 m 长度，然后测试其纵向和横向太阳反射率，选择最佳溅射功率。表 4-16 为各功率下镀制铝膜后测试结果。

表 4-16 不同溅射功率下镀铝膜太阳反射率测试结果

功率 长度	7 000 W			8 000 W			9 000 W			10 000 W		
	左	中	右	左	中	右	左	中	右	左	中	右
1 m	0.801	0.798	0.804	0.863	0.864	0.878	0.890	0.887	0.892	0.905	0.908	0.904
2 m	0.802	0.803	0.808	0.872	0.873	0.865	0.887	0.864	0.865	0.910	0.906	0.905
3 m	0.799	0.803	0.801	0.867	0.864	0.867	0.873	0.875	0.877	0.908	0.908	0.910
4 m	0.801	0.798	0.803	0.876	0.877	0.865	0.889	0.891	0.876	0.907	0.910	0.910
5 m	0.803	0.799	0.804	0.872	0.864	0.875	0.878	0.893	0.886	0.906	0.904	0.910

从结果可以看出，当溅射功率为 10 000 W 时，铝面太阳反射率最大，溅射功率优选 10 000 W。采用恒功率模式制备出的铝膜在指标和均匀性上完全满足使用要求，最佳溅射功率为 10 000 W。

3. 高反射率镀膜工艺试验

根据上述工艺试验，确定 1.2 m 幅宽聚酰亚胺镀铝膜工艺参数，如表 4 - 17 所示。

表 4 - 17　1.2 m 幅宽聚酰亚胺镀铝膜工艺参数

项目	工艺参数	
	基底离子源活化清洗	聚酰亚胺镀铝工艺
连续走带速度	0.3 m·min^{-1}	0.3 m·min^{-1}
走带张力	30 N	30 N
工作气体	高纯氩气（99.99%）	高纯氩气（99.99%）
离子源功率	1 260 W	—
离子源电压	420 V	—
离子源放电电流	3.0 A	—
气体流量	120 sccm	100 sccm
溅射靶材	—	高纯铝靶（99.99%）
镀膜辊温度	—	10 ℃
溅射功率	—	10 000 W

4.3.3　帆面结构设计

1. 帆面加强方案

太阳帆帆面为正方形结构，由四个三角形帆面组成，帆面薄膜与支撑臂之间用绳索连接，三角形帆面结构如图 4 - 39 所示。

由于聚酰亚胺薄膜抗撕裂性能较弱，一个微小裂纹就会引起薄膜结构的大面积撕裂，为了保证在受到空间微流星或空间碎片撞击之后太阳帆依然能够可靠运行，需要在边缘进行加强，强化材料选用厚度 50 μm 的聚酰亚胺薄膜，在边缘进

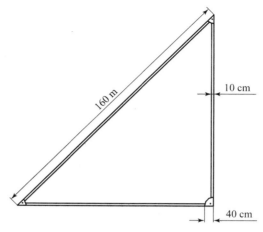

图 4-39　三角形帆面示意图

行双面粘贴，由于三角帆的三边长度分别为 113 m、113 m、160 m，50 μm 厚聚酰亚胺薄膜面密度为 71 g/m²，如果加强宽度太宽，帆面重量将会增加，如果太窄，边长加强度会降低，因此选择加强宽度为 10 cm；三个角处由于处于直接受力位置，因此选用厚度 125 μm 的聚酰亚胺薄膜进行双面粘贴加强，粘贴加强方式如图 4-39 所示。三个边加强宽度与质量增加值之间的关系如下式：

$$\Delta m = (159.2 \text{ m} + 112.4 \text{ m} + 112.4 \text{ m}) \times 71 \text{ g/m}^2 \times d = 27\ 264 \times d$$

加强边主要的作用为：当太阳帆边缘受空间碎片撞击撕裂时，增加帆面的撕裂强度以保证帆面安全，因此，加强边宽度主要取决于空间碎片的大小及边缘受撞击的概率。

三角形帆面的三个角是太阳帆的主要承力点，是帆面与支撑臂以及航天器主体连接的部位，因此所需的力学强度更高，选用强度更高的 125 μm 厚的聚酰亚胺薄膜进行加强。在加强部分的中心位置进行打孔处理，用于帆面与支撑臂之间的连接，在孔的边缘采用柔性不锈钢箔进行强化处理。

2. 帆面拼接方案

目前聚酰亚胺薄膜材料幅宽最大为 1.5 m，选用最大幅宽的聚酰亚胺薄膜可以有效减少拼接的接缝数量及长度。聚酰亚胺薄膜镀铝膜的拼接形式有：叠压粘接、对接粘接、叠压热压成形、聚酰亚胺热融成形等，在各种拼接方式中，聚酰亚胺热熔成形是采用了聚酰亚胺的成形工艺，在拼接过程中将聚酰亚胺热熔再成型，因此在接缝处强度与聚酰亚胺薄膜基本一致，是所有拼接方案中强度最高的一种，其缺点是在拼接过程中会破坏接缝附近的镀铝膜层，从而减少帆面的反射率。此外，目前国内的聚酰亚胺材料制备工艺还具有一定的差距，不能实现大面积的聚酰亚胺薄膜热熔拼接；而采用柔性聚酰亚胺胶带的粘接方案工艺过程简单，粘接强度取决于选用的胶带粘合力，在试验中，所选用的胶带粘合力完全可以满足太阳帆帆面的强度要求。在 160 m 太阳帆设计方案中，采用聚酰亚胺薄膜的热熔拼接法，在原理样机研制方案中，我们采用粘接成形的方式。

根据帆面结构尺度设计了两种帆面拼接方式，方式 1 如图 4 - 40 所示。

聚酰亚胺镀铝膜为 1.5 m 幅宽，长度可根据需要裁切，如图 4 - 40 沿斜 45°铺展，两条聚酰亚胺镀铝膜的边可叠加 2 cm，采用粘接技术拼接。从三角形帆面的斜边到直角的顶点距离为 80 m，刨除相邻两条 1.5 m 幅宽聚酰亚胺镀铝膜的边的 2 cm 叠压，铺展 67 条 1.2 m 幅膜的幅宽方向长度为

$$54 \times 1.5 - 53 \times 0.02 = 79.94 \text{（m）}$$

距离直角的顶点为

$$80 - 79.94 = 0.06 \text{（m）}$$

因此，按此种方式铺展共需要 1.5 m 幅宽聚酰亚胺镀铝膜 55 条，长度各异，长度按需要裁切。粘接拼接的缝是 54 个。

帆面拼接方式 2 如图 4 - 41 所示。

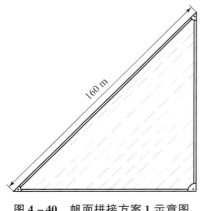

图 4 - 40　帆面拼接方案 1 示意图

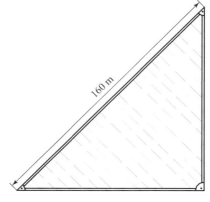

图 4 - 41　帆面拼接方案 2 示意图

1.5 m 幅宽聚酰亚胺镀铝膜，长度可根据需要裁切，如图 4 - 41 垂直于斜边

铺展，两条聚酰亚胺镀铝膜的边可叠加 2 cm 采用粘接技术拼接。从三角形帆面的斜边的长度为 160 m，刨除相邻两条 1.5 m 幅宽聚酰亚胺镀铝膜的边的 2 cm 叠压，铺展 108 条 1.5 m 幅膜的幅宽方向长度为

$$108 \times 1.5 - 107 \times 0.02 = 159.86 \text{（m）}$$

距离三角帆的一个顶角的距离为

$$160 - 159.86 = 0.14 \text{（m）}$$

因此，按此种方式铺展共需要 1.5 m 幅宽聚酰亚胺镀铝膜 109 条，长度各异，长度按需要裁切。拼接的缝是 108 个。

由于帆面受力相对于斜边中线对称，采用其他的拼接方式会使接缝受力不均产生变形，因此只考虑这两种拼接方式。

拼接方案 1 与方案 2 的比较：

方案 1 拼接的缝数为 54 个，方案 2 拼接的缝数为 108 个，虽然拼接缝的长度相当，但拼接缝的数量越多，帆面整体拉伸强度出现故障的概率越大。

方案 2 拼接缝方向与帆面展开拉伸力的方向夹角为 67.5°，方案 1 拼接缝方向与帆面展开拉伸力的方向夹角为 22.5°，如图 4 – 42 所示。方案 2 拼接缝垂直方向受力大于方案 1，如图 4 – 43 所示。

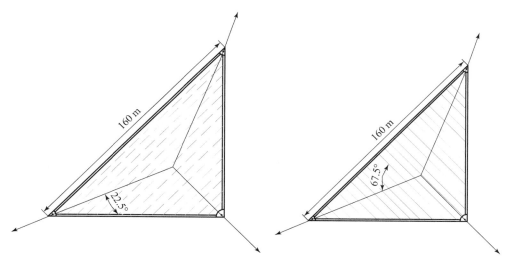

图 4 – 42　拼接方案 1 受力示意图　　　图 4 – 43　拼接方案 2 受力示意图

经过比较，方案 1 的帆面展开拉伸发生接缝撕开的概率要小于方案 2，因此

优选方案 1。

综上设计，经过帆面拼接得到的三角形帆面的质量如下：

- 应用 1 μm 厚聚酰亚胺薄膜，它的面密度为 1 g/m²，三角形帆面面积为 6 400 m²，总质量为 6.4 kg；
- 帆面镀高反射 Al 膜，Al 膜面密度小于 0.54 g/m²，总质量约 3.45 kg；
- 三角处加强带面积分别为 0.125 m²、0.062 5 m²、0.062 5 m²，总面积为 0.25 m²，双面加强材料为 125 μm 厚聚酰亚胺薄膜，面密度为 190 g/m²，总质量为 95 g；
- 开孔处用柔性不锈钢加固，预计质量 40 g；
- 三个边加强带总面积为 38.6 m²，加强材料为 50 μm 厚聚酰亚胺薄膜，面密度为 71 g/m²，总质量约为 5.48 kg。

160 m 太阳帆航天器需要的四分之一三角形帆面的质量为 15.465 kg。

4.4　帆面折展展开方案

4.4.1　太阳帆帆面折叠技术研究

对平面薄膜，主要有以下三种基本的折叠方式：卷曲折叠、"Z"型折叠以及"L"型折叠，如图 4-44 所示。"L"型折叠也叫作单叶折叠结构，它是由 1998 年日本学者 Kobayashi 利用矢量分析法对树叶的展开过程进行了详尽的几何分析而得，如图 4-45 所示。

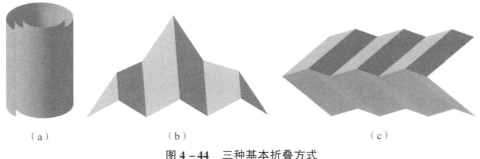

（a）　　　　　（b）　　　　　（c）

图 4-44　三种基本折叠方式

（a）卷曲折叠；（b）"Z"型折叠；（c）"L"型折叠

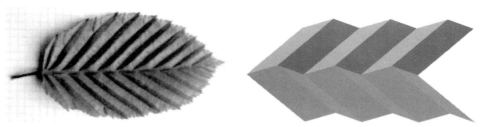

图 4 – 45　单叶折叠结构

在这三种折叠方式中，卷曲折叠和"Z"型折叠是对薄膜单个方向的折叠，而"L"型折叠则能够对薄膜两个方向同时折叠，提高了折叠效率。在这三种折叠方式的基础上可以衍生出各种针对不同形状平面薄膜的折叠方法，也可利用几种折叠方式的组合形式对平面薄膜进行折叠。

1. 帆面折叠力学分析

太阳帆帆面需要折叠以达到最小体积，折叠过程主要可分为三个阶段：未折叠状态、折叠中状态和完全折叠状态。

折叠角定义为 θ，如图 4 – 46 所示。折叠角 $\theta = \pi/2$ 时，薄膜是未折叠的状态，如图 4 – 46（a）所示，t 为薄膜厚度；折叠角 $0 < \theta < \pi/2$ 时，薄膜处于折叠中的状态，如图 4 – 46（b）所示，定义折叠的曲率半径等于折叠区域对应的曲率中心到中性面的距离，记为 R；折叠角 $\theta = 0$ 时，薄膜为完全折叠的状态，如图 4 – 46（c）所示，通常将完全折叠时的折叠曲率半径称作折叠半径，用 r 表示。

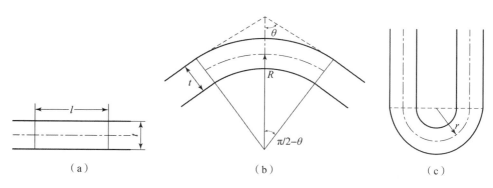

（a）　　　　　　　　　（b）　　　　　　　　　（c）

图 4 – 46　薄膜折叠过程

薄膜厚度为 t，折叠区域长度为 l，中性面是图中虚线所示部分，假设中性面应变为零，则

$$l = 2\left(\frac{\pi}{2} - \theta\right)R = \pi r \tag{4-7}$$

如图 4-46（b）所示，可以得到内外表面折叠后的长度分别为

$$l_1 = 2\left(\frac{\pi}{2} - \theta\right)\left(R - \frac{t}{2}\right) \tag{4-8}$$

$$l_2 = 2\left(\frac{\pi}{2} - \theta\right)\left(R + \frac{t}{2}\right) \tag{4-9}$$

折叠时内表面受压，压缩应变为 ε_1；外表面受拉，拉伸应变为 ε_2，利用式（4-8）、式（4-9）则可以得到内表面压缩应变 ε_1 和外表面拉伸应变 ε_2 为

$$\varepsilon_1 = \frac{l_1 - l}{l} = \frac{2\left(\frac{\pi}{2} - \theta\right)\left(R - \frac{t}{2}\right) - 2\left(\frac{\pi}{2} - \theta\right)R}{2\left(\frac{\pi}{2} - \theta\right)R} = -\frac{t}{2R} = -\frac{t(\pi - 2\theta)}{2\pi r} \tag{4-10}$$

$$\varepsilon_2 = \frac{l_2 - l}{l} = \frac{2\left(\frac{\pi}{2} - \theta\right)\left(R + \frac{t}{2}\right) - 2\left(\frac{\pi}{2} - \theta\right)R}{2\left(\frac{\pi}{2} - \theta\right)R} = \frac{t}{2R} = \frac{t(\pi - 2\theta)}{2\pi r} \tag{4-11}$$

可见内表面与外表面应变的大小相同，只是伸长与缩短的区别，只表示其大小，可统一表达为

$$\varepsilon = \frac{t}{2R} = \frac{t(\pi - 2\theta)}{2\pi r} \tag{4-12}$$

实际上，这些折痕只是微小变形，可做一理想假设：整个折叠过程中，折痕可以看作是薄膜的弹性形变，最大应力低于薄膜的屈服极限。假设薄膜的弹性模量为 E，由胡克定律 $\sigma = E \cdot \varepsilon$，则内表面和外表面承受的应力大小相等，方向相反，统一表示为

$$\sigma = \frac{Et}{2R} = \frac{Et(\pi - 2\theta)}{2\pi r} \tag{4-13}$$

引入曲率的概念，定义曲率 β 等于折叠半径 r 与材料厚度的比值：

$$\beta = \frac{r}{t} \tag{4-14}$$

那么，可以得到

$$\varepsilon = \frac{\pi - 2\theta}{2\pi\beta} \tag{4-15}$$

$$\sigma = \frac{E(\pi - 2\theta)}{2\pi\beta} \tag{4-16}$$

整个折叠过程中内表面始终受拉，外表面始终受压，且当薄膜曲率一定时，两个表面的应力随折叠角呈线性变化，折叠角越小，应力越大。也就是说，当完全折叠时应力达到最大。此时应力应变表达式为

$$\varepsilon = \frac{t}{2r} = \frac{1}{2\beta} \tag{4-17}$$

$$\sigma = \frac{Et}{2r} = \frac{E}{2\beta} \tag{4-18}$$

表明折叠区域的最大应变和最大应力都只是曲率的函数，曲率越大，应力和应变越小。而增大曲率的办法有增大折叠半径和减小薄膜厚度，避免在折叠时产生较大应力。

对于 8 μm 厚、弹性模量为 2 500 MPa、屈服强度为 69 MPa 的 Kapton 材料，绘制薄膜最大应力 σ 与折叠半径 r 的关系曲线，如图 4 - 47 所示，可知两者呈反比关系。

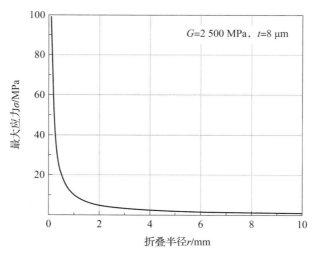

图 4 - 47 最大应力 σ 与折叠半径 r 关系曲线

令最大应力等于材料的屈服极限，即 $\sigma = 69$ MPa 时，利用式（4 - 18）计算得到折叠半径 $r = 0.145$ mm。

由上述计算发现，8 μm 厚 Kapton 薄膜折叠半径大于 0.145 mm 时，薄膜完全折叠时最大应力小于其屈服极限，折叠后不会出现折痕；而折叠半径小于 0.145 mm 时，薄膜完全折叠时会引起折痕处薄膜材料的塑性变形，从而使得折叠后薄膜在展开时仍有折痕存在，导致薄膜展开时的不平整。

对于空间太阳帆面的折叠，需尽量减小收纳空间，并对折叠好的帆面抽真空，因而折叠半径小于 0.145 mm，帆面折叠一定会产生折痕。

2. 帆面折叠技术要求

对于利用支撑臂展开的大型方形太阳帆，为使帆面易于折叠存储，且帆面能顺利展开，展开方式简单可靠，对帆面折叠的要求如下：

（1）折叠方式简单，易于反复折叠；

（2）薄膜折叠后高度可调，以满足对帆面收纳时高度的要求；

（3）在方形帆面四个顶点同时施加拉力时，帆面能沿两个相互垂直的拉力方向同时展开，即帆面可以随着支撑臂伸出的同时逐步展开，展开过程一步到位；

（4）采用该种折叠可使帆面展开过程有序，防止展开时相互干扰造成帆面的缠结；

（5）折叠可能会对薄膜造成不同程度的损伤，使得薄膜材料发生塑性变形，进而产生折痕，影响材料性能，因此应该使折叠产生的折痕长度越短越好。

3. 方形帆面折叠方式选择

1）方形帆面折叠方式

利用上文中介绍的卷曲折叠、"Z"型折叠以及"L"型折叠的不同组合方式，可以得到多种适用于正方形薄膜的折叠方式。

● Miura - ori 折叠方式

将单叶折叠结构（即"L"型折叠）沿着中线平行排列，可以得到 Miura - ori 折叠结构，如图 4 - 48 所示。二维可展开结构 Miura - ori 折叠是于 1985 年由 Miura 和 Natori 共同设计的，并且成功运用到太阳电池板中。

虽然 Miura - ori 折叠的折叠效率较高，且易于展开，但是对于大面积太阳帆则折叠困难，折叠可重复性差，因此到目前为止，Miura - ori 折叠尚未应用于太阳帆面的折叠中。

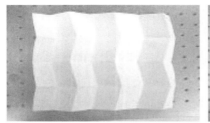
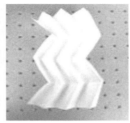

图 4 – 48　Miura – ori 折叠

- 叶内折叠方式

对于方形平面薄膜，由四个单叶折叠结构的叶尖沿对角线方向汇集于中心形成的折叠结构称为叶内折叠结构（图 4 – 49），这种折叠结构是于 2002 年由 Guest 和 Defocatiis 基于仿生学提出的。

图 4 – 49　叶内折叠方式

对于方形帆面的叶内折叠方式，如果沿着两条中线将其划分为四块大小相同的正方形，则每块方形薄膜都是"L"型折叠方式，是一个单叶折叠结构，叶内折叠即由此命名；若沿着正方形的两个对角线方向将其划分为四块大小相同的等腰直角三角形，则每块三角形薄膜都是类似于横向的"Z"型折叠方式，区域划分情况如图 4 – 50 所示。

由于方形帆面积巨大，一般采用沿方形帆对角线方向，将帆面划分为四块三角形帆面，再对三角形帆面分别折叠的方式实现太阳帆面折叠。日本成功发射的 IKAROS 即采用叶内折叠方式进行初步折叠，每块三角形帆面采用类似于横向的"Z"型的折叠方式进行折叠，折叠完成后再将其卷在中心柱体上。

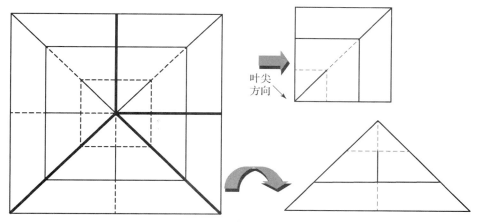

图 4 - 50　叶内折叠区域划分

但是将这种折叠方式应用于太阳帆折叠时需额外设计帆面展开辅助机构，以保证帆面展开有序性，需使用辅助机构分两步实现帆面完全展开。

● 叶外折叠方式

将若干片树叶的叶柄汇集于中心，叶尖向外形成的结构称为叶外折叠结构（图 4 - 51），这种折叠结构与叶内折叠结构由 Guest 和 Defocatiis 同时提出。

图 4 - 51　叶外折叠方式

按不同方式对其进行区域划分（图 4 - 52）：将其划分为四块大小相同的正方形，每块方形薄膜都是"L"型折叠方式；按两条对角线方向划分，每块三角形区域都是沿竖向的"Z"型折叠方式。

相比于叶内折叠方式，叶外折叠更适合应用于帆面分块方形帆的折叠，折叠好的帆面可随着支撑臂伸展同步展开，不需要辅助机构，展开过程简洁快速。

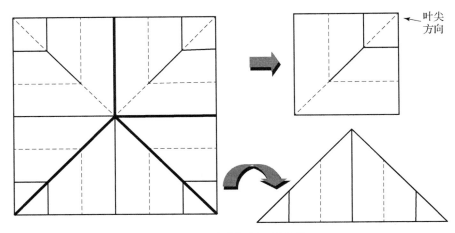

图 4 – 52　叶外折叠区域划分

　　NASA 于 2010 年 11 月第二次发射的 NanoSail – D2 以及英国萨里大学正在研究的 CubeSail 均采用叶外折叠及展开方式，每块三角形帆面采用图 4 – 52 左下角所示的"Z"型折叠，帆面单独折叠完成后再将其卷到中心卷轴上，如图 4 – 53 所示。

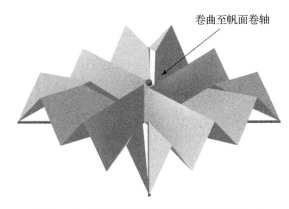

图 4 – 53　叶外折叠应用于帆面折叠的方式

　　采用这种折叠方式，每块三角形帆面的斜边在最外端，在支撑臂伸出的同时带动帆面展开。帆面最先展开部分是最外端的三角形帆面斜边部分，帆面面积较大，但是展开初期所能提供的供帆面展开的空间较小，大部分帆面处于褶皱状态，如图 4 – 53 所示是理想状态下的帆面形状，在实际情况中，由于帆面很薄且柔软，会堆积在支撑臂所能提供的空间内。当太阳帆面积逐步增大时，展开初期堆积的帆面面积会更大，导致帆面展开的无序，严重时可能会造成帆面的缠结。

将其应用于大面积太阳帆折叠时仍存在展开过程无序的问题，需进一步改进帆面折叠方式。

- 斜叶外折叠方式

在针对方形薄膜的叶外折叠结构基础上做一改进，将四个单叶折叠结构叶尖朝外、叶脉沿方形膜中线方向汇集于中心形成新的折叠结构，称其为方形薄膜的斜叶外折叠结构，如图 4 – 54 所示。

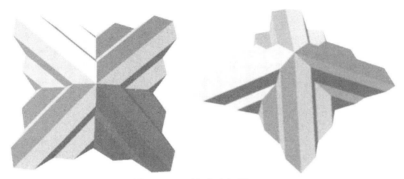

图 4 – 54　斜叶外折叠方式

对于斜叶外折叠方式，类似于叶内折叠结构和叶外折叠结构，同样的有如下分析，如图 4 – 55 所示：沿中线将薄膜划分为四块大小相同的正方形，每块方形薄膜都是沿对角线方向的"Z"型折叠方式；而沿两个对角线方向将其划分为四个等腰直角三角形，每块三角形区域都是"L"型折叠方式，即叶尖沿中线朝外的单叶折叠结构，这也是斜叶外折叠方式命名的由来。

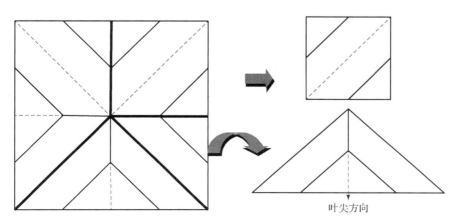

叶尖方向

图 4 – 55　斜叶外折叠区域划分

应用于太阳帆时，每个三角形帆面采用"L"型折叠，如图 4-56 所示，将折叠完成后的帆面卷在卷轴上。

图 4-56 采用"L"型折叠的三角形帆面

采用这种方式折叠的太阳帆，帆面展开过程稳定有序，既有叶外折叠方式的优点，即折叠好的帆面可随着支撑臂伸展同步展开，不需要辅助机构，展开过程简洁快速，同时又改进了对大面积太阳帆叶外折叠方式展开过程无序的问题。

2）方形帆面折叠参数分析

将叶内折叠、叶外折叠和斜叶外折叠这三种折叠方式完全展开时的平面折痕示意图和折叠之后平面示意图分别列于表 4-18 中。

表 4-18 三种折叠方式示意图

折叠方式	叶内折叠	叶外折叠	斜叶外折叠
平面折痕示意图			
折后平面示意图			

表中 d 代表折叠宽度，用 l 代表帆面边长。折叠之后薄膜的边被折痕等分为若干段，将边长被等分段数值的一半称为帆面的折叠层数，如表 4-18 中叶内折叠和叶外折叠的折叠层数为 3 层，而斜叶外折叠的折叠层数为 2 层。

折叠宽度相同时，叶内折叠和叶外折叠两种折叠方式的折痕长度和折叠层数都相同，分别用 L_1 和 n_1 表示。对于斜叶外折叠方式，折痕长度和折叠层数分别用 L_2 和 n_2 表示。薄膜的折叠层数由折叠宽度确定，则可以得到帆面边长、薄膜折叠层数与折叠宽度之间的关系式如下：

$$n_1 = \left[\frac{l}{2d}\right] + 1 \qquad (4-19)$$

$$n_2 = \left[\frac{l}{2\sqrt{2}d}\right] + 1 \qquad (4-20)$$

薄膜折叠层数只能为整数，因而对上面两个式子中比值部分取整，式（4-19）及式（4-20）中括号即代表取整，再在所取整数值上加一，得到薄膜最终折叠层数。当帆面边长确定时，折叠宽度与折叠层数呈反比关系，且折叠层数仅与折叠宽度有关。由式（4-19）和式（4-20），$n_1 \geqslant n_2$，即同等折叠宽度下，斜叶外折叠的折叠层数更少。

通过计算分析，对于叶内折叠和叶外折叠方式，折痕长度 L_1 与折叠宽度 d 的关系式列于式（4-21），斜叶外折叠方式折痕长度 L_2 与折叠宽度 d 的关系式列于式（4-22）：

$$L_1 = \frac{l^2}{d} + 2\sqrt{2}l \qquad (4-21)$$

$$L_2 = \frac{l^2}{d} + 2l \qquad (4-22)$$

帆面边长一定时，折痕长度由折叠宽度决定，二者呈反比关系。式（4-21）和式（4-22）比较，得到 $L_1 > L_2$，即采用叶内折叠和叶外折叠方式薄膜的折痕长度大于采用斜叶外折叠方式薄膜的折痕长度。

令帆面边长 $l = 12\mathrm{m}$，折叠宽度 $d = 2\mathrm{m}$，利用式（4-19）和式（4-20）计算三种折叠方式的折叠层数，用式（4-21）和式（4-22）计算折痕长度，得到的计算结果列于表 4-19 中。

表 4 - 19　三种折叠方式的折叠层数及折痕长度

折叠方式	帆面边长/m	折叠宽度/m	折叠层数	折痕长度/m
叶内折叠	12	2	3	105.94
叶外折叠	12	2	3	105.94
斜叶外折叠	12	2	2	91.88

从表中可以看出对同样大小的帆面进行折叠时，在相同的折叠宽度下，斜叶外折叠的折叠层数最少，且折痕长度最短，因折叠引起材料变形区域小，对帆面材料的损伤相对较小。

结合上文所述，相比叶内折叠和叶外折叠方式，斜叶外折叠的折叠方式简单，折痕长度较短，展开过程简洁有序，帆面展开时不需要复杂的辅助机构，是更适合应用于有支撑臂的、由四块三角形帆面组成的大型方形太阳帆面的一种折叠方式。

4. 帆面折叠方案

为了得到足够的推力，太阳帆航天器需要有很大的面积，大型太阳帆的帆面整体制造拼接以及帆面折叠都很困难，因此很多国家都采用帆面分块制造、分别折叠的方式。目前多数太阳帆都采用正方形的构型，沿方形帆的对角线方向，将帆面划分为四块等腰直角三角形帆面。如上文所述，斜叶外折叠方式比叶外折叠和叶内折叠更适用于大型方形太阳帆面的折叠，将其应用于帆面折叠，具体过程如下：

每个三角形帆面采用 "L" 型折叠方式进行初步折叠，具体折叠步骤如图 4 - 57 所示。

将三角形帆面按图 4 - 57 中所示标注，D 为斜边 BC 的中点，将一块帆面沿 AD 段对折，根据对帆面折叠收纳后宽度的限制 h，将 AD 等分为 n 段，在各均分节点处做两条直角边的平行线，采用图中所示方式沿着直角边的平行线往复折叠，直至最后一个节点，完成帆面的 "L" 型折叠。

帆面采用 "L" 型折叠后高度等于其折叠宽度 d，折叠宽度可由下式计算：

$$d = \frac{AD}{2\sqrt{2}n} \tag{4-23}$$

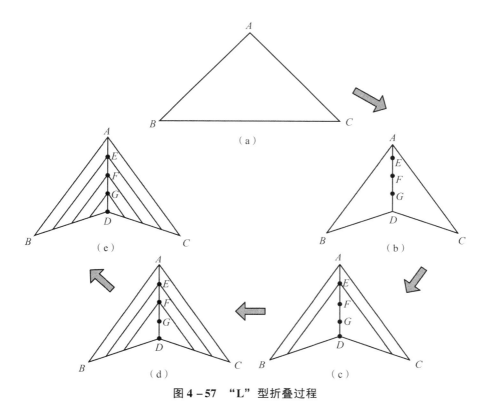

图 4-57　"L"型折叠过程

由于帆面收纳后高度必须小于规定高度，即 $d \leqslant h$，则 n 取满足不等式 $d \leqslant h$ 的最大整数值。

（1）单个三角形帆面固定并卷在卷轴上，步骤如下：

折叠完成后帆面的直角顶点固定在帆面卷轴上，把折叠好的长条状帆面逐步紧凑的卷在帆面卷轴上，最终收纳完成后，三角形帆面的两个斜边顶点都留在了帆面卷轴的最外端；固定并卷曲的过程如图 4-58 所示。

（2）将四个帆面卷轴围绕中心放置，完成相邻帆面以及帆面与支撑臂的连接，以便于在支撑臂展开的同时带动帆面展开，完成帆面整体的折叠与收纳，结合图 4-59 和图 4-60，详细描述如下：

把四个帆面卷轴围绕中心位置对称放置，四个帆面卷轴之间留有一定间隔，防止因距离过近导致帆面展开时相互干扰，图 4-59 是整体收纳之后的三维立体图，图中仅简单画出支撑臂卷轴及支撑臂伸出端方向，不涉及支撑臂的展开辅助机构，用以说明帆面与支撑臂放置的相对位置及连接方式。

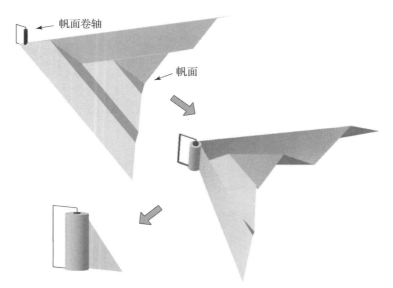

图 4 – 58   三角形帆面固定卷曲过程

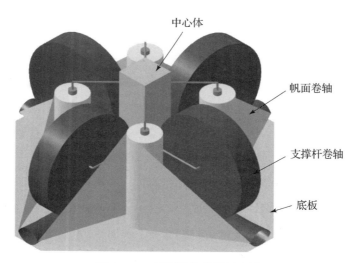

图 4 – 59   帆面整体收纳示意图

图 4 – 60 为图 4 – 59 中所展示的帆面整体收纳结构的俯视图，用来说明支撑臂与帆面的连接方式。由于每个帆面卷轴最外端都留有三角形帆面两个斜边顶点，当帆面卷轴和支撑臂卷轴围绕中心柱体间隔放置时，三角形帆面的两个斜边顶点分别贴近两侧的支撑臂，将支撑臂卷轴的伸出端与其两侧帆面卷轴上的与支撑臂相邻的两个斜边顶点相连，支撑臂卷轴 I 分别与两侧帆面卷轴的相邻顶点

1B 和 2A 相连接，完成一个支撑臂与帆面的连接，相应地将四个支撑臂都与帆面进行此类连接，完成帆面整体的收纳。

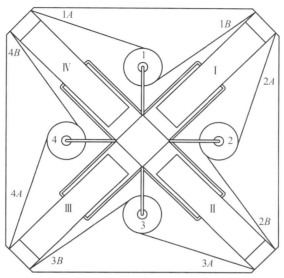

图 4 - 60 帆面与支撑臂连接方式说明图

（3）当帆面展开时，四根支撑臂卷轴沿帆面展开时的对角线方向逐步伸展，带动帆面卷轴转动，实现帆面的逐步展开。折叠及展开方式简单，帆面展开过程有序，适用于各种类型的支撑臂，不需要复杂的展开辅助机构。帆面展开一半时的状态如图 4 - 61 所示。

图 4 - 61 帆面部分展开状态示意图

4.4.2　太阳帆面展开技术研究

1. 帆面展开技术要求

为使太阳帆面能顺利展开，展开方式简单可靠，展开过程对其他机构及帆面造成的影响较小，对有支撑臂的方形帆展开过程的整体要求进行了分析。对帆面薄膜展开过程要求主要包括以下方面：

（1）帆面能在支撑臂拉力作用下顺利展开，不出现帆面缠结现象，并且展开过程有序；

（2）帆面展开过程稳定，尽量不出现抖动或抖动幅度较小，易于控制；

（3）展开对帆面影响小，展开过程中整个帆面出现明显的应力集中区域越小越好，不会导致帆面撕裂等现象出现；

（4）由于帆面折叠产生折痕，导致帆面不可能完全展平，在帆面最大应力没达到帆面屈服应力之前，帆面展开的程度越大越好。

2. 帆面展开过程数值模拟

本节利用 ANSYS/LS-DYNA 软件对采用叶内折叠、叶外折叠及斜叶外折叠三种折叠方式薄膜的展开过程进行有限元仿真，分析其仿真结果，进一步对三种折叠方式进行比较。

- 有限元模型

材料选择为聚酰亚胺薄膜 Kapton，薄膜性能参数列于表 4-20 中。由于模型计算时需考虑材料的塑性变形，材料类型选择为双线性各向同性材料。建立边长为 12 m 的方形薄膜折叠结构的有限元模型，为了方便建模，设定相邻薄膜间隔为 1 mm。

表 4-20　材料属性

材料	弹性模量 /MPa	切线模量 /MPa	屈服极限 /MPa	断裂极限 /MPa	泊松比	密度 /(g·cm^{-3})	厚度 /μm
Kapton	2 500	186.6	69	231	0.34	1.42	7.5

对三种折叠方式分为两个对比组来进行仿真建模：

（1）第一组仅建立叶内折叠结构薄膜的有限元模型，设置两个不同的折叠宽度，比较不同折叠宽度对于折叠结构的影响，进行较细致的网格划分，最终生成的两个有限元模型如图 4 - 62 所示。

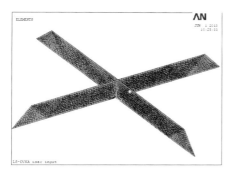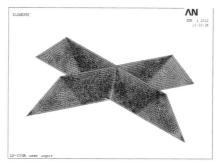

图 4 - 62　第一组有限元模型

（2）第二组分别建立三种折叠结构薄膜的有限元模型，三种折叠结构取相同的折叠宽度，比较不同折叠结构展开过程，进行网格划分后的有限元模型示于图 4 - 63。

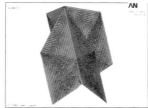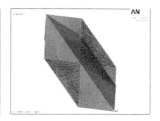

图 4 - 63　第二组有限元模型

为了便于比较，将两对比组的模型分别编号为模型 1 到模型 5，每个模型所对应的折叠结构类型、折叠宽度、有限元模型生成节点数和单元数都列于表 4 - 21 中。

表 4 - 21　有限元模型参数

组别	模型编号	折叠方式	折叠宽度/m	有限元节点数	有限元单元数
第一组	模型 1	叶内折叠	1	15 388	15 180
	模型 2		2	14 175	13 947

组别	模型编号	折叠方式	折叠宽度/m	有限元节点数	有限元单元数
	模型 3	叶内折叠	2	14 175	13 947
第二组	模型 4	叶外折叠	2	15 176	14 939
	模型 5	斜叶外折叠	2	31 381	31 148

- 定义载荷和接触

对节点施加力时，节点速度随时间变化不断增加，是一个加速的过程，而在太阳帆展开的过程中，理想状态下支撑臂伸展是以恒定速度伸出的。因此，仿真时在薄膜的四个角分别施加恒定的速度，方向沿着薄膜展开状态的对角线方向，以模拟支撑臂对薄膜的作用。每个角选取四个节点，防止单点施加载荷时可能会造成的沙漏变形。

运算时间通过计算帆面完全展开时顶点所经过的距离除以节点加速度得到。因此对于不同的折叠方式，甚至折叠宽度不同时，计算时间也会有差异。将两个对比组中帆面完全展开时顶点所经过的距离、节点处施加的速度的值以及每个模型的运算时间分别列于表 4 – 22 中。

表 4 – 22 速度载荷施加参数

模型编号	帆面完全展开时顶点位移/m	节点施加速度/(mm · s^{-3})	计算时间/s
模型 1	2.485	1.200	2.000
模型 2	2.485	1.200	2.000
模型 3	2.485	2.400	1.000
模型 4	6.482	2.400	2.608
模型 5	8.481	2.400	3.413

在 ANSYS/LS – DYNA 程序中没有接触单元，只要定义可能接触的接触表面、接触类型以及与接触有关的一些参数，在计算过程中程序就能保证接触界面不发生穿透，并在接触界面相对运动时考虑摩擦力的作用。接触类型主要包括单面接触、节点 – 表面接触和表面 – 表面接触几种。

对薄膜定义接触，选择自动单面接触，单面接触用于一个物体表面的自身接触或它与另一个物体表面接触，使用单面接触时，ANSYS/LS – DYNA 将自动判定模型中哪处表面发生接触，不需要定义 Contact 和 Target 表面，并且当定义单面接触时，它允许一个模型的所有外边面都可能发生接触，这对于预先不知道接触表面的自身接触或大变形问题非常有用。

● 边界条件和求解设置

用 ANSYS 进行计算时，需要对薄膜施加一定的约束。结合实际帆面展开时施加约束的情况，帆面的四个顶点由于与支撑臂相连接，是固定在 XY 平面内的，且顶点的三个转动自由度都被限制。因此，在四个顶点处对 Z 轴方向进行约束，同时约束三个转动自由度。在实际情况中，帆面中心点应固定在四个支撑臂根部交会的中心，但是考虑不同的折叠方式，帆面不能固定在原点处。因而对薄膜中心点施加 X 轴方向和 Y 轴方向的约束，Z 轴方向自由，并且约束 X 轴方向和 Y 轴方向的转动自由度，Z 轴方向转动自由。两组中各有限元模型施加约束的情况如图 4 – 64、图 4 – 65 所示。

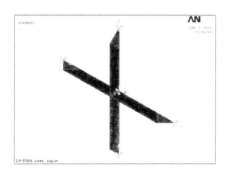
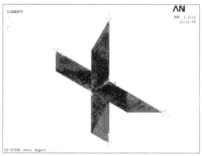

图 4 – 64　第一组施加载荷和约束的有限元模型

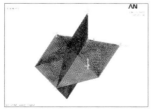
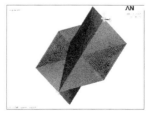

图 4 – 65　第二组施加载荷和约束的有限元模型

根据表 4 - 22 中计算得出的施加载荷的时间来设置计算终止时间，使二者相等。设置时间步长的质量缩放为 1×10^{-5}，质量缩放是通过调整每个单元的密度，用来对每个单元调整合适的时间步。使用双精度 LS - DYNA 进行计算，以保证计算的稳定性。其他参数均采用默认值。

3. 帆面展开过程仿真结果

● 帆面展开过程分析

将五个薄膜折叠结构有限元模型展开过程的应力变化云图列于表 4 - 23 中。由于模型 2 与 3 有限元模型相同，仅施加的速度载荷不同，展开过程应力图接近，因此在表中仅列出模型 2 的展开过程图。

表 4 - 23　展开过程应力状态图

模型 1	 $t=0.2$ s	 $t=0.4$ s	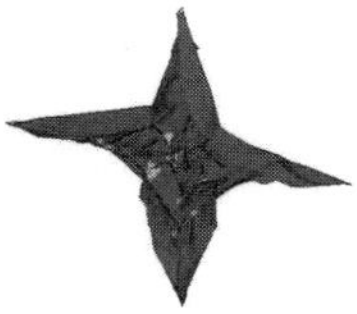 $t=0.8$ s
	 $t=1.2$ s	 $t=1.6$ s	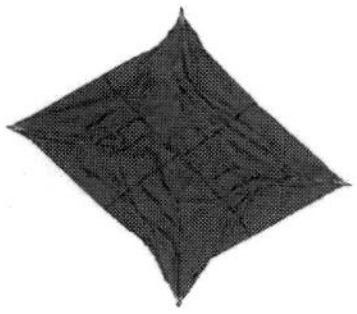 $t=2.0$ s
模型 2	 $t=0.2$ s	 $t=0.4$ s	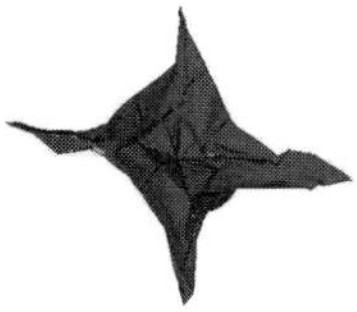 $t=0.8$ s
	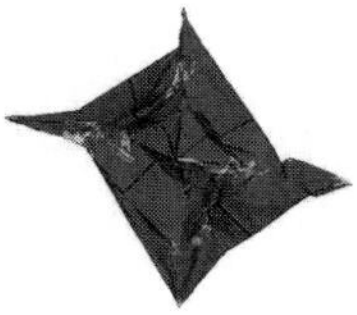 $t=1.2$ s	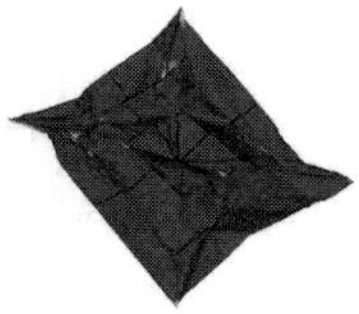 $t=1.6$ s	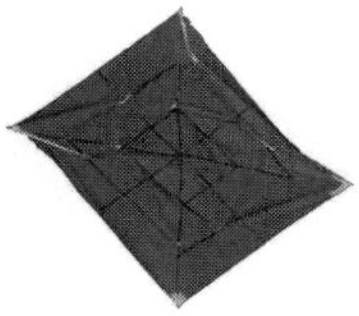 $t=2.0$ s

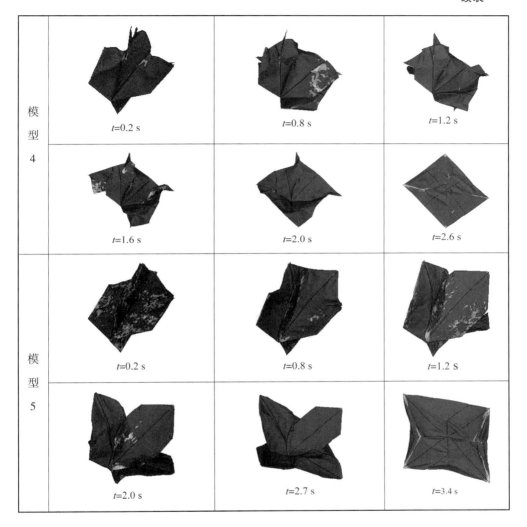

从表中可以看出，在薄膜四个角施加载荷时，几种折叠方式的帆面薄膜都能沿两个相互垂直的方向同时展开。薄膜采用叶内折叠方式展开时，是从靠近薄膜中心的位置由内而外逐步展平，最后展开的是薄膜最外层折叠的部分。叶外折叠和斜叶外折叠则是规则的向外展开，并且斜叶外折叠的展开过程比叶外折叠模型的展开过程更加有序。

从几个模型的展开过程图中发现了其共同点，即帆面完全展开时，每个模型施加载荷的四个顶点处都出现了应力集中现象。

● 帆面展开稳定性分析

有限元建模时帆面四个顶点的 Z 方向坐标设为零，而帆面中心点坐标由各模型确定，因此几种模型在初始状态时中心点的 Z 坐标值都不相同，五个模型中心点 Z 方向坐标变化曲线绘于图 4-66 中。

由图中能看出模型 1 到模型 3 这三个叶内折叠的模型，薄膜中心都出现了上下抖动的情况，结合表 4-23 中叶内折叠展开过程的图片，发现叶内折叠这种折叠方式在展开过程中会出现帆面的上下抖动，且抖动幅度大小与折叠宽度有关，折叠宽度越大，帆面的抖动幅度越大；而叶外折叠和斜叶外折叠这两种折叠方式在展开的过程中不会引起帆面的上下抖动情况。

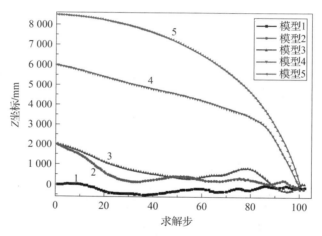

图 4-66　模型 Z 坐标变化曲线（书后附彩插）

● 帆面展开应力分析

从薄膜展开的应力图中可以看出，某些位置会出现应力集中现象，这些点需要给予关注；在薄膜各折痕交汇处的点应力情况复杂，也需要特别关注，因此选择这些点绘制其在展开过程中应力变化曲线。对不同折叠参数的五个有限元模型，选取相应位置的点。模型 1 选取的点的位置列于图 4-67 中。点 P_1、P_2、P_3 都位于几条折痕的交汇处，点 P_4 则是薄膜的顶点，也是对薄膜施加作用力的点。

在 ANSYS 中提取有限元每个求解步中 P_1、P_2、P_3 和 P_4 点的应力值，绘于一张图中。同时提取整个模型在计算过程中出现的最大应力值，该值有可能位于帆面的不同位置，随时间而变化。将图 4-67 所示模型 1 中四个点的应力曲线和模型整体的最大应力曲线绘于图 4 – 68 中进行比较。

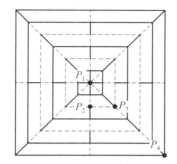

图 4 – 67 模型 1 选取点位置及标号

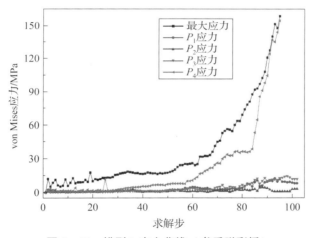

图 4 – 68 模型 1 应力曲线 (书后附彩插)

图 4 – 68 中方块标记的曲线是整个折叠结构的最大应力曲线。从图中可以看出位于帆面中间的 P_1、P_2、P_3 点应力远小于位于帆面顶点处 P_4 点的应力，而顶点处 P_4 点应力曲线是最接近最大应力的曲线，即帆面的顶点是帆面薄膜应力最大区域。

与图 4 – 67 中模型 1 选取点的位置对应，模型 2 选取的点的位置如图 4 – 69 所示，模型 2 中 P_1、P_2、P_3、P_4 点应力曲线和模型最大应力曲线绘于图 4 – 70 中，图中可得到与模型 1 应力曲线相同的规律，帆面顶点 P_4 处应力最接近最大应力曲线。

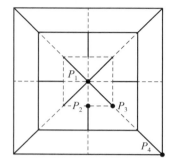

图 4 - 69　模型 2 选取点位置及标号

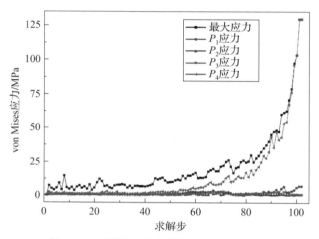

图 4 - 70　模型 2 应力曲线（书后附彩插）

模型 3 与模型 2 的有限元模型相同，因此选取点的位置相同。通过建模有限元计算得到模型 3 的应力曲线绘于图 4 - 71 中。图中看出虽然模型 3 与模型 2 的有限元模型相同，但由于施加速度载荷大小的不同，导致帆面展开时的最大应力也不同，模型 3 最大应力大于模型 2。

模型 4 叶外折叠方式和模型 5 斜叶外折叠方式与以上模型相应的选取点的位置标示于图 4 - 72 和图 4 - 74 中，相应的应力曲线绘于图 4 - 73 和图 4 - 75 中。

从应力角度，对上述结果进行总结分析：

（1）折叠宽度越小，折叠层数越多，展开时顶点的应力越大。比较模型 1 与模型 2，将两个模型最大应力曲线绘制于图 4 - 76 中，两个模型应力相差最大时模型 1 的应力甚至达到模型 2 薄膜应力的 3 倍。

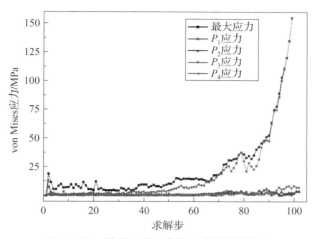

图 4 – 71　模型 3 应力曲线（书后附彩插）

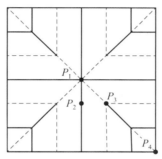

图 4 – 72　模型 4 选取点位置及标号

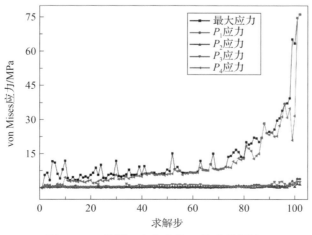

图 4 – 73　模型 4 应力曲线（书后附彩插）

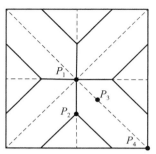

图 4 - 74　模型 5 选取点位置及标号

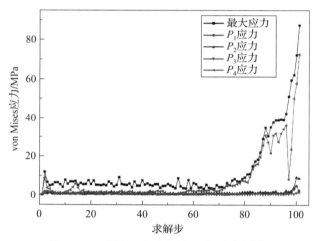

图 4 - 75　模型 5 应力曲线（书后附彩插）

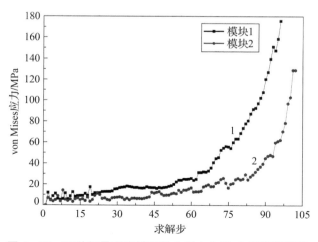

图 4 - 76　两种折叠宽度模型最大应力曲线（书后附彩插）

（2）节点施加速度载荷越大，薄膜的应力也就越大。模型 2 和模型 3 折叠宽度都为 2 m 的叶内折叠，但模型 2 节点速度载荷是模型 3 的一半，将两个模型最大应力曲线绘制于图 4 - 77 中，两模型比较，应力数值差距最大时模型 3 的应力是模型 2 的两倍左右。

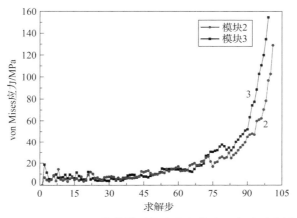

图 4 - 77　两种速度载荷模型最大应力曲线（书后附彩插）

（3）五个有限元模型最大应力曲线对比，如图 4 - 78 所示，得出模型 1（叶内折叠、折叠宽度 1 m、节点速度载荷 1.2 m/s 的薄膜折叠模型）顶点处的应力最大，模型 4（叶外折叠、折叠宽度 2 m、节点速度载荷 2.4 m/s 的薄膜折叠模型）和模型 5（斜叶外折叠、折叠宽度 2 m、节点速度载荷 2.4 m/s 的薄膜折叠模型）两个折叠方式有限元模型在薄膜展开过程中顶点处的应力最小。

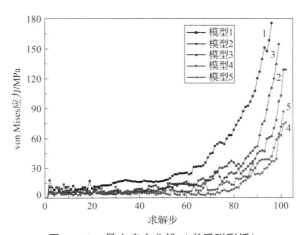

图 4 - 78　最大应力曲线（书后附彩插）

- 帆面展开率分析

薄膜材料的屈服极限为 69 MPa，当帆面应力超过该数值时，帆面将会发生塑性变形，有可能会影响帆面上安装的某些仪器的精度，因此选择此数值进行帆面展开率的分析。但此数值仅作为一个参考值，用来对几种折叠方式进行比较，并非实际应用中对帆面施加的预应力的数值。

定义薄膜达到屈服极限应力时顶点位移除以理论计算中薄膜完全展平时顶点位移，得到的值为帆面展开率，用 x 表示。

由五个模型的最大应力曲线（图 4-78）可得知模型最大应力达到 69 MPa 的时间 t，已知该模型加载速度载荷为 v，则达到 69 MPa 时顶点位移 S_1 计算方法如下：

$$S_1 = vt \qquad (4-24)$$

模型完全展开时理论上顶点位移为 S_0，则可计算帆面展开率如下：

$$x = \frac{S_1}{S_0} = \frac{vt}{S_0} \qquad (4-25)$$

利用上式进行计算，并将已知的速度载荷、达屈服极限时间和理论展开位移数值均列于表 4-24 中，得到五个模型中帆面展开率的值也列于表 4-24 中。

表 4-24　帆面展开率

组别	模型 1	模型 2	模型 3	模型 4	模型 5
速度载荷 $v/(\mathrm{m \cdot s^{-1}})$	1.200	1.200	2.400	2.400	2.400
达屈服极限时间 t/s	1.580	1.920	0.905	2.590	3.360
达屈服极限位移 S_1/m	1.896	2.30	2.172	6.216	8.064
理论展开位移 S_0/m	2.485	2.485	2.485	6.482	8.481
展开率 x	0.763	0.927	0.874	0.959	0.951

表中的数据的结果与五个模型应力曲线比较的结果是一致的：有限元模型 1，即折叠宽度为 1 m、速度载荷为 1.2 m·s⁻¹ 的叶内折叠方式帆面薄膜展开率最小，也即帆面最不平整；而模型 4 叶外折叠和模型 5 斜叶外折叠帆面，虽然施加的速度载荷是模型 1 的两倍，达到 2.4 m·s⁻¹，但二者的展开率都达到了 95%

以上，是帆面展开率相对较高的两种折叠方式。

- 仿真结果分析

通过建立的五个有限元模型的计算结果，得到两方面的结论。

首先，在折叠帆面薄膜面积、施加速度载荷和折叠宽度三个参数都相同的前提下，对三种折叠方式太阳帆的展开过程进行仿真分析，比较计算结果，可得到以下结论：

（1）在帆面薄膜的四个顶点处同时施加沿对角线方向的力时，三种折叠方式都能够沿着两个相互垂直的方向同时展开，但斜叶外折叠方式展开过程更加有序。

（2）太阳帆展开时帆面的抖动情况与折叠方式有关，仅叶内折叠方式会导致帆面的上下抖动，且帆面抖动与折叠宽度有关，折叠宽度越大，帆面抖动的幅度也越大，为避免帆面的抖动，尽量不采用叶内折叠方式。

（3）由于帆面折叠产生折痕，导致帆面不可能完全展平，在帆面应力达到材料的屈服极限时，采用叶外折叠和斜叶外折叠方式的帆面展开程度最大，都达到了 95% 以上。

综合考虑以上各个方面，得出斜叶外折叠方式是深空太阳帆应用中较理想的帆面折叠方式。

其次，根据仿真计算时不同参数模型的比较结果，对太阳帆帆面折叠方式及展开过程提出以下几点建议：

（1）太阳帆展开时，与支撑臂相连接的帆面顶点处是整个帆面的最大应力处，应力远大于帆面其他区域，因此最好对帆面顶点处进行加固，防止应力过大导致帆面顶点区域的变形和撕裂。

（2）折叠宽度越小，折叠层数越多，帆面展开时的应力就越大，折叠宽度减小一半，应力数值差距最大时，帆面应力是折叠宽度较大时帆面应力的三倍，在满足收纳要求的前提下，选择较大的折叠宽度。

（3）帆面展开时其应力大小与支撑臂伸出的速度大小有关，速度越大，薄膜的应力也就越大，支撑臂速度加快一倍，展开过程中帆面应力甚至会变为速度较小时帆面应力的两倍，在薄膜实际展开的过程中，各方面条件允许的情况下，选择支撑臂伸出的速度越小越好。

4.5 太阳帆支撑与包装结构设计

4.5.1 构形设计

太阳帆结构示意图如前章所示，由四根夹角90°的支撑臂与四块等腰直角三角形帆面组成，形成整体尺寸为 160 m × 160 m 的太阳帆航天器。整个结构由支撑包装结构作为主体支撑结构。支撑臂与每个帆面底边两个端点连接，顶点则固定于中心体处。支撑臂远端部设置有 RSB 滚转稳定机作为控制机构，支撑臂环向也设有滑动小车状控制机构。

以收纳半径最小、收纳体积最小、展开顺利无遮挡，在功能完整的基础上结构、机构尽量简单为设计要求。将充气系统、通信系统等部件置于中心体内，为减小包络面积，支撑包装结构底部贴太阳能电池片，展开后做供电使用。

针对太阳帆的上述构型，提出了三种折叠展开方案，三种方案中支撑臂与帆面采用上文中选定的折叠展开方式。

（1）支撑臂：支撑臂采用卷曲折叠，卷曲折叠层与层之间有粘扣进行粘接，收拢至中心体，展开时通过粘扣控制支撑臂的展开过程，实现稳定有序的展开；

（2）帆面：帆面采用斜叶外折叠方式，每块三角形帆面用图中所示的 L 型折叠方式进行折叠，三角形帆面直角顶点与帆面卷轴连接，两个 45°角点分别与支撑臂连接，支撑臂展开的同时带动帆面展开。

折叠展开方案如图 4 - 79 所示。

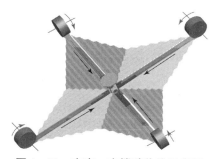

图 4 - 79 方案一支撑臂收拢示意图

支撑臂：支撑臂以外端为起点，绕蓝色轴线沿红色箭头方向卷起，收拢单元沿黑色箭头方向向帆面中心卷起，得到灰色收拢单元。

最后得到的收拢布局如图 4 – 80 所示。

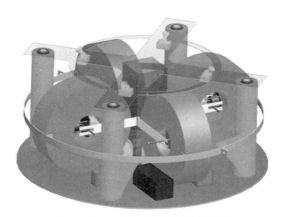

图 4 – 80　方案一收拢布局示意图

● 方案优势

（1）支撑臂按标准正常的展开方式充气展开，结构简单无需机构，展开流畅。

（2）由于余裕空间较大，长度为 200 mm 的 RSB 杆无需折叠。

（3）中心空余空间摆放载荷，将剩余空间很好地利用起来。

（4）通过上下顶板对结构进行纵向压紧，采用包带进行周向压紧，结构布局合理。

● 方案缺陷

此方案中，由于支撑臂收拢结构轴向与底面平行，这种布局方式在收拢结构中间留下了较大的空隙。虽然摆放了探测载荷，但是高度上依然有大量的剩余空间无法利用，造成布局不紧凑。

构型包络直径较小，但由于高度较大导致包络体积最大，且相对后两种构型结构较为松散不够紧凑。明显优势在于结构简单，展开方式比较理想，不需要复杂的展开机构，支撑臂展开流畅。同时由于构型中可利用空间较大，可以考虑将载荷等部件布置在空余部分，而不另做载荷舱。综上将上述构型作为太阳帆航天器最终构型。

4.5.2 结构设计

根据以上构型设计，对太阳帆航天器进行详细的结构设计，并给出各个结构的设计尺寸、功能、材料以及连接关系。图 4 – 81 所示为 160 m × 160 m 太阳帆整体结构收拢示意图。

采用充气辅助式豆荚杆支撑臂的太阳帆航天器支撑包装结构包括中心体、充气辅助式豆荚杆支撑臂、支撑臂法兰、支撑导向机构、滚转轴稳定机、帆面、帆面卷轴、帆面卷轴转动轴承、帆面 – 支撑臂连接机构、帆面控制软片、航天器包带、外包装盒体上板、外包装盒体底板、包带解锁展开机构等，如图 4 – 82 所示。

图 4 – 81　160 m × 160 m 太阳帆整体结构收拢示意图

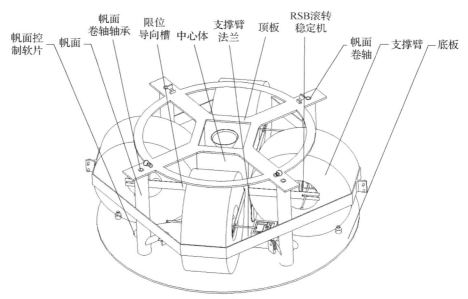

图 4 – 82　太阳帆航天器支撑包装结构

中心体为整个结构的支撑结构，支撑包装结构的顶板和底板分别安装在中心体的上下两个端面，中心体的侧面通过支撑臂法兰周向对称安装四个充气辅助式豆荚杆支撑臂，支撑臂外端连接航天器的控制装置、滚转轴稳定机，并且在两个相邻的支撑臂上设有滑动小车控制机构。每个支撑臂分别从外侧端点以滚转轴稳定机为芯向内卷，直至支撑臂卷至与中心体接触为止，支撑臂通过安装在中心体内部的充气装置进行辅助充气展开；四套支撑臂导向结构分别固定在中心体的侧面，且为滚转轴稳定机 RSB 杆提供导向路径；帆面收纳于帆面卷轴上，并通过支撑结构固定于中心体上，帆面卷轴和支撑结构之间安装转动轴承，帆面的外端点与滚转轴稳定机 RSB 杆端点采用连接机构连接；最外侧通过包带将结构收紧。

1）中心体

中心体（图 4 - 83）作为整个太阳帆航天器的中心结构，起到固定支撑臂、顶板、底板，收纳充气装置以及其他必要机构的作用。为方便四根支撑臂的法兰安装设计为正方形空心舱，四面侧板下方安装支撑臂充气端法兰，中心收纳充气管伐等装置。采用碳纤维复合材料层合板，质量较小。

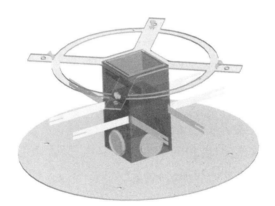

图 4 - 83　中心体示意图

2）支撑臂 - 中心体连接法兰盘

支撑臂法兰盘的设计是为了满足支撑臂与中心体相连接，实现支撑臂的固定，所以，支撑臂法兰盘的边沿有四个圆孔通过螺栓与中心体连接，每个支撑臂内在粘扣的正下方有 2 个充气内胆，通过法兰盘上 8 mm 直径的圆孔连通实现充气展开，即每个法兰盘上有两个直径 8 mm 的圆孔，具体如图 4 - 84、图 4 - 85 所示。法兰盘由铝合金制成，确保连接刚度。

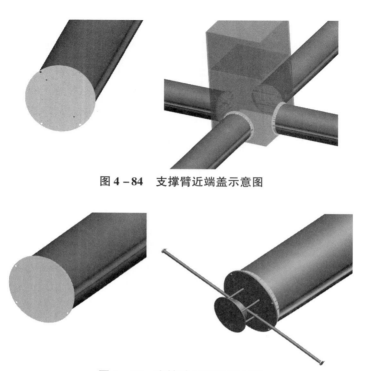

图 4 - 84　支撑臂近端盖示意图

图 4 - 85　支撑臂远端盖示意图

3）充气辅助式豆荚杆支撑臂

太阳帆航天器支撑臂采用充气辅助式豆荚杆支撑臂，主体采用具有自回弹能力的碳纤维 Ω 截面设计，具有结构重量轻的优势。为确保支撑臂在轨的顺利展开，在自回弹基础上，在支撑臂内部添加了两只充气管，作为辅助展开措施，如图 4 - 86 所示。

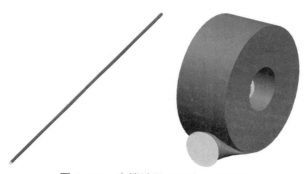

图 4 - 86　支撑臂展开及收纳示意图

对单个长 112 m、直径为 30 cm 的支撑臂，进行压扁卷曲折叠。对于折叠体积估算，当第一圈的折叠半径为 0.2 m（200 mm）时，按每圈的折叠厚度为 5 mm 估算（螺距），则展开后折叠收拢形状为圆柱体，其高度为 50 cm。

最内圈的周长为 1.25 m，若以卷曲折叠的平均每圈长度 1.5 m 估算，则共缠绕 75 圈。于是可估算得，折叠收拢形状为圆柱体时的直径为

$$(75 \times 0.005 + 0.2) \times 2 = 1.15 (\text{m})$$

4）帆面

聚酰亚胺帆面采用"L"型折叠方式（图 4-87），将 160 m 帆面收纳在帆面卷轴上。在帆面卷轴上的收纳高度为 1 m，经过计算，斜边 160 m 帆面需折叠 57 次，有 114 层。通过计算，抽真空后，卷曲后的帆面卷轴外径约在 0.15 ~ 0.2 m 之间。

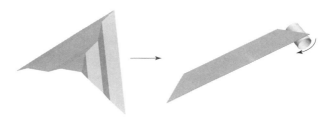

图 4-87　帆面"L"型折叠方式

5）帆面卷轴

帆面折叠后卷在帆面卷轴上，卷轴的上下两端固定有转动轴承，如图 4-88 所示。这样帆面卷轴则可以随着支撑臂的展开旋转使帆面跟随展开。而转动轴承由固定装置固定于顶板和底板处，起到固定支撑帆面卷轴的作用。这样四组帆面卷轴同样类似立柱起到支撑整个结构的作用。

6）支撑臂收拢结构支撑导向结构

由于结构不够紧凑，在支撑臂的收拢结构两侧设置了支撑臂的支撑导向结构（图 4-89），采用铝合金进行设计制造，使支撑臂滚子在发射过程中得到固定，不会左右摇晃；且支撑臂充气展开时，由此导向结构在初始阶段限制展开方向，使得支撑臂安全展开至收纳单元脱离太阳帆中心结构，确保其他结构以及载荷的安全。

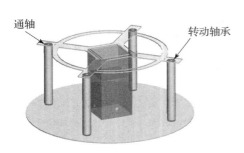

图4-88   帆面卷轴布局结构示意图

图4-89   支撑臂支撑导向结构示意图

7）顶板、底板和包带

顶板、底板和包带（图4-90）起到整体的收纳作用，对支撑臂起到上下压紧作用，确保结构在发射阶段的振动载荷下不会发生破坏。包带在周向压紧四组支撑臂以及帆面卷轴，确保支撑臂和帆面的收纳压紧。底板设置连接段，确保航天器的固定。

8）帆面展开控制软片（图4-91）

帆面展开时，收拢压紧力失效，此时通过控制软片对帆面的微小阻力，来控制帆面的展开。一组两个软片，均为弹性材料，一端通过铰链固定于航天器底部，一端通过适中的弹性力夹住收拢状态的帆面。在帆面展开过程中，软片会随着张开，但弹性力会将帆面控制在一定范围内，从而控制帆面不会因松弛膨胀而导致缠绕。

图4-90   太阳帆航天器包带、顶板及底板示意图

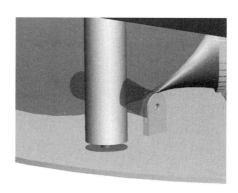

图4-91   控制软片结构示意图

4.5.3　帆面空间适应性

深空探测太阳帆空间运行的不可维修性要求太阳帆具备长寿命和高可靠的特点，太阳帆帆面材料直接与空间环境接触，经受紫外辐照、带电粒子辐射、污染、原子氧冲蚀、冷热交变、微流星等恶劣的空间环境的考验。图 4 - 92 为空间辐照分布，从图中可以看出，MEO 轨道的空间辐照强度最高，在 GEO 轨道以及深空环境，辐照强度会有一定的降低。

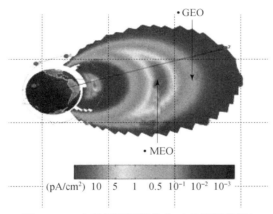

图 4 - 92　空间辐照环境分布（书后附彩插）

为深空探测所设计研发的太阳帆航天器需要先发射进入地球轨道，然后通过光压加速进入深空环境。它在地球轨道运行时间不长，主要运行的环境为深空环境，因此所受到的主要空间辐照为紫外辐照、电子辐照、质子辐照等。在深空环境下，基本没有原子氧的存在，因此太阳帆帆面在深空运行时不受原子氧冲蚀的影响，只是在地球轨道运行时受到了微量的原子氧冲蚀。此外，深空探测太阳帆航天器在深空时持续受到太阳光照射，仅在地球轨道及深空其他星体轨道上会进入星体阴影，因此太阳帆帆面耐冷热交变的要求不如地球轨道卫星苛刻。

深空探测太阳帆航天器帆面材料的选择需要考虑各种空间环境辐照的因素以及真空环境下的热稳定性。目前在 GEO 轨道运行的航天器上所用的导电型聚酰亚胺镀铝热控薄膜可以满足 10 年的寿命要求。

太阳帆航天器的帆面需要镀制高反射率薄膜，铝膜在空气中会形成一层很薄的、致密的氧化物保护膜，因此在耐空间紫外辐照、电子辐照、质子辐照方面具有良好的性能。我们已经对聚酰亚胺镀铝薄膜材料进行了耐空间电子辐照的初步研究，试验条件为：

➢ 电子辐照总通量：$1.0 \times 10^{16}/cm^2$；电子辐照能量：50 keV

➢ 质子辐照总通量：$1.0 \times 10^{15}/cm^2$；质子辐照能量：110 keV

➢ 紫外辐照试验条件：5 000 ESH

上述试验效果为高轨 15 年的辐照强度。试验结果见表 4 − 25。

表 4 − 25　高轨 15 年的辐照强度材料性能变化

辐照类型	试验前	试验后	
	反射率/%	反射率/%	其他
电子辐照	89	88	外观完好
质子辐照	89	89	外观完好
紫外辐照	89	88	外观完好

试验结果表明，聚酰亚胺镀铝膜具有良好的耐空间辐照性能，在经过电子、质子、紫外辐照后，反射率并无太大变化，并且薄膜未出现起皮、脱落、剥蚀等现象，可以满足深空探测太阳帆航天器的使用要求。

4.5.4　机构设计

1）包带解锁展开机构

航天器发射入轨后，包带解锁展开，自动弹开后支撑臂开始自回弹配合充气展开带动帆面展开。解锁方式经调研后选用一种基于 SMA（形状记忆合金）的小型快速解锁装置。大小可以满足安装空间限制的需要以及解锁速度要求。

解锁原理：形状记忆合金，简称 SMA（Shape Memory Alloys）作为智能材料的一种，具有"形状记忆效应"，即当材料被拉伸变形后，卸载后不能完全回复的残余变形，只要对其加热到某一温度上，则变形消失；当有约束阻止其回复时，形状记忆合金便会产生很大的回复应力。其中 NiTi 是一种力学性能很好的形状记忆合金，其变形量可达 8%，通电加热即可提供动力作动，回复应力为 250 ~ 400 MPa，利用此特性设计了一种以 28 V 星载电压驱动的空间使用的自动解锁机构。

机构设计如图 4 – 93 所示。

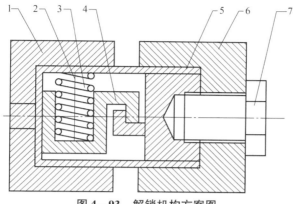

图 4 – 93　解锁机构方案图

1—包带耳片；2—SMA 丝；3—弹簧；4—滑块；5—外壳；6—包带耳片；7—螺栓

解锁机构工作过程：当控制系统发出解锁指令时，通电使 SMA 丝 2 收缩，带动滑块 4 左移，滑块 4 与包带耳片 6 的连接解除，实现包带两个耳片的分离，以达到解锁目的。

2）折叠帆面收拢滚轴

帆面折叠后圈在收拢滚轴上，帆面卷轴上下两端设置滚动轴承，确保滚轴转动流畅，帆面顺利展开。在帆面卷轴上设置两个垫片，组装后贴住顶板及底板，以避免帆面缠绕，如图 4 – 94 所示。

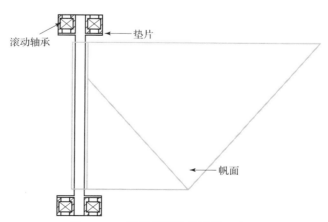

图 4 – 94　折叠帆面收拢滚轴示意图

3）支撑臂 RSB 杆与帆面在外端部的连接机构

由于支撑臂充气展开时 RSB 杆会不断转动，而帆面外端是平动，相对于 RSB 杆是静止的，故 RSB 杆和帆面有相对转动，需设置连接机构，如图 4 - 95 所示。

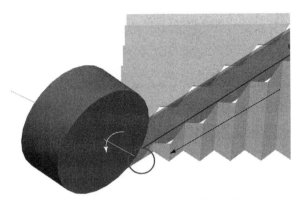

图 4 - 95　RSB 杆与帆面连接机构的相对转动关系

为避免相对转动导致帆面的反转，在 RSB 杆端部设置一个灵活的小型轴承作为连接机构。既能承受帆面的拉紧力，也能在展开时保证 RSB 杆的转动能够在轴承处得到消除，不会影响帆面的展开。

机构设置如图 4 - 96 所示。

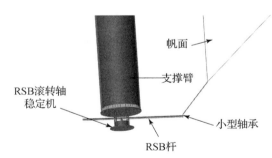

图 4 - 96　RSB 杆与帆面连接机构示意图

▨ 4.6　其他分系统设计

4.6.1　通信数传分系统

通信数传分系统包括两大部分，与地面的通信数传，以及太阳帆探测器内部各个敏感器、控制部件以及中央处理器之间的通信数传。

1. 与地面的通信数传

太阳帆作为以深空探测为主要应用的航天器，其与地面测控站的距离极远，增加了通信路径的损耗，为实现通信和测控，必须弥补如此巨大的损耗。距离过大引起天线能量发散，需要使用定向天线来集中能量指向地球。定向天线的增益受天线口径尺寸和传输载波频率的限制，假定地面接收站使用 70 m 口径天线，太阳帆上的通信频率为 X 频段（10 GHz），额外损耗 10 dB（含指向误差、匹配误差和雨衰等），所设计的发射天线增益和不同比特率情况下的链路计算结果列于表 4 – 26。

表 4 – 26　通信链路表

参数	三个天文单位
EIRP/dBW	16
G_Tx/dBi	50
FSL/dB	285
其他损耗/dB	10
G_Rx/dBi	76
玻尔兹曼常数/(dBW · Hz^{-1} · K^{-1})	– 228.6
接收机温度/dBK	24.6
C/NO	50.97
E_b/N_o/dB(1 Kb)	20.98
E_b/N_o/dB(5 Kb)	13.99
（QPSK）E_b/N_o（dB）的需求是 10^{-6} – BER 11 dB；10^{-5} – BER 9 dB	
发射天线增益 G_Tx 为太阳帆近期可能实现的天线增益	

从表中可以看出，对于 3 个天文单位的任务，40 W 功率的发射机基本可以满足 1 Kb 和 5 Kb 的 QPSK 通信。为了能够显著提升接收机灵敏度，航天器设计安装超导量子干涉接收机（Superconductive Quantum Interference Device）。这是一种高灵敏度的磁通量传感器，并且可以把测得的磁通量转化为电压、电流等信

号，具有极高的磁场灵敏度。通过 MEMS 技术，可以使得其质量约为 200 g、功率为 3 W，非常适合太阳帆使用。一般来说，10^{-11} V/M 的功率密度，对传感器灵敏度的要求是 10^{-14} T/Hz^{-2}。目前较为先进的超导量子干涉产品的灵敏度大于 10^{-16} T/Hz^{-2}，完全能够满足对小信号的接收要求。

一个典型的太阳帆探测任务需要低增益天线、高增益天线，有时还会需要中增益天线。目前已经实际应用的高增益天线的质量在 20～30 kg，超过太阳帆的承载能力。对于建立通信联络来说，希望天线的增益越高越好，但是天线的增益和天线的尺寸有关，无法无限制地提高。对于太阳帆任务来说，比较合理的天线增益是：低增益天线增益在 6 dBi，中增益天线 20～30 dBi，高增益天线不低于 50 dBi。

● 低增益天线设计

太阳帆镀铝聚酰亚胺帆面只有 1～2 μm 的厚度，基于微带线馈线的缝隙天线阵列的馈线宽度在 0.06 mm（$E_r = 1$）到 0.03 mm（$E_r = 3$）之间，不仅加工难度大而且易于损坏，所以考虑采用基于共面波导馈线的缝隙天线阵列。典型的共面波导（Coplanar Waveguide，CPW）馈电形式由一个中心导带及其两侧的两个无限大的共面接地板构成。其结构简单、无需过孔（从而避免了会对高频性能产生影响的寄生参数的产生）。其主体结构为单层金属板上刻蚀的缝隙，可以保证太阳帆获得足够的光辐射压力，这一系列的优势，使基于共面波导馈线的缝隙天线适合于将太阳帆帆面复用为天线的应用。

太阳帆帆面复用为低增益天线的方案采用在帆面蚀刻缝隙天线的方案。其结构示意图如图 4 - 97 所示。其中蓝色部分为帆面上蚀刻的开槽，灰色部分表示帆面上的铝膜。其中偶极子长度 74 mm，共面波导中心导体宽度 2 mm，共面波导缝隙 0.7 mm，工作在 S 波段。低增益天线占用帆面面积较小，可以布置在帆面的任何位置上。低增益天线通常用来进行测控通

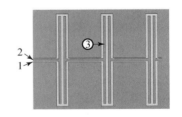

图 4 - 97　低增益天线的组成示意图

1—帆面上的开槽；2—偶极子；
3—共面波导中心导体

信，为了保持良好的信号覆盖，可以使用多个低增益天线。低增益天线和太阳帆帆面完全融为一体，对于太阳帆来说，天线分系统的重量为"零"。图 4 - 98 所

示为低增益天线的辐射方向图。

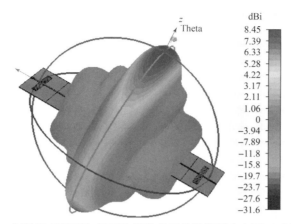

图 4 – 98　太阳帆"帆面"复用为低增益天线的辐射方向图（书后附彩插）

● 中增益天线设计

太阳帆帆面复用为中增益天线的方案采用在帆面蚀刻缝隙天线的方案。其结构示意图如图 4 – 99 所示。其中蓝色部分为帆面上蚀刻的开槽，灰色部分表示帆面上的铝膜。基于目前的设计加工水平，天线选择 15 GHz 的操作频率，开槽宽度 0.2 mm，偶极子宽度 0.2 mm，偶极子长度 7.4 mm，共面波导中心导体宽度 0.6 mm，每个缝隙天线单元之间的距离为 100 mm × 15 mm。

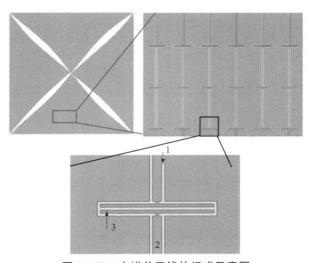

图 4 – 99　中增益天线的组成示意图

1—帆面上的开槽；2—偶极子；3—共面波导中心导体

简单地说，中增益天线可以被视为多个低增益天线组合而成的天线阵列，通过适当地调整天线的参数，以达到良好的匹配。中增益天线的覆盖角度，因为天线增益的提高而减少，所以对地球的可见时间变少，需要通过微调帆面的角度，来调整天线的波束角度。表 4 – 27 所示为中增益天线占用帆面与天线增益对应表。

表 4 – 27　中增益天线占用帆面与天线增益对应表

占用帆面面积/（mm × mm）	天线理论增益/dBi	设计余量	天线增益/dBi	理论覆盖角度
500 × 74 000	23	3	23	83.0°

- 高增益天线设计

高增益天线的增益要求至少达到 50 dBi 以上，如果选择常规反射面高增益天线，因为其波束很窄，需要精确地对地指向才能保证通信链路的正常建立。为了实现精确指向，需增加转向机构，增加载荷的重量，或者通过太阳帆本身经常调整姿态以完成指向。而这两种方法一个增加载荷重量而不可取，一个需要经常调姿，增加太阳帆控制系统的压力。

所以，太阳帆通信数传系统的高增益天线方案为：在充气可展开的支撑臂上构建高增益天线，如图 4 – 100 所示。高增益天线尺寸见表 4 – 28。

表 4 – 28　高增益天线尺寸

天线面积/（mm × mm）	天线理论增益/dBi	设计余量	天线增益/dBi	黄道覆盖角度
25 000 × 50	56	3	53	80°

支撑臂高增益天线方案：在垂直于地球公转轨道面的方向上，天线主波束被压缩在地球公转轨道面内（黄道面）。天线主波束在地球公转轨道面内的张角为 90°，对地球公转轨道呈扇区覆盖（图 4 – 101）。从而在水平面（地球公转轨道面）方向，无需调整天线指向。以 53 dBi 天线增益估算，垂直面（垂直于地球公转轨道面的方向）方向天线张角为 0.2°，在三个天文单位的距离上，该张角对应 1 570 777.635 km 的覆盖距离（地球半径为 6 378 km）。只要太阳帆保持带有高增益天线的支撑臂垂直于地球轨道面，就可以建立与地面测控系统的通信。

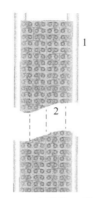

图 4 – 100　高增益天线示意图

1—充气可展开支撑臂局部；2—薄膜天线

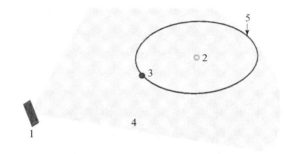

图 4 – 101　Ka 波段通信范围覆盖示意图

1—太阳帆；2—太阳；3—地球；4—Ka 波束覆盖范围；5—地球公转轨道

薄膜天线采用双层薄膜结构的圆极化天线，每一层依靠充气臂的拉伸张力张紧，两层之间靠预置的小气室维持两层距离稳定。

2. 太阳帆探测器上的无线通信数传

太阳帆上采用无线通信分系统取代中近距离设备间的传统有线线缆，减少了分系统设备的互联复杂性，减少了太阳帆探测器整体质量和体积，相应地也大幅减少了发射的成本，有利于帆面结构在空间的折叠展开。无线通信分系统用于实现太阳帆内部数据无线传输功能，主要针对各敏感器与中央主控机的数据交互，协调太阳帆全系统的工作，确保其运行正常。无线通信分系统主要功能如下：

采集太阳帆各敏感器的遥测参数，经缓冲存储、采样、信道编码和调制技术，生成无线帧，通过无线发射模块发送到中央控制计算机；接收主控计算机对滑块的遥控信号，将主控机的指令发送给滑块的微控制单元进行指令译码，进行电机控制，实现对滑块速度位置的闭环控制。实现太阳帆各敏感器节点、滑块与中央主控机的星型组网。

太阳帆无线通信系统是一个星型拓扑结构的中近距离无线通信系统，它由一台中央主控机、中心节点单元和多个敏感器子节点单元组成，其结构如图 4 - 102 所示。

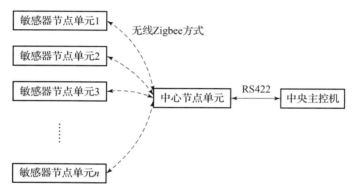

图 4 - 102　太阳帆无线通信网络拓扑结构

无线通信分系统的节点设备之间除了必要的电源线连接外，所有的数据通信方式均采用无线 Zigbee 协议。中央主控机和其他敏感器单元都内嵌无线数据传输模块。中心节点单元以 RS422 方式与中央主控机相连，兼具网络节点的终端和路由器的功能，除了处理打包本地主控机的指令信息并发布外，还对太阳帆其他敏感器和滑块发来的数据进行存储管理并发给主控机。

从图 4 - 102 中可以看出，无线通信星型网络终端包括：中央主控机、中心节点单元、敏感器子节点单元（数字太阳敏感器子节点、星敏感器子节点、模拟太阳敏感器子节点、红外地球敏感器子节点和滑块微控制器子节点）。

太阳帆各子节点终端都配备有一个嵌入式无线传输单元，无线传输单元的接口可以设置多种接口资源，兼容 SPI、I2C 等传信通信接口。无线传输单元包含电源管理模块、敏感器接口模块处理器模块和 Zigbee 射频模块。其中，处理器模块负责控制整个无线数传的操作，存储和处理敏感器采集发送的数据以及其他节点发来的数据；Zigbee 射频模块采用 Zigbee 协议进行无线传输，负责与分系统的中心节点进行无线通信，将敏感器采集数据发送至中心节点；敏感器接口模块负责对敏感器信号进行简单的滤波处理，如有需要还需进行电平转换，然后送给处理器模块进行后续处理；电源管理模块负责对引入的二次电源进行滤波和电压转换，并分配给相应模块。无线传输单元的组成结构图如图 4 – 103 所示。

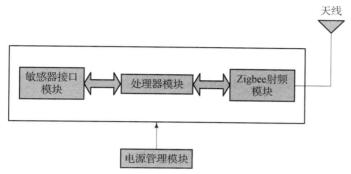

图 4 – 103　无线传输单元的组成结构图

无线传输单元采用双冗余热备份方式，无线协议采用基于 IEEE802.15.4 的 Zigbee 协议，可根据需要对其物理层进行修改，提升发射功率和降低天线接收门槛值，以满足无线数据总线高速远距离的传输。

通信距离：太阳帆预期帆面展开后面积为 160 m × 160 m，即最远端与中心距离为 110 m 左右，因此在选择无线通信方式时要满足通信距离超过 150 m 的覆盖半径。

网络拓扑：由于太阳帆在展开过程中，各敏感器节点与中心节点时刻发生相对位置的变化（图 4 – 104），因此需要引入路由协议，监控无线网络拓扑变化，建立维护和删除节点间路由，保证节点间信息的准确、高效和及时传递。

传输速率：以往星上各敏感器和主控机之间采用 RS422 差分信号的屏蔽双绞线相连。资源卫星某型号的星敏感器的数据传输速率只有 3.5 Kbps，而现有无线通信协议带宽大多都在 100 Kbps 以上，nRF 系列、802.11 协议、Zigbee 协议都远远高于这个指标。

工作频段：太阳帆与地面进行测控通信采用的是 S 频段的 2 025 ~ 2 300 MHz，因此太阳帆内部的无线通信协议需考虑到频带资源的影响，防止与太阳帆无线测控通信系统产生互绕。

Zigbee 无线协议的主要性能指标如下：

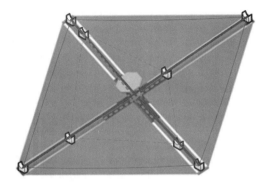

———— 滑块相对位置1的通信链路
———— 滑块相对位置1的通信区域
------ 滑块相对位置2的通信链路
------ 滑块相对位置2的通信区域

图 4 - 104   太阳帆展开过程节点拓扑变化（书后附彩插）

■ 数据传输速率：250 Kbps；

■ 工作频段：2.4 GHz；

■ 传输方式：点到多点；

■ 连接设备数：＞255；

■ 信号发射功率：2 mW；

■ 安全：AES - 128 加密算法；

■ 时延：15 ms；

■ 误码率：10^{-9}；

■ 信道个数：16 个；

■ 调制方式：O - QPSK；

■ 接收灵敏度：- 85 dbm；

■ 无线媒体接入方式：CSMA - CA。

4.6.2 能源分系统

太阳帆探测器对能源的需求主要包括各分系统的供电、控制滑块的供电、外置敏感器的供电等，最低需求约为 500 W。

除滑块及微波传输模块外的分系统由集成在帆面上的太阳能电池片进行供

电，图 4 – 105 为太阳帆帆面上拟采用的太阳能电池片布局，帆面展开面积为 160 m×160 m，以 1 m 间距折叠，电池片的铺设要考虑帆面的折痕及卷绕。

上述帆面集成太阳能电池拟采用三结砷化镓 GaAs 薄膜太阳能电池，预期 5 年内转换效率将达到 $\eta=40\%$，功率密度达到 2 800 W/kg。由于太阳帆需要的发电功率为 500 W，由上述技术水平可计算得到所需总面积为 0.89 m^2，质量为 0.2 kg。若单片面积为 0.007 1 m^2，则需要 126 片薄膜太阳能电池片，避开帆面折痕进行铺设。

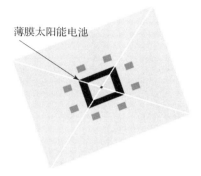

薄膜太阳能电池

图 4 – 105　帆面电池布局

而针对滑块以及无线传输模块，无需采用薄膜电池，可采用普通的刚性电池进行就近设置供电。由于在小行星带的太阳辐照度只有标准条件（AM1.5）下的 1/9，因此需要选择尽可能小的电池片安装在滑块本体上，实现滑块装置的正常工作。

目前夏普公司开发的三结砷化镓太阳能电池，已于 2013 年突破 44.4%，近年五结电池效率突破了 47.1%，考虑到未来技术发展效率拟定为 48%。

无线传输模块工作电压 3.3 V，发射电流 120 mA，接收电流 45 mA，按照最大电流计算，功耗不超过 0.4 W。据此可算得所需电池片面积大小为 0.007 5 m^2。

滑块功耗组成由微型电机（1 W）、无线传输模块（0.4 W）和车载小型主控板（0.5 W）组成，整体功耗不超过 2 W，据此算得所需太阳能电池片面积为 0.037 5 m^2。

第 5 章
地面样机研制与实验分析

针对收纳半径最小、收纳体积最小、展开顺利无遮挡，在功能完整的基础上结构、机构尽量简单的设计要求，开展地面折叠展开原理样机设计及研制，并对研制的地面原理样机开展地面测试和试验，验证原理样机的折叠展开方案，得到缩比样机在地面环境下的力学特征参数，为太阳帆结构的优化设计提供依据。

▪ 5.1 折叠展开样机方案

太阳帆折叠展开原理样机由四根夹角 90° 的支撑臂与四块等腰直角三角形帆面组成，整体尺寸为 8 m×8 m。支撑包装结构作为原理样机的主体支撑结构，包括中心体、帆面卷轴、限位槽等。支撑臂通过法兰与中心体相连，中心体上还安装有限位槽，引导支撑臂按设定路径展开；每个三角形帆面，底边两个端点与相邻支撑臂连接，顶点则固定于支撑包装结构的帆面卷轴上；支撑臂端部设置有滚转轴稳定机作为控制机构，支撑臂周向也设有滑动小车状控制机构。原理样机中不包括高压气瓶、姿态测量系统（星敏、太敏、陀螺）等。

原理样机的组成机构如下：

1. 帆面

太阳帆原理样机帆面为正方形结构，由四个斜边长为 8 m 的等腰直角三角形组成，帆面薄膜与支撑臂之间用绳索连接。根据前文材料性能研究结果，帆面材料选用厚度 12.5 μm 的聚酰亚胺薄膜，薄膜单面镀铝，镀膜厚度为 0.2 μm。

1）原理样机帆面拼接

采用幅宽 1.2 m 的聚酰亚胺薄膜，有效减少拼接的接缝数量及长度。选用图 5-1 中所示拼接方案，接缝数较少，且接缝方向与帆面展开拉伸力方向夹角为 22.5°，展开过程中接缝受力较小，对接缝强度要求更小，帆面拉伸展开时发生接缝撕开的概率更小。

聚酰亚胺薄膜镀铝膜的拼接形式有叠压粘接、对接粘接、叠压热压成型、聚酰亚胺热融成型等，在各种拼接方式中，聚酰亚胺热融成型是采用了聚酰亚胺的成型工艺，在拼接过程中将聚酰亚胺热融再成型，因此在接缝处强度与聚酰亚胺薄膜基本一致，是所有拼接方案中强度最高的一种，其缺点是在拼接过程中会破坏接缝附近的镀铝膜层，从而减少帆面的反射率，此外目前国内的聚酰亚胺材料制备工艺还

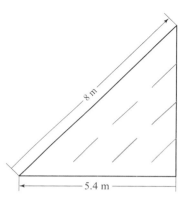

图 5-1　帆面拼接方案示意图

具有一定的差距，不能实现大面积的聚酰亚胺薄膜热融拼接；而采用柔性聚酰亚胺胶带的粘接方案工艺过程简单，粘接强度取决于选用的胶带黏合力，经试验验证，所选用的胶带黏合力完全可以满足太阳帆帆面的强度要求。

对于帆面的粘接方式有两种方案，一种是层叠粘接，一种是对接粘接，如图 5-2 所示。我们对这两种方案进行了力学测试分析，样品的宽度为 40 mm，测试有效长度为 50 mm，如图 5-3 所示。

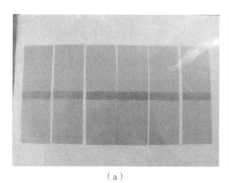

（a）　　　　　　　　　　　　　　　（b）

图 5-2　12.5 μm 聚酰亚胺薄膜粘接方式

（a）层叠粘接；（b）对接粘接

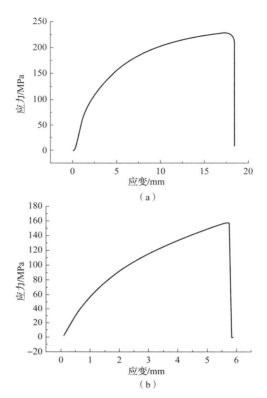

图 5 – 3   12.5 μm 聚酰亚胺薄膜不同粘接方式应力 – 应变曲线

(a) 层叠粘接；(b) 对接粘接

根据测试结果，层叠粘接的断裂强度为 220 MPa 左右，而对接粘接的断裂强度为 160 MPa 左右，因此选用层叠粘接的方式进行原理样机帆面的拼接。

2）原理样机帆面加强

由于聚酰亚胺薄膜抗撕裂性能较弱，一个小裂口就会引起薄膜的大面积撕裂，为了保证在受到空间微流星撞击之后太阳帆依然能够可靠运行，需要在边缘进行加强。另外帆面的三个角是太阳帆的主要承力点，是帆面与支撑臂以及航天器主体连接的部位，也需要相应的加强。

分别对 12.5 μm 聚酰亚胺薄膜、中心击穿后 12.5 μm 聚酰亚胺薄膜、边缘撕裂后 12.5 μm 聚酰亚胺薄膜、50 μm 聚酰亚胺薄膜加强后的薄膜（总厚度 62.5 μm）、边缘撕裂 50 μm 聚酰亚胺薄膜加强后的薄膜（图 5 – 5）进行了力学测试，以分析薄膜在空间受到微流星击穿后所能承受的应力大小以及边缘强化效果，测试样品宽度为 40 mm，测试有效长度为 50 mm。所采用的测试设备如图 5-4 所示。

图 5-4 测试所用的力学分析设备

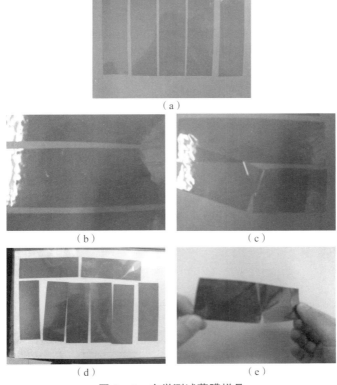

图 5-5 力学测试薄膜样品

（a）12.5 μm 聚酰亚胺薄膜；（b）中心开孔 12.5 μm 聚酰亚胺薄膜；
（c）边缘撕裂 12.5 μm 聚酰亚胺薄膜；（d）50 μm 聚酰亚胺薄膜加强后的薄膜（总厚度 62.5 μm）；
（e）边缘撕裂 50μm 聚酰亚胺薄膜加强后的薄膜（总厚度 62.5 μm）

薄膜测试结果如图 5 - 6 和图 5 - 7 所示，可以看出 12. 5 μm 聚酰亚胺薄膜断裂强度可达 270 MPa 以上，50 μm 聚酰亚胺薄膜加强后的薄膜（总厚度 62. 5 μm）由于采用了双层粘接的结构，在拉伸过程中粘接部分开裂的影响导致强度有所降低，但是其断裂强度也接近 200 MPa。同时从图 5 - 8 和图 5 - 9 中可以看出，由于薄膜厚度的增加，可耐受的拉力极限增加了 4 倍。

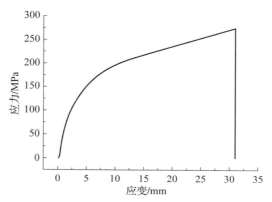

图 5 - 6　12. 5 μm 聚酰亚胺薄膜的应力 - 应变曲线

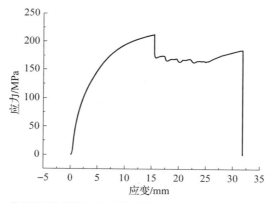

图 5 - 7　50 μm 聚酰亚胺薄膜加强后的薄膜（总厚度 62. 5 μm）应力 - 应变曲线

开始／状态	宽度, mm	厚度, mm	Area, mm²	Break Force, N	Break Distance, mm	Ultimate Force, N	Ultimate Stress
测试后	40	0.0125	0.500	165	3.52	72.0	1.6
测试后 7-1	40	0.0125	0.500	137	30.9	137	274
测试后 7-2	40	0.0125	0.500	130	27.2	130	260
测试后 7-3	40	0.0125	0.500	140	32.8	140	280
测试后 7-4	40	0.0125	0.500	125	24.1	125	250

图 5 - 8　12. 5 μm 聚酰亚胺薄膜断裂拉力及断裂伸长量

开始 / 状态	宽度, mm	厚度, mm	Area, mm²	Break Force, N	Break Distance, mm	Ultimate Force, N	Ultimate Stress
测试后 4-1	40	0.0625	2.50	462	31.8	533	213

图 5 - 9　50 μm 聚酰亚胺薄膜加强后薄膜（总厚度 62.5 μm）断裂拉力及断裂伸长量

对于中心开孔的 12.5 μm 聚酰亚胺薄膜，可耐受的最大应力为 117 MPa，完全满足太阳帆的强度要求；边缘撕裂的 12.5 μm 聚酰亚胺薄膜断裂应力为 44 MPa，而边缘撕裂的 50 μm 聚酰亚胺加强后的薄膜（总厚度 62.5 μm）断裂应力接近 60 MPa。尽管断裂应力增加不明显，但是由于厚度增加，薄膜可耐受的拉力极限也增加了五倍以上。如图 5 - 10 ~ 图 5 - 14 所示。

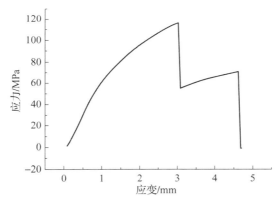

图 5 - 10　中心打孔 12.5 μm 聚酰亚胺薄膜的应力 - 应变曲线

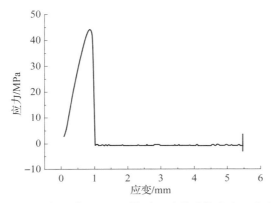

图 5 - 11　边缘撕裂 12.5 μm 聚酰亚胺薄膜的应力 - 应变曲线

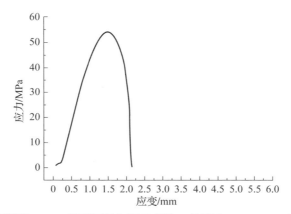

图 5 – 12　边缘撕裂 50 μm 聚酰亚胺加强后薄膜（总厚度 62.5 μm）应力 – 应变曲线

开始 / 状态		宽度, mm	厚度, mm	Area , mm²	Break Force , N	Break Distance , mm	Ultimate Force , N	Ultimate Stress
✓ ✗ 测试后 3-1		40	0.0125	0.500	0.439	0.00	16.7	33.3
✓ ✗ 测试后 3-2		40	0.0125	0.500	1.67	5.46	22.2	44.3
✓ ✗ 测试后 3-3		40	0.0125	0.500	9.17	0.0250	32.7	65.3
✓ ✗ 测试后 3-4		40	0.0125	0.500	24.3	1.16	24.8	49.7
✓ ✗ 测试后 3-5		40	0.0125	0.500	27.9	0.942	28.2	56.3

图 5 – 13　边缘撕裂 12.5 μm 聚酰亚胺薄膜断裂拉力及断裂伸长量

开始 / 状态		宽度, mm	厚度, mm	Area , mm²	Break Force , N	Break Distance , mm	Ultimate Force , N	Ultimate Stress
✓ ✗ 测试后 4-1		40	0.0625	2.50	462	31.8	533	213
✓ ✗ 测试后 4-2		40	0.0625	2.50	61.2	2.25	169	67.7
✓ ✗ 测试后 4-3		40	0.0625	2.50	172	1.81	177	70.8
✓ ✗ 测试后 4-4		40	0.0625	2.50	118	1.84	136	54.3
✓ ✗ 测试后 4-5		40	0.0625	2.50	185	1.86	200	79.9

图 5 – 14　边缘撕裂 50 μm 聚酰亚胺加强后薄膜（总厚度 62.5 μm）断裂拉力及断裂伸长量

　　综上分析，原理样机帆面采用 50 μm 的聚酰亚胺胶带，在边缘对帆面进行粘贴加强。考虑到若加强宽度太宽，帆面重量将会增重，加强宽度太窄，边长加强度会降低，因此选择加强宽度为 10 cm。

　　帆面的三个角处于直接受力位置，因此选用厚度 125 μm 的聚酰亚胺胶带进行粘贴加强，在加强部分的中心位置进行打孔处理，用于帆面与支撑臂之间的连接，在孔的边缘采用柔性不锈钢箔进行强化处理，粘贴加强方式如图 5 – 15 所示。

2. 支撑臂

充气展开支撑臂是太阳帆原理样机的
重要组成之一，是帆面展开的主要驱动结
构单元，其可靠展开是保证太阳帆正常工
作的关键。支撑臂采用薄壁铝薄膜层合结
构（Kapton/Al/Kapton）和增强的弹性条
组成，同时为了防止展开过程中的气体泄
漏，在支撑管内部又设计了一个由 Kapton
薄膜加工而成的内胆，在其内部充入高压
气体，在内部气体的作用下带动支撑臂可靠展开。

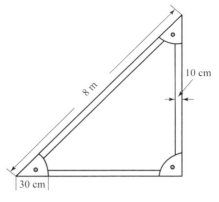

图 5 – 15 三角形帆面加强示意图

依据设计要求，针对 5.6 m 长充气展开支撑臂原理样机进行了研制技术方案
研究，主要包括：支撑臂横截面设计、材料设计、端盖法兰盘设计、卷曲折叠设
计、结构模态分析、粘接强度试验、气密性试验、支撑臂原理样机研制工艺及制
备等，整体的充气支撑臂原理样机研制技术方案如图 5 – 16 所示。

1）原理样机充气支撑臂结构设计

• 充气支撑臂结构设计

针对 8 m×8 m 的太阳帆原理样机，依据原理样机构型设计输入参数，四个
充气展开支撑臂位于正方形太阳帆结构的对角线上，计算得出，每个充气支撑臂
的长度为 5 600 mm。考虑到支撑臂尽可能轻量化，同时支撑臂还要具有一定的抗
弯刚度，设计支撑臂为等直径薄壁圆柱管型，壁厚为 0.125 mm，直径为 60 mm。
支撑臂一端与中心体固定连接，另一端为自由端与帆面连接。

充气支撑臂具有两个功能，一个是提供折叠帆面从收拢到展开的驱动力，另
一个作用是实现薄膜帆面展开后支撑力，两种功能都需要支撑臂具有足够高的结
构刚度，主要通过充气展开支撑臂的横截面设计来提高结构刚度。充气支撑臂是
由柔性材料制成，可卷曲折叠包装，通过充气来实现支撑臂展开，但充气保压方
式不适合长期支撑帆面，因此需要采用具有一定刚度增强作用的增强条，在支撑
臂完全展开后继续起到支撑作用。这就要求，选用的刚度增强条一方面能够随支
撑臂一起卷曲折叠包装，另一方面展开后具有一定的抗弯刚度。基于展开力学功
能的要求，选用 T50 钢材料作为原理样机充气支撑臂内壁的弹性增强条，设计为

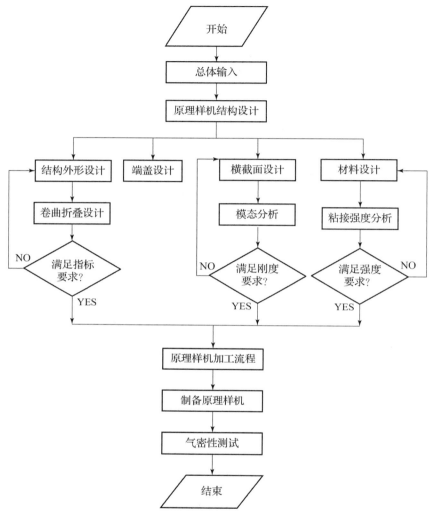

图 5 - 16　支撑臂原理样机研制技术方案

弹性薄壳结构，如图 5 - 17 所示，增强条的长度设计为 5 600 mm，厚度 0.23 mm，宽度 15 mm，弧的深度 2 mm。对应粘接内壁 1 点、5 点、7 点和 11 点钟的位置，如图 5 - 18 所示。作为提高刚度的材料，为保证弹性薄壳结构收拢时增强条不断裂，要求支撑臂卷曲折叠直径不小于 100 mm。

支撑臂的充气展开过程必须是可控的，若没有必要的控制可能会导致结构不能按照预定的方式展开，影响到结构的形态，以及在展开过程中对结构施加较大的冲击力等问题，因此设计折叠支撑臂在充气展开过程中采用可分离的渐进式粘扣带（图 5 – 19），实现卷曲折叠支撑臂有序地、稳定地且按一定方向地展开控制。粘扣带的粘接位置位于支撑臂的外壁面，与内壁 1 点、5 点、7 点和 11 点钟弹性增强条相对应（图 5 – 18）。

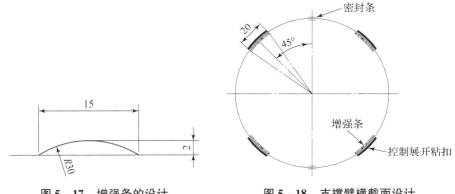

图 5 – 17　增强条的设计

图 5 – 18　支撑臂横截面设计

图 5 – 19　可分离的渐进式粘扣带

　　另外在结构设计中还有一个重要的细节，就是充气支撑臂外侧有两列均匀分布的小排气孔。这是因为支撑臂由外壁和充气内胆组成，内胆与支撑臂之间存在残余气体，当支撑臂在地面上卷曲折叠时，内胆内的气体可以排空，但两者之间的气体不能排出。这样一方面会影响展开机构的卷曲折叠半径；另一方面，由于空间环境气压极低，内部存在气体的充气支撑臂管壁容易膨胀破裂。为了避免这种情况的发生，需要在充气支撑臂的管壁上打一些排气孔，内胆在地面抽真空时，可轻轻压扁外壁并通过排气孔排净充气支撑臂与内胆之间的气体，进行卷曲收拢折叠，保证支撑臂在发射升空阶段也可排除残余气体。

　　依据弹性力学孔边应力集中问题的分析结果，得出管壁开孔后，孔边应力增加到原来值的 3 倍，即 74.4 MPa，小于许用应力。考虑管壁对称性，在外壁上打两列孔，每列 19 个，孔的直径为 4 mm，依据弹性力学孔边应力集中问题的分析结果，开孔引起的应力扰动，主要发生在距孔边 1.5 倍孔口尺寸的范围内，此区域外，开孔引起的应力扰动值一般小于 5%，可以忽略。所以，开孔后间距为 150 mm 是安全的。这样残余在内胆与管壁之间的气体就会自动从排气孔排出。具体的设计图如图 5-20 所示。

图 5-20　充气支撑臂壁上排气孔的设计图

- 充气支撑臂材料设计

支撑臂外臂材料设计主要考虑空间环境的适应性对材料性能的要求，并参考国外在充气展开结构方面的研究进展，采用层合的铝薄膜结构（聚酰亚胺/Al/聚酰亚胺）作为充气支撑臂的管壁材料。层合铝薄膜结构是由聚酰亚胺薄膜和弹塑性的铝薄膜层合而成，聚酰亚胺薄膜覆盖在铝薄膜的两面（图 5-21），其厚度为 0.096 mm。当在外力的作用下达到铝薄膜的屈服点后，聚酰亚胺薄膜和铝薄膜将会被强化，这样刚度将会得到一定的增强。在耐温环境与长寿命方面，采用聚酰亚胺/Al/聚酰亚胺薄膜的充气支撑臂能够经受 -90~90 ℃的温度范围。层合铝外表面的聚酰亚胺耐候性高于同类型的其他材料。

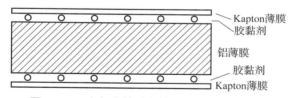

图 5-21　充气支撑臂的管壁材料组成示意图

由于支撑臂的外壁采用层合铝设计，当卷曲折叠收拢后，层合铝边缘容易形成尖角，产生微孔，在支撑臂充气展开过程中产生气体泄漏，因此在支撑臂内部设计了一个由聚酰亚胺薄膜加工而成的内胆。内胆的设计长度为 5 600 mm、厚度为 0.025 mm、直径为 60 mm，分别与上、下端盖相黏结。内胆搭接缝的宽度为 15 mm，同时在与接缝对称的位置黏结同样宽度和厚度的聚酰亚胺薄膜（表 5-1），保证内胆的直线度。采用搭接的内胆具有较高的抗剥离强度，其最大剪切强度为 0. 22 MPa，可承受 50 kPa 的内压差并保证接缝处不漏气。

表 5 – 1　聚酰亚胺薄膜的相关参数

名称		单位	技术要求
厚度		μm	25
外观		—	透明或半透明金黄色薄膜，表面平整光滑，无针孔、气泡和导电杂质
密度		kg/m³	1420 ± 20
拉伸强度		MPa	≥135
断裂伸长率		%	≥45
热收缩率	150 ℃	%	≤1. 0
	400 ℃		≤3. 0
体积电阻率（200 ℃）		Ω · m	$\geq 1.0 \times 10^{10}$
相对介电常数（50 Hz）		—	3. 5 ± 0. 4
收缩率（150 ℃）		%	≤1. 0
长期耐热性温度指数		—	≥220

- 端盖法兰盘设计

基于充气支撑臂结构设计，在 5. 6 m 长充气支撑臂两端设计有两个法兰盘，分别安装在支撑臂自由端和支撑臂充气端，充气端法兰盘与太阳帆中心体支座相连接。因为充气支撑臂的外径设计为 60 mm，考虑到胶的厚度和内胆的厚度，设计自由端盖与支撑臂连接部分的外直径为 58. 5 mm，充气端与支撑臂连接的端盖外直径为 58. 4 mm。具体的设计示意图如图 5 – 22 所示。同时充气端的端盖与中心体有连接接口，该端盖设计 4 个贯穿孔，孔的直径为 4 mm。自由端的端盖与滚转轴稳定机（RSB 杆）固定连接，同样该端盖设计 4 个贯穿孔。

对充气支撑臂的层合铝外壁与法兰盘进行约束设计，依据自由端处的端盖与管壁连接的长度为 25 mm，考虑到安全性与可靠性，在自由端和充气端的端盖处设计两个同样的卡箍，其直径为 60 mm、宽度为 10 mm、厚度为 1 mm（图 5 – 23），分别通过一个直径 4 mm 的螺栓调节卡箍的间隙。

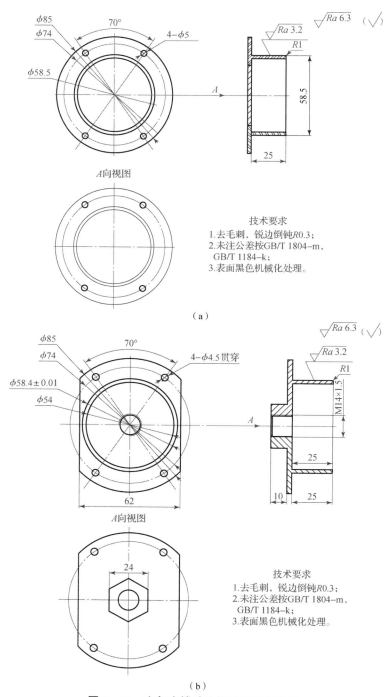

图 5 – 22　充气支撑臂结构的端盖设计图

（a）自由端的端盖设计图；（b）固支端盖设计图

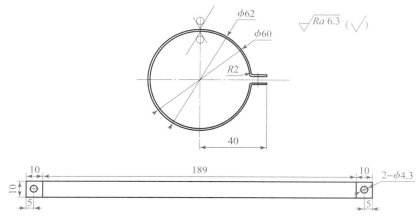

图 5 – 23　充气支撑臂下卡箍设计图

- 卷曲折叠设计

考虑到支撑臂增强条要求支撑臂卷曲折叠直径不小于 100 mm，在支撑臂自由端设计一个直径为 102 mm 的填充块，折叠形式为卷曲折叠 10 圈。依据结构设计方案和材料设计方案，把 5 600 mm 长充气支撑臂按照螺旋的形式卷曲折叠，卷曲折叠后尺寸如图 5 – 24 所示。

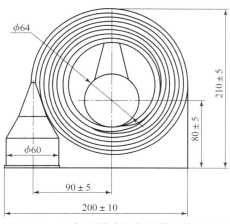

图 5 – 24　充气支撑臂卷曲折叠包装设计图

2）结构模态分析

针对太阳帆原理样机的支撑结构——充气展开支撑臂展开后的动态特性进行了仿真分析。如图 5 – 25 所示为支撑臂结构有限元模型和截面示意图。由于充气支撑臂截面形状不是数学意义的圆形截面，而是局部分散式弹性壳组合结构，因此采用壳单元进行计算。另外，为了保证计算的效率，对支撑臂结构进行如下简化：忽略加工过程中支撑臂的成型搭接带的影响；同时也假定增强条和层合铝外壁之间理性粘接，忽略粘接胶的附加质量；忽略周围气体的附加质量对其振动特性的影响。

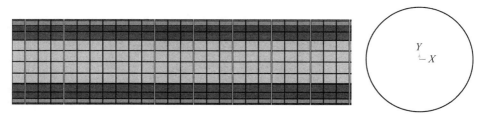

图 5 - 25   支撑臂结构有限元模型和截面示意图

太阳帆的充气支撑臂结构主要采用层合铝薄膜制成，内附双稳态薄壳结构（增强条），可以实现充气支撑臂结构展开后的稳定性。层合铝薄膜的弹性模量为 14.35 GPa，泊松比为 0.34，密度为 2 114 kg/m^3，厚度为 0.096 mm。双稳态薄壳结构采用 T50 钢制作而成，其弹性模量为 160 GPa，泊松比为 0.3，密度为 7 600 kg/m^3，厚度为 0.15 mm，宽度为 15 mm。铝膜和双稳定壳结构粘接一起，为了方便计算，本文忽略二者之间的接触，把二者近似看作壳结构，并利用复合材料层合板理论得到该处模型的弹性模量为 153.2 GPa，泊松比为 0.31，厚度为 0.326 mm。

采用有限单元方法对充气支撑臂结构的模态进行了分析，并得到支撑臂结构前 6 阶模态频率（表 5 - 2），其中前几阶模态成对出现，第 1 阶模态和第 2 阶模态频率相等，为 1.36 Hz，振型分别为支撑臂的上下弯曲振动和前后弯曲振动；第 3 阶模态和第 4 阶模态相等，为 8.7 Hz，振型分别为竖直平面内的波形振动和水平面内的波形振动，这正说明支撑臂截面结构对称、质量分布均匀的特性。

表 5 - 2   支撑臂结构的前 6 阶模态频率和误差

模态	第 1 阶	第 2 阶	第 3 阶	第 4 阶	第 5 阶	第 6 阶
频率/Hz	1.36	1.36	8.7	8.7	24.5	24.5
误差	47%	47%	58%	58%	—	—

3）粘接强度试验

支撑臂充气内胆和外壁均采用搭接工艺制备，依据 GB/T 1040.1—2006 制备试件，来验证采用搭接工艺制备而成的试件强度。试件分为两组制作，其中 Kapton 薄膜材料试件为一组，Kapton/Al/Kapton 薄膜材料试件为一组，每组制作 10 个试件。试件结构形式见图 5 - 26，测试试件如图 5 - 27 所示。

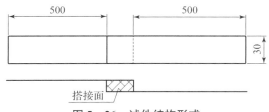

图 5 - 26　试件结构形式

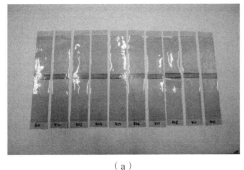

（a）

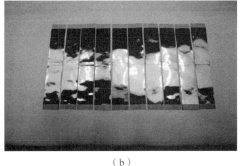

（b）

图 5 - 27　测试试件

试验设备为纺织材料拉力试验机，常温常湿环境，试验分两组进行，如图 5 - 28 所示。传感器额定强力为 10 000 N，所用夹具为带类夹具，试验方法按照 GB/T 1040.1—2006 执行。

试件的搭接强度试验是为了考核内胆和外壁的粘接强度。搭接强度试验过程中试件全部从材料根部断裂，说明胶接强力已大于聚酰亚胺薄膜的强力，从表 5 - 3、表 5 - 4 中可以看出，内胆搭接强力最大值为 2 509 N/30 mm，最小值为 2 224 N/30 mm，均值为 2 404 N/30 mm。外壁搭接强力最大值为 2 966 N/30 mm，最小值为 2 690 N/30 mm，均值为 2 851 N/30 mm。

图 5 – 28   试件强度试验

表 5 – 3   Kapton 薄膜试件接点拉伸数据

名称	聚酰亚胺薄膜材料试件								
序号	1	2	3	4	5	6	7	8	9
数据 （N/30 mm）	2 224	2 462	2 376	2 268	2 398	2 534	2 352	2 481	2 289
序号	10	11	12	13	14	15	16	17	18
数据 （N/30 mm）	2 498	2 389	2 476	2 267	2 509	2 412	2 421	2 486	2 438

表 5 – 4   Kapton/Al/Kapton 薄膜试件接点拉伸数据

名称	聚酰亚胺层合铝薄膜材料试件								
序号	1	2	3	4	5	6	7	8	9
数据 （N/30 mm）	2 940	2 966	2 855	2 835	2 896	2 769	2 759	2 963	2 690
序号	10	11	12	13	14	15	16	17	18
数据 （N/30 mm）	2 854	2 903	2 734	2 789	2 834	2 809	2 946	2 870	2 912

4）气密性试验

整个充气支撑臂内胆试件的制作按照 GB/T 1040.1—2006 执行，包括裁剪加工、胶接、法兰的粘接。试件的内胆材料为 Kapton 薄膜，上下端头采用法兰连接，共制作 4 个试件。

试件试验过程如下：将试件在展开状态下加压至 50 kPa，待充气压力保持稳定后开始计时，保压 5 min 后，继续保压 24 h，测量管内压力，并记录环境温度和压力值。测量压力表为 KIMO 公司的 CP200 型数字压力表。试验件的气密试验充气状态如图 5 – 29 所示。

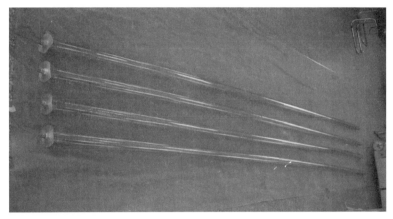

图 5 – 29　充气支撑臂内胆充气状态

整管试件的气密试验是为了验证内胆粘接工艺的气密性。试件的基本尺寸为长 5 600 mm、直径为 60 mm，密封材料为厚 0.025 mm 的聚酰亚胺薄膜。因为聚酰亚胺薄膜无漏率，所以内胆的漏率产生主要与粘接工艺和胶的粘接强度有关。表 5 – 5 的气密试验测试结果表明：内部气压 50 kPa 时，保压 5 min，压降不超过 0.1%；保压 24 h，管内气压高于 45 kPa，满足性能要求。

表 5 – 5　试件气密试验数据

编号	时间	环境温度/℃	测量压力值/kPa
	0 min	28.8	50.00
1#	5 min	28.8	49.98
	24 h	27.1	46.30

编号	时间	环境温度/℃	测量压力值/kPa
2#	0 min	25.2	50.00
	5 min	25.4	49.97
	24 h	27.4	45.80
3#	0 min	27.0	50.00
	5 min	27.2	49.97
	24 h	28.2	47.40
4#	0 min	27.2	50.00
	5 min	27.2	49.99
	24 h	28.3	46.40

5）支撑臂原理样机研制工艺及制备

支撑臂管壁是在铝箔的上下表面压延聚酰亚胺薄膜形成的层合铝薄膜，外表面要粘接具有控制展开速度的 4 条尼龙搭扣，同时内表面要粘接 4 根弧形纤维复合材料的增强条，整体研制流程如图 5-30 所示。充气支撑臂加工过程如图 5-31 所示，充气展开支撑臂原理样机整体如图 5-32 所示。

3. 滑块执行机构

1）总体设计

滑块执行机构通过滑块自身在充气支撑臂上的移动，改变太阳帆航天器的质量分布，从而改变太阳帆的质心，使得太阳光压力产生对某个轴的转动力矩，从而达到姿态调整的目的。

滑块执行机构由 7 个部件组成：上支架、下支架、主动轮、从动轮、驱动电机、电机卡片、预紧调节螺杆，如图 5-33 所示。上支架用于安装从动轮，下支架用于安装驱动电机与主动轮，左侧面的 T 型支座用于安装预紧调节螺杆，在预紧调节螺杆的调节作用下，上支架可以上下移动，使从动轮夹紧支撑臂。右侧面的 T 型支座用于安装预紧调节螺杆，在预紧调节螺杆的调节作用下，下支架可以上下移动，使主动轮夹紧支撑臂。

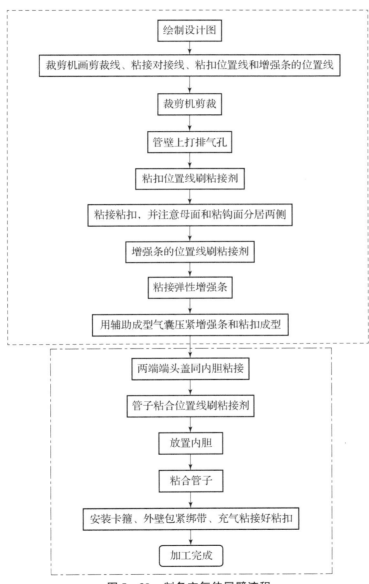

图 5 - 30　制备充气伸展臂流程

图 5 – 31　充气支撑臂加工过程

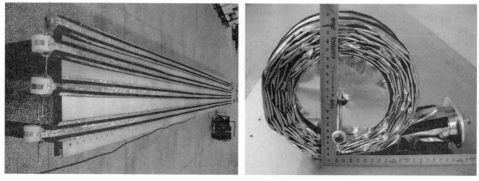

图 5 – 32　充气展开支撑臂原理样机整体

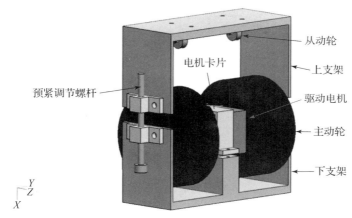

从动轮

上支架

电机卡片

驱动电机

预紧调节螺杆

主动轮

下支架

图 5 – 33　滑块执行机构整体装配图

2）控制驱动系统设计

滑块执行机构采用无线远程控制驱动方式。滑块执行机构本体上安装有无线接收电路模块以及锂电池组，远程控制计算机上安装有无线控制发射器与控制软件。

无线接收电路模块与步进电机连接，锂电池组分别与无线接收电路模块和步进电机连接。步进电机在接收到控制信号后，可以实现正转、反转、固定滑动速度、固定行程的运行模式。无线控制发射器以 USB 接口模式安装在远程控制计算机上，负责对滑块执行机构发射无线控制指令。控制软件安装在远程控制计算机上，通过手动输入控制参数，实现对滑块执行机构的多模式远程控制：在控制软件中可以输入步进电机转速参数，用于控制滑块执行机构滑动速度；控制软件中可以输入滑动时长，用于控制滑块执行机构滑动行程。

控制驱动设计可以针对滑块执行机构在运行中突发停滞故障模式进行相应的处理调节。滑块执行机构在运行中有可能因为各种原因，如瞬态阻力矩过大而运动卡死、无线信号传输接收瞬间间断等而出现故障。当滑块执行机构出现故障时，在控制软件上会出现相应的故障提示信息，同时软件自动进行停止指令，使步进电机停止工作，继而整套系统全面关闭进行系统重启，软件自行对各项指标进行检查后，将步进电机的最小转速步长作为输入参数再次对步进电机进行启动控制，以获得最大转动扭矩，从而使滑块执行机构在故障点重启开动。

3）原理样机研制

滑块执行机构除了远程无线控制软件、无线控制信号发射器两部分外，其他部分需要进行机械装配安装形成整体机构。

首先，将主动轮安装于步进电机两端的输出轴上，再用电机卡片将步进电机安装于下支架上；然后将从动轮安装于上支架上，再通过预紧调节组合螺杆将上下支架进行连接；最后将步进电机驱动器、无线控制接收模块、锂电池组固定安装在上支架上方，通过导线进行连接。

滑块执行机构自身装配完毕后，需要安装到太阳帆支撑臂上。首先将一侧预紧调节组合螺杆拆开，将滑块执行机构套在太阳帆支撑臂上，再将拆开的预紧调节组合螺杆闭合。最后通过预紧调节组合螺杆的调节功能实现滑块执行机构与太阳帆支撑臂夹紧状态。

研制出的滑块原理样机如图 5 – 34 所示。

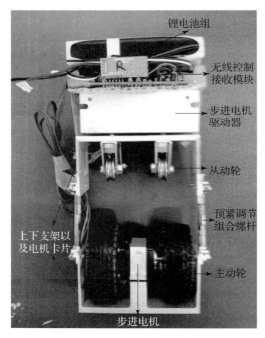

图 5 – 34　滑块原理样机实物图

4. 滚转轴稳定机（RSB）

1）总体设计

滚转轴稳定机（Roll Stabilizer Bars，RSB）通过电机带动转杆转动，改变太阳帆航天器帆面法向方向，使得太阳光压力产生对帆面法向轴的转动力矩，从而达到调整太阳帆航天器滚转角的目的。

滚转轴稳定机执行机构由 5 个部件组成：安装底盘、电机安装支架、驱动电机、联轴卡片和转杆。安装底盘用于与支撑臂端部法兰相连接，同时作为电机安装支架的安装面，固定驱动电机。驱动电机通过两侧的夹紧块被限制在中间位置，可以通过连接于夹紧块的螺杆进行位置调节，并且通过两侧螺杆进行紧固。联轴卡片用于将电机输出轴与转杆进行连接，用螺钉通过卡片上的螺纹孔将两个卡片与电机输出轴卡紧，使得电机可以带动转杆同步转动。转杆通过联轴卡片与电机输出轴固定，电机输出轴插入转杆中部销孔中。在驱动电机带动下，转杆绕伸展臂轴向方向转动，其两端与各自相邻的帆面连接，达到转动帆面、调节帆面法向方向的作用。滚转轴稳定机整体装配图如图 5 – 35 所示。

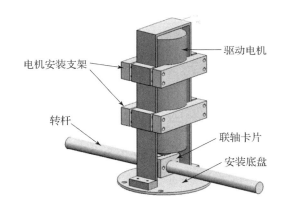

图 5 – 35　滚转轴稳定机整体装配图

2）控制驱动系统设计

滚转轴稳定机采用无线远程控制驱动方式。滚转轴稳定机本体上安装有无线接收电路模块以及锂电池组，远程控制计算机上安装有无线控制发射器与控制软件。

无线接收电路模块与驱动电机连接，锂电池组分别与无线接收电路模块和驱动电机连接。驱动电机在接收到控制信号后，可以实现正转、反转的运行模式。无线控制发射器以 USB 接口模式安装在远程控制计算机上，负责对滚转轴稳定机执行机构发射无线控制指令。控制软件安装在远程控制计算机上，通过手动按钮控制，实现对滚转轴稳定机的远程遥控。

3）原理样机研制

RSB 除了远程无线控制软件、无线控制信号发射器两部分外，其他部分需要进行机械装配安装形成整体机构。将转杆通过连轴卡片与减速直流电机输出轴相连接，减速直流电机与电机卡片夹紧在安装支架上，安装支架安装于安装底盘上，通过螺钉紧固。最后将无线接收模块、锂电池组固定安装在安装支架上，通过导线进行连接。RSB 自身装配完毕后，通过安装底盘安装到太阳帆支撑臂自由端端部上，RSB 转杆端部通过轴承与帆面角点挂钩连接。

研制出的原理样机如图 5 -36 所示。

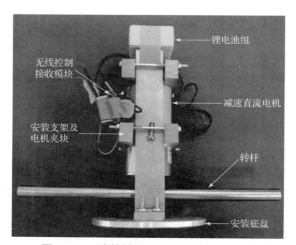

图 5 -36　滚转轴稳定机原理样机实物图

5. 中心支撑包装结构

原理样机采用开放式支撑包装结构，由中心支撑体、限位导向槽、帆面卷轴轴承、顶板、底板连接组装而成，如图 5 -37 所示。整个支撑包装结构为 0.5 m × 0.5 m × 0.5 m 的立方体，质量约 10 kg。

原理样机装配过程如下：

（1）支撑臂卷曲折叠固定：将姿态控制机构中的滚转稳定机与支撑臂自由端进行固定，而支撑臂固定端则通过法兰安装于支撑包装结构中心体上；支撑臂卷曲收纳后，按照滚转轴稳定机 RSB 杆的实际高度位置，调整限位导向槽的高度位置，将支撑臂收纳单元推入两个限位导向槽中间，RSB 杆嵌入槽中进行固定，如图 5 -38 所示。

图 5 – 37　太阳帆原理样机支撑包装结构

图 5 – 38　支撑臂卷曲折叠固定过程

（2）帆面收纳连接：将帆面按照预定方式进行初步折叠，折叠后帆面呈长条形，将帆面直角端 D 扣固定于帆面卷轴上。直角端固定后，将长条形的已折叠帆面沿顺时针方向卷曲缠绕至帆面卷轴上，收纳完成后外露的帆面 45°角端点与两侧相邻已收纳支撑臂的 RSB 杆单元进行连接。帆面收纳连接过程如图 5 – 39 所示。

图 5 – 39　帆面收纳连接过程

（3）整体收拢：将滑块固定在支撑臂的固定端附近，最后用包带将整体卷好的帆面与支撑臂整体包裹住，至此太阳帆原理样机的组装完成，如图5-40、图5-41所示。

图5-40　原理样机组装操作过程　　　图5-41　原理样机折叠收纳图

■ 5.2　折叠展开试验及分析

通过折叠展开试验比较分析采用不同折叠方式的太阳帆面展开过程，并验证帆面与支撑臂能否相互配合顺利展开，为太阳帆折叠展开方式的选取提供依据。

5.2.1　帆面不同折叠方式展开试验

1. 试验内容

试验通过对采用不同折叠方式单个帆面的展开效果分析，选择最合适的展开方式，试验内容如下：

（1）验证叶内、叶外和斜叶外三种折叠方式能否顺利展开，并观察其展开形态；

（2）在帆面选择几个点，通过摄影记录，绘制帆面展开过程中选择点位置随时间变化曲线，描述帆面的展开规律；

（3）相同条件下，记录不同折叠方式展开时间，对三种折叠方式进行比较。

2. 试验方法

1）试验对象

选用一块厚度为12.5 μm、单面镀铝的聚酰亚胺薄膜，帆面薄膜形状为等腰直角三角形，直角边长为 5.6 m，分别采用叶内、叶外及斜叶外三种方式折叠，进行帆面薄膜的折叠展开试验。

2）试验设备

利用搭建的 8 m×8 m 试验平台进行展开试验，如图 5 – 42 所示。在做帆面展开试验前，先将支撑臂挪开，在支撑臂的位置安装限位导向机构，使得帆面的 45°角点运动方向能够限制在支撑臂伸展方向上，实现帆面的展开。

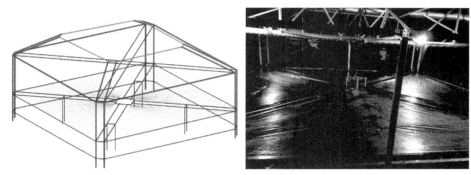

图 5 – 42　帆面折叠展开试验设备

通过上述对试验设备的改进，使得帆面的展开不依赖于支撑臂，排除了支撑臂可能对帆面展开过程造成的影响，便于进行帆面折叠展开方式的比较分析。

3）试验流程

● 帆面折叠

厚度为 12.5 μm 的聚酰亚胺帆面薄膜分别采用叶内、叶外及斜叶外方式进行帆面初步折叠，折叠宽度为 25 cm，折叠后的帆面呈长条状，三种折叠方式的示意图及帆面初步折叠过程如图 5 – 43 所示。

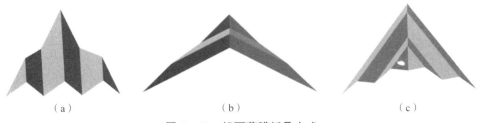

（a）　　　　　　　　　　（b）　　　　　　　　　　（c）

图 5 – 43　帆面薄膜折叠方式

（a）叶外折叠；（b）叶内折叠；（c）斜叶外折叠

● 帆面固定与收拢

将初步折叠后帆面的90°角点与帆面卷轴固定连接，长条状帆面沿顺时针方向将帆面缠绕于卷轴上，实现帆面的固定与收拢，如图5-44所示。

图5-44　帆面的固定与收拢

● 帆面加载及数据记录

如图5-44所示，收拢后帆面的两个45°角点位于最外侧，将帆面45°角点连接至试验平台导向机构上，使其运动方向沿帆面支撑臂的展开方向，并在帆面45°角点上施加恒定载荷，用来实现帆面展开，恒定载荷通过悬挂一定质量砝码实现。

通过前期试验探索，选择悬挂砝码质量分别为2.5 kg、2.0 kg、1.7 kg、1.5 kg和1.0 kg，一方面比较每种折叠方式在不同载荷下的展开特性，另一方面对比相同载荷下不同折叠方式的展开特性。

为了更好地研究帆面展开规律，在帆面的展开方向上对称标记5个点，点的位置如图5-45所示，施加载荷后的帆面45°角点对齐点1，帆面在载荷作用下由点1处释放展开。通过摄影记录帆面两个45°角点分别到达点2、3、4时的时间，由于摄录限制，无法记录到达点5的时间，因此仅记录上述3个点，两个45°角点记录的数据取平均值。

3. 试验结果

从两方面对帆面折叠展开试验结果进行分析：①记录每种折叠方式不同载荷作用下的试验结果，分析该种折叠方式的展开形态以及展开规律；②记录相同载

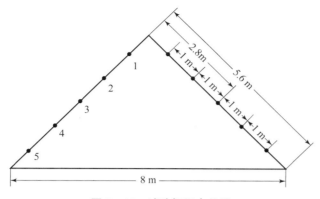

图 5 - 45　试验标记点位置

荷下不同折叠方式的展开时间，用以对三种折叠方式进行比较分析。下文将从这两方面分析帆面薄膜展开试验结果。

1）不同载荷下各折叠方式研究

针对每种折叠方式，从 2.5 kg、2.0 kg、1.7 kg、1.5 kg 和 1.0 kg 五个悬挂砝码质量中选择 4 个较合适的砝码质量，进行帆面薄膜展开试验，不同折叠方式展开试验结果及分析如下。

● 斜叶外折叠

针对斜叶外折叠方式，选择 2.5 kg、2.0 kg、1.5 kg 和 1.0 kg 四个悬挂砝码质量，记录帆面展开过程中 45°角点到达点 2、3、4 时的时间，取两个角点记录时间的平均值，列于表 5 - 6 中，并根据记录数据绘制曲线，如图 5 - 46 所示。

表 5 - 6　斜叶外折叠不同载荷下展开时间

砝码质量	开始时间	点 2	点 3	点 4	总时长
2.5 kg	0 s	1.75 s	2.95 s	4.15 s	8.5 s
2 kg	0 s	1 s	1.7 s	2.25 s	6 s
1.5 kg	0 s	1.2 s	2.5 s	3.4 s	12 s
1 kg	0 s	12.5 s	26 s	34.5 s	—

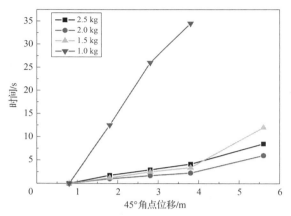

图 5 - 46　斜叶外折叠不同载荷下展开时间曲线

从图中曲线可看出，悬挂砝码质量为 2.5 kg、2.0 kg 和 1.5 kg 时，展开时间相差不大，都能顺利实现帆面展开，砝码质量为 2.5 kg 时帆面的展开形态如图 5 - 47 所示。图中看出帆面在展开两条直角边的同时带动与直角边平行的部分逐步展开，展开过程有序对称，且每一时刻展开帆面面积均匀，帆面并未出现严重的堆积现象，在恒力作用下展开速度均匀。

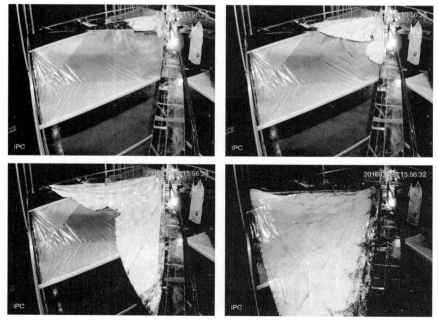

图 5 - 47　砝码质量为 2.5 kg 时斜叶外折叠帆面展开形态

砝码质量为 1.0 kg 时，展开时间明显加长，斜叶外折叠帆面在最后阶段展开困难，没能实现帆面完全展开，帆面仅展开约 80%，图 5 - 48 为帆面最终展开状态。帆面最终未能实现完全展开，可能是由于在最后展开阶段，已展开太阳帆面与下层用于辅助展开衬底之间的摩擦力导致的，帆面展开面积越大，与衬底之间的摩擦力也就越大，因此在展开最后阶段阻止了帆面的完全展开。

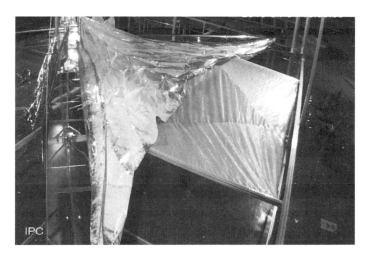

图 5 - 48　悬挂砝码 1 kg 帆面展开最终形态

● 叶外折叠

针对叶外折叠方式，选择 2.5 kg、2.0 kg、1.7 kg 和 1.5 kg 四个悬挂砝码质量，记录帆面展开过程中 45° 角点到达点 2、3、4 时的时间，取两个角点记录时间的平均值，列于表 5 - 7 中，并根据记录数据绘制曲线，如图 5 - 49 所示。

表 5 - 7　叶外折叠不同载荷下展开时间

砝码质量	开始时间	点 2	点 3	点 4	结束时间
2.5 kg	0 s	0.95 s	1.3 s	2.0 s	4.2 s
2 kg	0 s	0.85 s	2 s	3.6 s	3 min 16 s（卡顿）
1.7 kg	0 s	1 s	2 s	3.2 s	—
1.5 kg	0 s	0.9 s	1.95 s	3.25 s	—

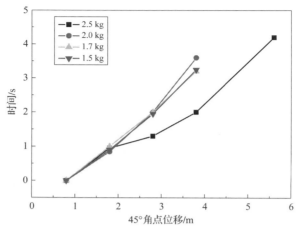

图 5 − 49　叶外折叠不同载荷下展开时间曲线

由表中数据看出只有悬挂砝码质量达到 2.5 kg 时，帆面才能够实现完全展开，展开过程如图 5 − 50 所示，直角三角形帆面在展开直角边的同时带动中间帆面以平行于斜边的形态逐步展开，在帆面展开初期出现了较严重的帆面堆积现象，随着帆面直角边的伸展，中间堆积帆面逐步展开。

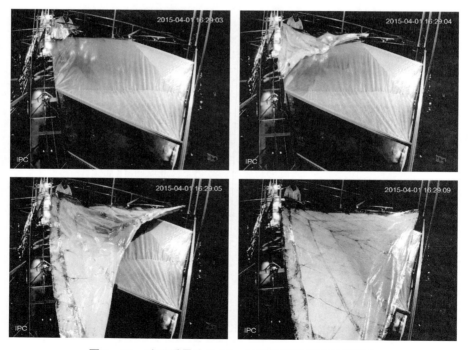

图 5 − 50　砝码质量为 2.5 kg 时叶外折叠帆面展开形态

砝码质量为 2.0 kg、1.7 kg 和 1.5 kg 时帆面都没能顺利展开。表中记录的点 3 是 45°角点运动路径的中点，悬挂上述三个质量砝码的帆面在点 1 到点 4 展开时间近似相等，但在最后阶段，斜边处的帆面缠结以及帆面与衬底的摩擦力阻止了帆面的进一步展开，如图 5 – 51 所示。采用三种折叠方式帆面展开过程中都存在帆面与衬底的摩擦力，但从图中帆面缠结的形态看出，产生帆面缠结与帆面的折叠方式有着直接的关系。由于叶外折叠的帆面是沿着垂直于斜边的方向折叠的，而在展开过程中帆面以平行于斜边的形态逐步展开，竖向的折痕在横向产生褶皱，导致帆面缠结，阻碍了帆面的顺利展开。

图 5 – 51　叶外折叠帆面褶皱

- 叶内折叠

针对叶内折叠方式，选择 2.5 kg、2.0 kg、1.5 kg 和 1.0 kg 四个悬挂砝码质量，记录数据列于表 5 – 8 中，并根据记录数据绘制曲线，如图 5 – 52 所示。

表 5 – 8　叶内折叠不同载荷下展开时间

砝码质量	开始时间	点 2	点 3	点 4	结束时间
2.5 kg	0 s	1.1 s	1.7 s	2.05 s	5 s
2 kg	0 s	0.9 s	1.65 s	2.15 s	7 s
1.5 kg	0 s	1.3 s	2.1 s	3.3 s	—
1 kg	0 s	1.4 s	3.15 s	18.7 s	—

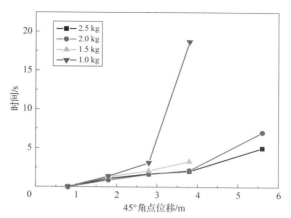

图 5 - 52 叶内折叠不同载荷下展开时间曲线

由表中数据看出悬挂砝码质量为 2.5 kg 和 2.0 kg 时，帆面都完全展开，展开时间相差不大，展开过程十分迅速，如图 5 - 53 所示为砝码质量为 2.5 kg 时叶内折叠帆面展开形态。帆面首先沿着两条直角边方向伸出，并堆积在两条直角边的位置，等帆面从卷轴上全部释放时，帆面直角边再带动中间的帆面逐步展开，帆面的展开主要集中在帆面从卷轴释放后。

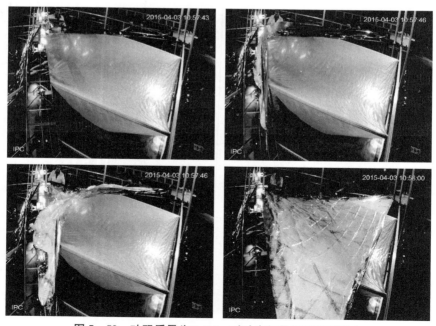

图 5 - 53 砝码质量为 2.5 kg 时叶内折叠帆面展开形态

从图 5 - 52 所示的展开位移时间曲线中看出在点 3（帆面 45°角点展开路径中点）之前，帆面展开速度极快，而在点 3 之后，帆面展开时间明显变长，展开速度降低。悬挂砝码质量为 1.5 kg 和 1.0 kg 时，帆面未能完全展开，悬挂砝码 1 kg 帆面最终展开状态如图 5 - 54 所示。采用这种折叠方式的帆面在展开的最后阶段并未出现明显的帆面缠结现象，帆面并未完全展开可能是由于两方面原因造成：①这种折叠方式帆面的展开主要集中在后期，所需动力较大，而砝码质量太小，不足以提供这种展开的动力；②三种折叠方式帆面展开时都存在的普遍问题，即帆面与衬底之间的摩擦力过大。

图 5 - 54　悬挂砝码 1 kg 帆面展开最终形态

2）相同载荷各折叠方式对比

三种折叠方式都在 2.5 kg、2.0 kg、1.5 kg 的悬挂砝码质量下展开，记录相同悬挂质量下不同折叠方式的展开时间，绘制曲线。图 5 - 55 是悬挂砝码质量为 2.5 kg 时三种折叠方式下帆面的展开时间，采用三种折叠方式的帆面都能顺利展开：叶内折叠和叶外折叠展开时间较短，前期展开速度较快，后期展开速度减缓；斜叶外折叠展开时间相对较长，但前后期展开速度较为平均，接近匀速展开。

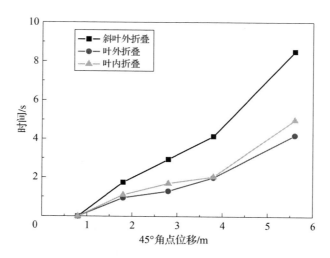

图 5 – 55　悬挂砝码 2.5 kg 帆面展开时间

　　图 5 – 56 是悬挂砝码质量为 2.0 kg 时三种折叠方式下帆面的展开时间曲线，叶内折叠和斜叶外折叠的帆面能够顺利展开，而叶外折叠的帆面未能完全展开。帆面展开前期，即到达点 3 之前，三种折叠方式展开时间都很接近；从点 3 之后，叶外折叠方式展开时间明显高于另两种折叠方式，且最终未能实现完全展开，叶内折叠和斜叶外折叠都实现了最终的展开，但是斜叶外折叠展开时间更短，展开速度更趋于匀速。

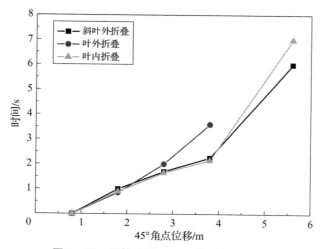

图 5 – 56　悬挂砝码 2.0 kg 帆面展开时间

图 5 – 57 是悬挂砝码质量为 1.5 kg 时三种折叠方式下帆面的展开时间，三种折叠中仅有斜叶外折叠的帆面能顺利展开。三种折叠方式在到达点 4 的时间近似相等，即在帆面展开前期，展开速度较快，而后期展开速度明显降低。

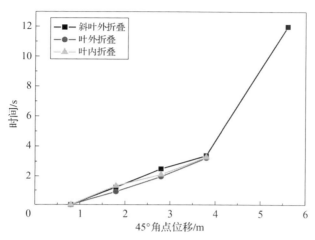

图 5 – 57　悬挂砝码 1.5 kg 帆面展开时间

通过上述对三种帆面折叠方式的对比得出，斜叶外折叠的帆面能在最小的作用力下实现帆面完全展开，且展开速度较均匀，展开过程平稳，是三种折叠方式中较适合太阳帆面的一种折叠方式。

3）小结

上文从两个方面对帆面不同折叠方式展开试验结果进行分析，一方面研究了三种折叠方式各自的展开特性，另一方面对三种折叠方式进行了对比分析。

三种折叠方式各自展开特性如下：①斜叶外折叠帆面在恒力作用下展开速度均匀，在每一时刻展开的帆面面积均匀，不会出现大面积帆面堆积现象，帆面展开过程平稳有序；②叶外折叠帆面在恒力作用下帆面展开初期就出现帆面堆积现象，并随着直角边的运动，堆积的帆面逐步展开，但是帆面展开最后阶段容易出现由帆面堆积引发的帆面缠结现象，阻碍帆面的顺利展开；③叶内折叠帆面在恒力作用下初期展开速度极快，帆面整体展开主要集中在后期，因此后期展开需较大动力，易出现后期帆面难以展开的现象。

对上述三种折叠方式帆面进行对比，可以得到如下结论：①三种折叠方式的帆面展开时，都是前期展开速度较快，后期展开速度变慢，但斜叶外折叠方式的帆面前期展开速度相对较慢，使得帆面整个展开过程较为匀速，展开较平稳；②在选定的 5 个悬挂砝码质量中，只有斜叶外折叠方式能够在 1.5 kg 砝码质量下实现完全展开，后期帆面完全展开时所需拉力最小，且不出现帆面缠结现象，是最易实现帆面完全展开的一种折叠方式；③对上述两方面内容的比较可知，斜叶外折叠的帆面能在最小的作用力下实现帆面完全展开，展开过程不出现帆面严重堆积缠结现象，且展开速度较均匀，展开过程平稳，是三种折叠方式中较适合太阳帆面的一种折叠方式。

5.2.2 帆面与支撑臂整体展开试验

1. 试验内容

摄影记录支撑臂带动帆面展开过程，重点关注以下几个方面：

➤ 支撑臂的展开过程是否顺畅，四根支撑臂展开是否同步；

➤ 帆面能否在支撑臂带动下完全展开，展开是否平稳；

➤ 帆面与支撑臂配合展开是否有序，帆面与支撑杆是否相互影响。

2. 试验方法

1）试验对象及试验设备

选择四块厚度为 12.5 μm、单面镀铝的聚酰亚胺薄膜，帆面薄膜形状为等腰直角三角形，直角边长为 5.6 m；以及四根长度为 5.6 m 的充气式展开支撑臂，在 8 m×8 m 的试验平台上进行帆面与支撑臂整体展开试验。

2）试验流程

根据如下试验流程（图 5 - 58）开展帆面与支撑臂整体展开试验。

● 支撑臂折叠与收拢

四根支撑臂采用充气端固定，有效载荷放在自由端，从自由端开始卷曲折叠，在支撑臂的外表面沿长度方向粘贴了一定宽度的粘扣，粘扣由绒面和勾面成对组成。在内压的作用下使搭扣剥离，以保证展开过程的有序性。收拢后的支撑臂如图 5 - 59 所示。

● 帆面的折叠与收拢

帆面采用上文中提到的斜叶外折叠方式，折叠好的四块帆面分别缠绕在四个帆面卷轴上，收拢完成后的帆面及支撑臂如图 5 - 60 所示。

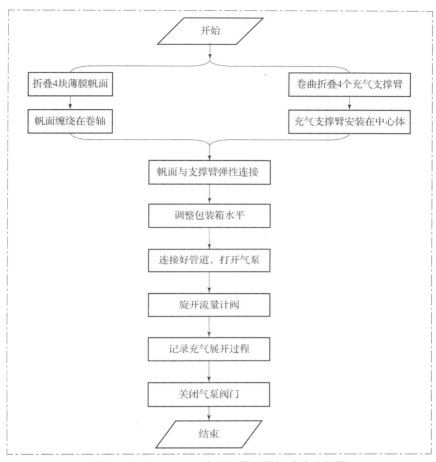

图 5 - 58　8 m × 8 m 太阳帆原理样机试验流程图

图 5 - 59　收拢后的支撑臂

图 5 – 60　收拢后的帆面及支撑臂

● 帆面与支撑臂的连接

卷曲收拢后支撑臂的两端分别与相邻帆面 45°顶点相连接，连接处采用可相对旋转弹性连接，避免支撑臂展开过程中的滚转影响帆面展开，如图 5 – 61 所示。

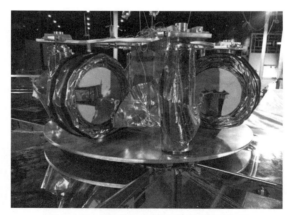

图 5 –61　帆面与支撑臂的连接示意图

● 帆面与支撑臂的展开

采用一个充气泵，通过四个节流阀，分别对四根支撑臂充气，调节每一路的气流量，使支撑臂展开速度接近。在支撑臂开始充气的同时，拽开支撑臂与帆面上的包带；支撑臂充气的同时带动帆面逐步展开，摄影记录帆面随支撑臂伸出同时展开的过程。

3. 试验结果

摄影记录的帆面随支撑臂充气展开过程如图 5 - 62 所示，充气支撑臂能够顺利展开，在展开初期同步性较好，展开中期展开速度略有差异，最后展开阶段实现同步展开。总体来说，展开同步性较好；斜叶外折叠方式的帆面展开过程匀速，没有明显的帆面堆积现象，且能够接受一定程度的支撑臂展开不同步，很好地配合支撑臂实现帆面平稳顺利展开。

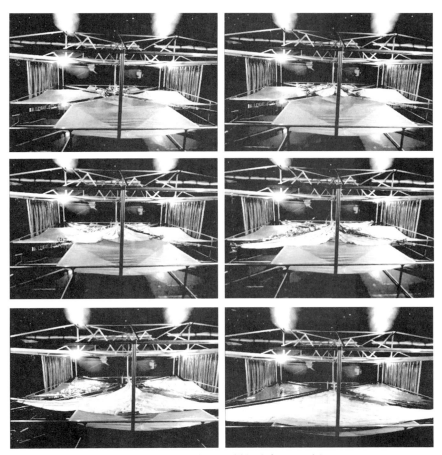

图 5 - 62　太阳帆原理样机充气展开过程

5.2.3　总结

上文对原理样机进行了折叠展开试验，主要包括帆面不同折叠方式的展开试验和帆面支撑臂整体展开试验两个试验内容。

通过帆面不同折叠方式的展开试验分别研究了叶内、叶外及斜叶外三种折叠方式帆面展开过程中各自的展开特性，并对三种折叠方式进行了对比。试验结果表明相比另外两种折叠方式，斜叶外折叠的帆面能在最小的作用力下实现帆面完全展开，展开过程不出现帆面严重堆积缠结现象，且展开速度较均匀，展开过程平稳，是三种折叠方式中较适合太阳帆面的一种折叠方式。

通过帆面与支撑臂整体展开试验看出，采用斜叶外折叠方式的帆面能够与卷曲折叠的充气支撑臂较好地配合，随着支撑臂充气展开，带动太阳帆面逐步有序稳定地展开。支撑臂展开较同步，且斜叶外折叠方式能够接受一定程度的支撑臂展开不同步，二者相互配合，实现了太阳帆顺利展开。

5.3 原理样机力学测试及分析

5.3.1 原理样机静力学测试

1. 测试内容

对太阳帆原理样机进行静态变形测量，取得厚度为 12.5 μm 的单面镀铝聚酰亚胺薄膜和厚度为 25 μm 的未镀铝聚酰亚胺厚膜的变形数据，为太阳帆原理样机的优化设计提供依据。

原理样机处于悬挂状态，帆面水平放置，距离台面高度约 35 cm，三点悬挂，通过调整预紧力大小改变帆面的形变。其中直角处悬挂在中心体上，另外两角通过悬挂配重的方式施加大小相同的拉力，配重质量依次为 5 kg、4 kg、3 kg、2 kg、1 kg，镀铝膜的处理方法与透明膜的相同。

2. 测试方法

1）测量仪器

使用 Surphaser 25HSX 三维激光扫描仪（图 5 – 63）进行形面测量，该扫描仪采用相位式测距原理。与经纬仪等测角仪器采用度盘测角相区别，激光扫描仪通过电机改变激光光路获得扫描角度，三维激光扫描仪需要两个电机控制光路在垂直和水平两个方向扫描，其中垂直方向的电机和扫描镜连在一起，控制完成线扫描，水平方向的电机控制完成帧扫描。Surphaser 25HSX 三维激光扫描仪的技术参数如表 5 - 9 所示。

图 5 - 63　Surphaser 25HSX 三维激光扫描仪

表 5 - 9　Surphaser 25HSX 三维激光扫描仪的技术参数

扫描类型	360°（H）×270°视场角，全景相位式扫描仪
激光波长	685 nm（红色）
激光类型	CW，Class 3R
激光功率	15 mW
扫描速度	216 000 ~ 1 200 000 点/s
距离分辨率	0.001 mm
距离不确定度	5 m 处 0.5 mm
角度分辨率	1″
行扫描密度	24 ~ 90 点/(°)
列扫描密度	10 ~ 90 点/(°)
质量	11 kg
尺寸	425 mm ×164 mm ×237 mm

2）测量精度验证

对 300 mm × 900 mm 的膜进行测量试验验证，验证使用 Surphaser 25HSX 三维激光扫描仪进行形面测量的可行性；检验扫描仪在同一位置进行多次扫描的重复精度。

在同一测站对薄膜进行 4 次重复性测量，以第 1 次扫描数据为基准，其余 3 次扫描数据均与第 1 次进行最佳拟合处理，计算出最佳拟合的均方根误差和平均误差。再选取两个不同测站进行扫描测量，重复以上操作，共计 12 组扫描数据。如图 5 - 64 所示，蓝色区域为第一次扫描结果，红色区域为比较对象。

图 5 - 64　最佳拟合示意

通过实验结果（表 5 - 10）可以看出，激光扫描测量方法精度约为 0.2 mm，满足大面积薄膜的面形测量要求。

表 5 - 10　实验结果统计

组别	第 1 测站		第 2 测站		第 3 测站	
	均方根误差	平均误差	均方根误差	平均误差	均方根误差	平均误差
第 2 - 1 组	0.111	0.086	0.297	0.210	0.437	0.311
第 3 - 1 组	0.146	0.113	0.285	0.200	0.390	0.280
第 4 - 1 组	0.084	0.075	0.275	0.201	0.396	0.286

3）测试步骤

鉴于三维激光扫描仪对高亮（镀铝膜）、透明（透明膜）的物体都难以获取高质量的点云，因此，在对薄膜进行扫描测量之前，需对其喷洒适量的显影剂。如图 5 - 65 所示为测量现场布局。

3. 测试结果分析

在点云状态时，选取三个角上的点拟合出一个标准平面（其法线竖直向上），再利用一直角边上的两点拟合一直线，使用点、线、面建立一直角坐标系，

图 5 – 65　测量现场布局

如图 5 – 66 所示，其余坐标系建立方式与此相同。最后，使用 Geomagic Studio 2014 将点云数据处理为多边形格式后，计算帆面变形。两种帆面测量结果见本章附表1。

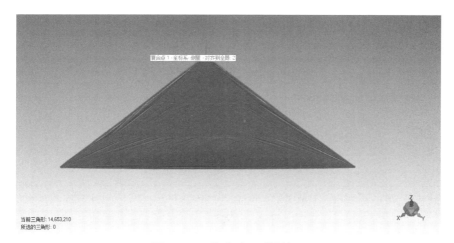

图 5 – 66　薄膜形面测量结果

1）帆面最大挠度分析

统计在不同预紧力、不同厚度条件下的帆面最大挠度，如图 5 – 67 和表 5 – 11 所示。可得出如下结论：

➢ 无论是厚膜还是薄膜，帆面在重力作用下的变形随预紧力增加而减小，变化趋势近似呈指数衰减，当预紧力大于 4 kgf① 时，帆面最大挠度最终趋于平缓。

————————————

①　1 kgf≈9. 8 N。

因此，对本原理样机所采用的帆面，在帆面水平悬挂时，较为合适的预紧力为 4 kgf 左右，进一步增加预紧力无助于改善帆面的平面度，但会增加支撑臂的轴向载荷，有可能导致其屈曲。

➢ 相同预紧力状态下，25 μm 厚度的厚膜变形量大于 12.5 μm 厚度的薄膜，两者最大挠度差别随预紧力增加而减小，当预紧力为 1 kgf 时两者相差达 101.6 mm，当预紧力达到 4 kgf 时两者相差减小为 4.3 mm。厚膜与薄膜最大挠度之差取决于预紧力与帆面重力的竞争，这是本试验中帆面水平悬挂所出现的现象，当帆面在空间只受光压作用时，不会出现此现象。

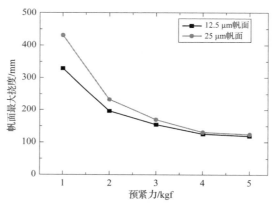

图 5-67　不同预紧力、不同厚度帆面最大挠度

表 5-11　薄膜最大挠度分布

预紧力	厚膜截面 1 挠度分布	薄膜截面 1 挠度分布
5 kgf		
4 kgf		

预紧力	厚膜截面 1 挠度分布	薄膜截面 1 挠度分布
3 kgf	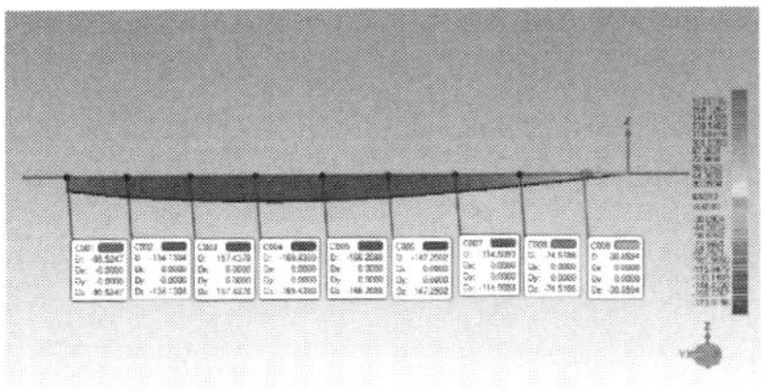	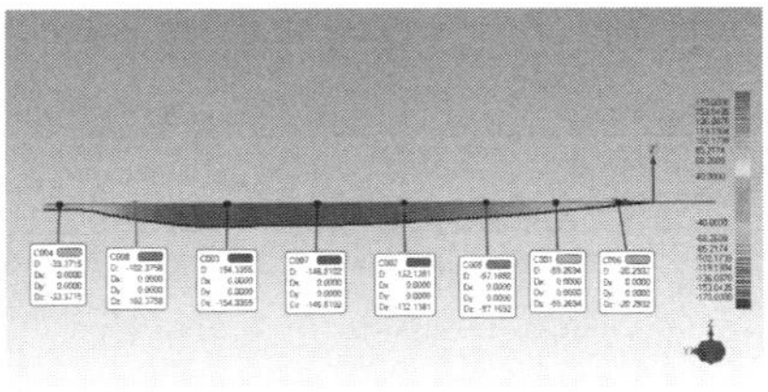
2 kgf	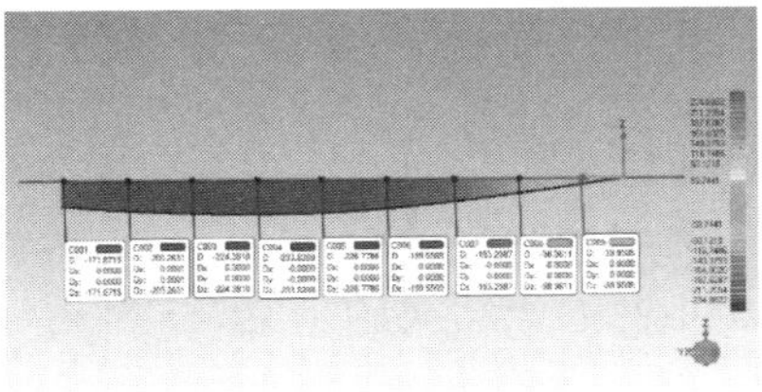	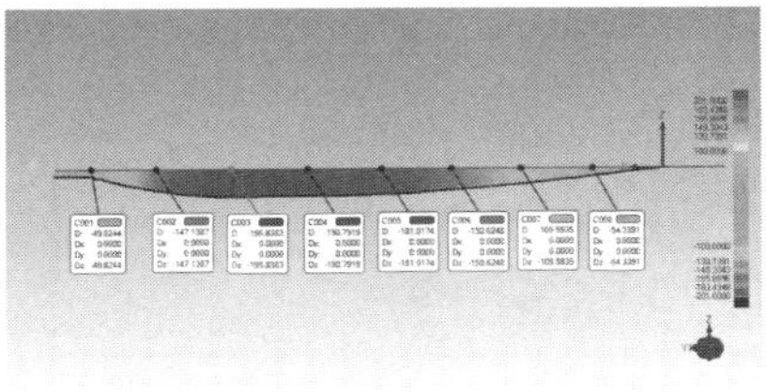
1 kgf	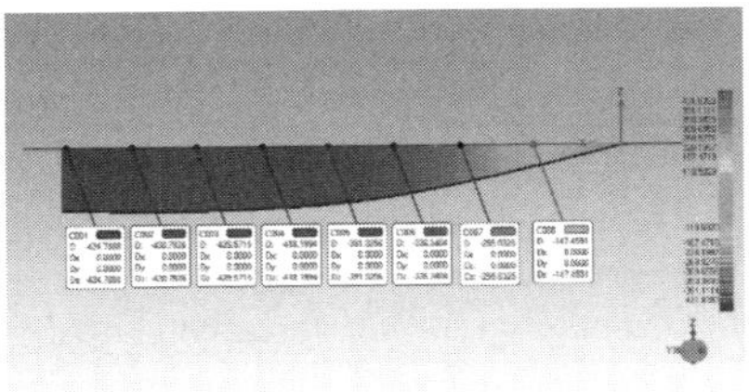	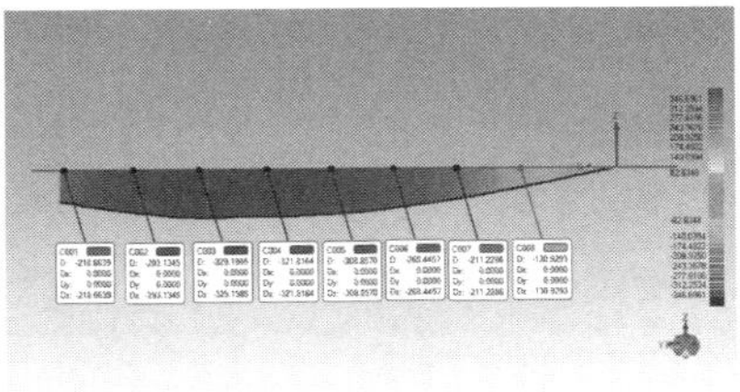

2）帆面褶皱分析

采用激光扫描测量的方法可以较为精细地得到整个帆面的褶皱分布及其形态变化，采用其后处理软件可以得到褶皱的参数。褶皱形态及其参数与预紧力大小、方向、帆面初始状态等因素均有关系。

● 帆面褶皱形态

帆面受三点拉伸，帆面褶皱从拉伸位置呈辐射状向帆面中心延伸，在角部褶皱波长较短、峰值较高，向帆面中心处波长逐渐变长、峰值减小，最终褶皱逐渐消失，帆面中部区域整体较为平坦；三条边附近也存在较大褶皱。这主要是由太阳帆原理样机的设计中，帆面与支撑臂采用三点连接方式所致。

对于薄膜，因采用拼接粘贴工艺，所以在帆面拼接处已预先形成褶皱，对于预应力加载下褶皱的形态有一定影响，不易分析。对于厚膜，随着预紧力的增加，帆面褶皱区域面积减小，帆面中心平坦区域面积增大。帆面褶皱形态随预紧力变化情况见表 5 - 12。

表 5 - 12　帆面褶皱形态随预紧力变化

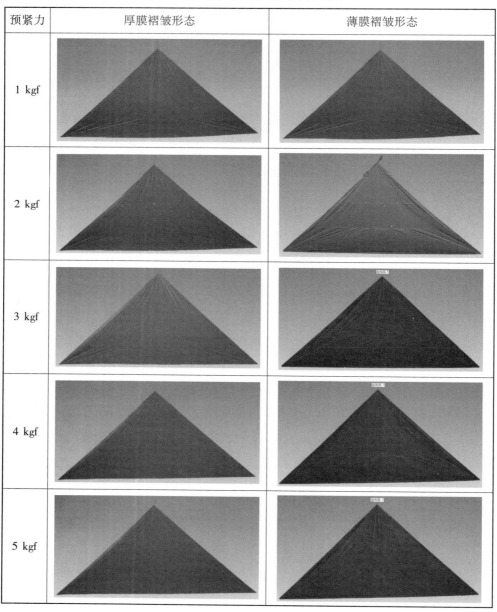

预紧力	厚膜褶皱形态	薄膜褶皱形态
1 kgf		
2 kgf		
3 kgf		
4 kgf		
5 kgf		

● 帆面褶皱参数

帆面褶皱参数主要包括截面褶皱数量、典型褶皱的峰谷值和半波长，如图 5 - 68（b）所示。选取两个典型的截面（图 5 - 68（a））测量褶皱参数：截面 1 平行于帆面斜边并垂直于 XY 平面，距离帆面直角顶点 800 mm（约为帆面边长的 1/10）；截面 2 垂直于帆面右侧 45°角平分线并垂直于 XY 平面，距离帆面 45°角顶点 1 600 mm（约为帆面边长的 1/5）。

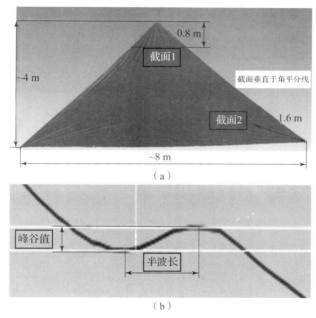

图 5 - 68　帆面褶皱处理方法示意图

（a）帆面典型截面选取；（b）褶皱参数

镀铝薄膜截面 1 处褶皱有 9 个，褶皱数量不随预紧力变化；所选取的该截面典型褶皱半波长为 53.8 ~ 57.8 mm，基本不随预紧力变化；典型褶皱峰谷值为 11.2 ~ 13.0 mm，基本不随预紧力变化。截面 2 处褶皱有 12 个，褶皱数量不随预紧力变化；所选取的该截面典型褶皱半波长为 48.7 ~ 53.0 mm，基本不随预紧力变化；典型褶皱峰谷值为 7.0 ~ 9.0 mm，随预紧力增加略微呈现先增大后减小的趋势。如图 5 - 69 所示为镀铝薄膜预紧力 4 kgf 时截面曲线。镀铝薄膜典型截面褶皱曲线见表 5 - 13。

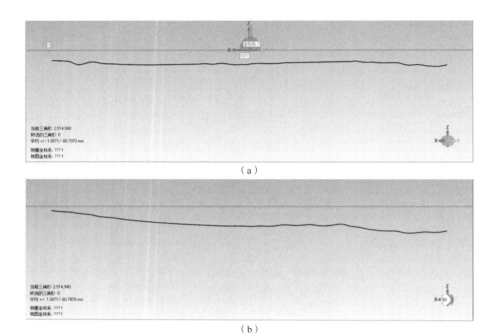

图 5-69　镀铝薄膜预紧力 4 kgf 时截面曲线

（a）截面 1 曲线；（b）截面 2 曲线

表 5-13　镀铝薄膜典型截面褶皱曲线

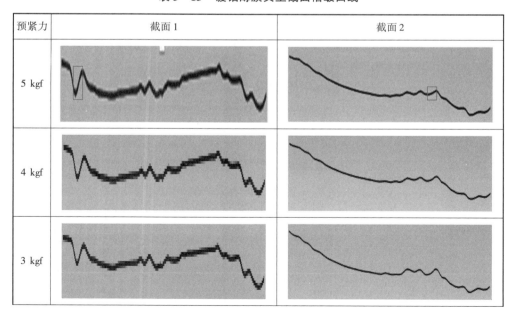

预紧力	截面 1	截面 2
5 kgf		
4 kgf		
3 kgf		

续表

预紧力	截面 1	截面 2
2 kgf	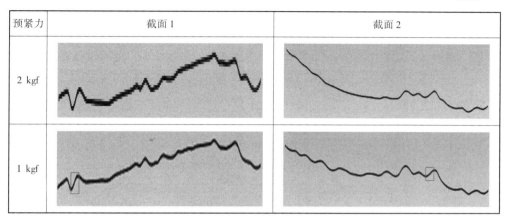	
1 kgf		

透明厚膜截面 1 处褶皱有 13 个，褶皱数量不随预紧力变化；所选取的该截面典型褶皱半波长为 52.0 ~ 58.9 mm，基本不随预紧力变化；典型褶皱峰谷值为 2.0 ~ 4.5 mm，随预紧力增加略微增大。截面 2 处褶皱有 12 个，褶皱数量不随预紧力变化；所选取的该截面典型褶皱半波长为 53.0 ~ 85.6 mm，注意 85.6 mm 和 72.2 mm 两个数值对应于褶皱处帆面有较大倾斜；典型褶皱峰谷值为 5.0 ~ 11.0 mm，注意 11.0 mm 和 10.6 mm 两个数值对应于褶皱处帆面有较大倾斜，测量时截面斜率对峰谷值有贡献，扣除该因素，可认为褶皱峰谷值随预紧力增加略微呈现单调减小的趋势。如图 5 – 70 所示为透明厚膜预紧力 4 kgf 时的截面曲线。透明厚膜典型截面褶皱形状见表 5 – 14。

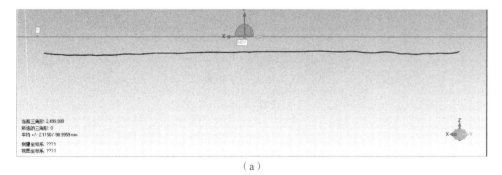

（a）

图 5 – 70　透明厚膜预紧力 4 kgf 时截面曲线

（a）截面 1 曲线

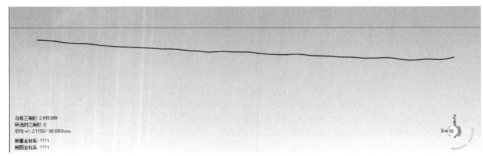

（b）

图 5 – 70 透明厚膜预紧力 4 kgf 时截面曲线（续）

（b）截面 2 曲线

表 5 – 14 透明厚膜典型截面褶皱形状

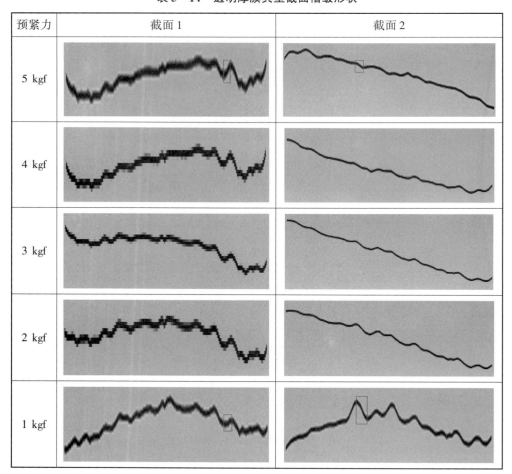

在当前试验条件下，改变预紧力（1～5 kg），对于薄膜和厚膜褶皱数量都不变化；薄膜和厚膜截面典型褶皱半波长在 55 mm 左右，两者基本一致；薄膜褶皱的峰谷值略高于厚膜。如图 5 – 71 所示为镀铝薄膜预紧力 1 kgf 时读取褶皱尺寸示意图。两种帆面典型截面褶皱参数如图 5 – 72 所示。

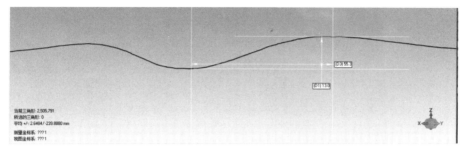

图 5 – 71　镀铝薄膜预紧力为 1 kgf 时读取褶皱尺寸示意图

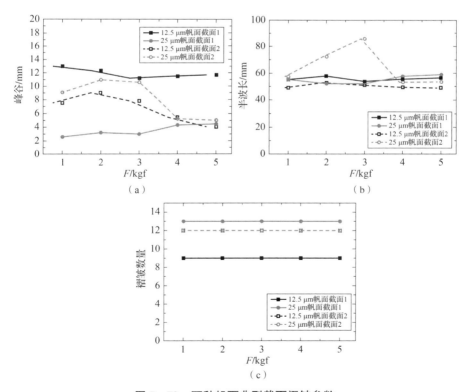

图 5 – 72　两种帆面典型截面褶皱参数

（a）截面褶皱最大峰谷值；（b）截面褶皱最大峰谷值对应的半波长

（c）截面褶皱数量（褶皱数量基本不变）

5.3.2　原理样机振动测试

1. 测试内容

对充气展开的太阳帆原理样机进行振动试验，得到原理样机帆面和支撑臂的振动频率及模态。

原理样机充气展开，支撑臂处于保压状态，为帆面提供预紧力，帆面水平悬挂，距离台面高度约 35 cm，帆面与支撑臂三点连接。

2. 测试方法

选取充气式太阳帆的四分之一结构进行锤击法模态测试，研究其振动性能。试验方案如图 5-73 所示。

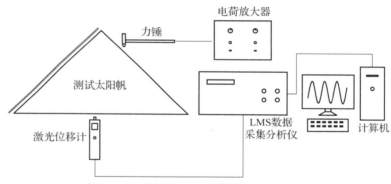

图 5-73　充气式太阳帆模态测试试验方案

测试中，使用力锤对测试帆面激励点进行激励，利用激光位移计拾取测试点的响应。使用 LMS 数据采集分析系统对激励和响应信号进行分析，得到相关的模态参数。试验所使用的仪器及其参数介绍如表 5-15 所示。其中激光测振仪采用 100 mm/s 的挡位，校准精度为 1 mm/s。

表 5-15　仪器参数介绍

仪器名称	参数介绍	图片介绍
SD1421 压电石英力传感器	灵敏度：4 pc/N	

仪器名称	参数介绍		图片介绍
PDV – 100 便携式 激光测振仪	测量类型：速度 量程：$5/25/125 \dfrac{\text{mm}}{\text{s}}/\text{V}$ 频率范围：0 ~ 22 kHz 校准精度：1%		
六通道 电荷放大器	频率范围：0. 3 ~ 100 Hz 噪声：小于 1 mV		
LMS 数据采集 分析系统	Signature 模块	采集实时信号并进行分 析用于分析结构频率	
	Impact Test 模块	进行锤击法模态测试的 数据采集、分析	

➢ 悬挂方式：支撑臂采用尼龙线悬挂，悬线直径约 1 mm、长度 1.4 m，每根支撑臂两个悬挂点，分别位于距离端部 1 m 和 3.3 m 处，如图 5 – 74 所示。中心体同样采用尼龙绳悬挂，四个角部吊点分别采用尼龙绳悬挂在试验台支架合成一根，能保证四根支撑臂水平的同时，减少原理样机整体旋转的约束；中心体下方四根充气管始终保持连接状态，对样机的运动有一定影响。

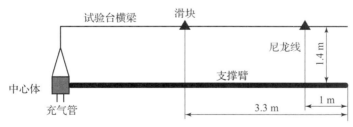

图 5 – 74 支撑臂悬挂示意图

➢ 激励点：激励点位于支撑臂端部铝盖，从上向下敲击。

➢ 测试点：粘贴激光位移计标记的反光点，反光标志为尺寸 15 mm × 15 mm 的正方形。帆面和支撑臂上的测试点排布如图 5 – 75 所示，图中点 1 到点 23 为帆面，点 24 到点 28 为支撑臂。对于支撑臂，点 24 距离支撑臂端部 0.5 m，点 24

至点 28 顺序间隔 1 m。对于帆面，以三角形斜边中点 4 为基准布点；在斜边，点 1、点 2、点 3 分别关于点 4 和点 7、点 6、点 5 对称，两点间隔 1 m；分别过点 1 至点 7 作斜边垂线，在垂线上间隔 1 m 布点，中垂线过帆顶点，垂线与帆直角边交点分别为点 8、点 15、点 20、点 22、点 19、点 14。

➤ 坐标系：以点 4 为原点建立直角坐标系，斜边为 X 轴，指向被测支撑臂端部的方向为正向；中垂线为 y 轴，指向顶点方向为正向。

振动测试现场图如图 5-76 所示。

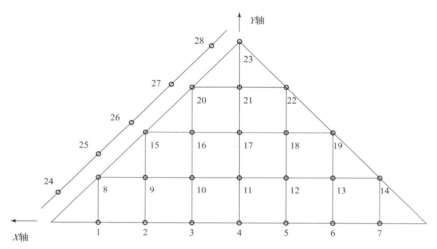

图 5-75　测试点的分布（从下方向上看）

（a）　　　　　　　　　　　　　　　　　（b）

图 5-76　振动测试现场图

（a）太阳帆原理样机振动测试悬挂状态；（b）锤击法、激光测振仪与反光标志

3. 试验结果

1）帆面薄膜频率测试

使用 LMS 数据采集分析系统的 Signature 分析图 5-75 中点 13、点 17、点 21

的响应信号。测试时，采样时长为 20 s，采样的带宽为 50 Hz，分辨率约为 0.04 Hz，如图 5-77 所示。通过响应信号的频域分析可以得到响应的固有频率，如图 5-78 和表 5-16 所示。

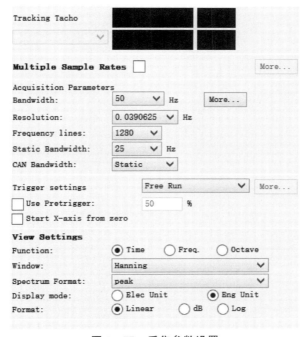

图 5-77　采集参数设置

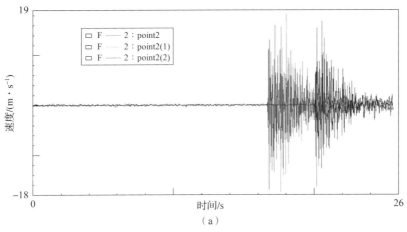

（a）

图 5-78　**Signature** 频率分析（点 21）（书后附彩插）

（a）采集的速度 - 时间信号

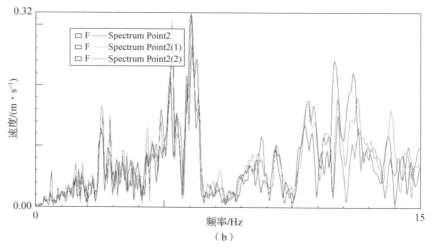

图 5 − 78　Signature 频率分析（点 21）（续）（书后附彩插）

（b）响应信号的 FFT 曲线（3 次测量）

表 5 − 16　帆面 17/21/13 点的固有频率测量结果

阶数	响应点固有频率/Hz		
	点 13	点 17	点 21
1	2.3	0.6	0.6
2	3.2	1.2	1.5
3	3.6	1.4	1.7
4	4.4	1.6	1.8
5	4.6	2.0	2.2
6	4.8	2.9	2.6
7	5.5	3.2	2.9
8	5.8	4.3	3.4
9	6.4	4.8	4.3
10	7.2	5.1	4.9
11	—	5.5	5.3
12	—	6.0	5.5
13	—	6.6	6.0

续表

阶数	响应点固有频率/Hz		
	点 13	点 17	点 21
14	—	7.0	6.2
15	—	8.9	7.2
16	—	9.4	8.8
17	—	9.6	9.4

可见，在 3 个测试点中，点 17 和点 21 所得的频率基本一致，点 13 所得频率与其他两点相差较大。从 3 个测量点位置上看，点 17 靠近四分之一帆面的中心；点 21 靠近帆面直角顶点，与点 17 距离较近；点 13 靠近帆面 45° 角顶点，与点 17 相距较远。因此，点 17 和点 21 结果接近，而点 17 应更能反映帆面的整体特性。测得频率包含了全局模态、局部模态以及由悬挂等造成的刚体位移的频率。从帆面测得的结构的基频应该为 0.6 Hz 或者 1.4 Hz。

2）支撑臂的锤击法模态测试

使用 LMS 数据采集分析系统的 Impact Test 模块对支撑进行锤击法模态测试，测试的数据分析过程如图 5 – 79 所示。测试时，采样带宽为 200 Hz，采样分辨率约为 0.05 Hz。

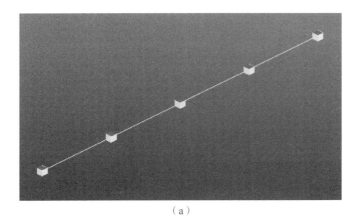

（a）

图 5 – 79 支撑臂模态测试过程（书后附彩插）

（a）LMS 中建立的测量模型

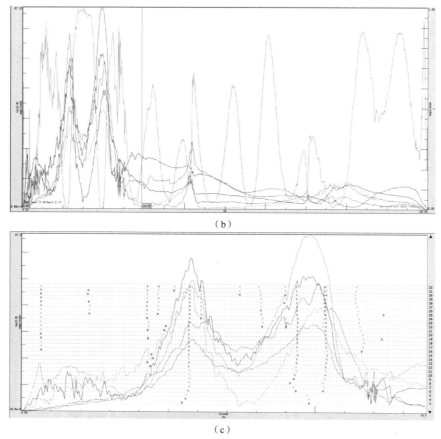

（b）

（c）

图 5 - 79　支撑臂模态测试过程（续）（书后附彩插）

（b）响应信号的 FFT 曲线（5 个测量点，每点测 3 次取平均）；

（c）测量结果中固有频率的选取（5 个测量点，每点测 3 次取平均）

测试结果如表 5 - 17 和图 5 - 79（c）所示，采用 Signature 所得频率更可靠。支撑臂前三阶频率分别为 5. 77 Hz、10. 15 Hz、20. 63 Hz。

表 5 - 17　支撑臂的固有频率

数据处理模块	固有频率/Hz		
	一阶	二阶	三阶
Signature	5. 77	10. 15	20. 63
Impact Test	5. 73	10. 31	20. 70

4. 结果分析

从以上实验结果可见：①帆面频率测试结果表明，帆面前 5 阶固有频率都低于 1 Hz，分别为 0.19 Hz、0.28 Hz、0.43 Hz、0.63 Hz、0.90 Hz；②支撑臂的频率测试和模态测试结果表明，支撑臂的前三阶固有频率分别为 5.77 Hz、10.15 Hz、20.63 Hz；③支撑臂一阶频率比帆面一阶频率高一个数量级，太阳帆原理样机的整体振动频率前几阶主要由帆面控制。

尚有部分问题需要进一步研究：①测试环境的改善。测试太阳帆体积较大，容易受到空气流动、支撑臂内充气压不稳定等因素干扰，因此测量时需要对测试环境进行评估及消除噪声源，提高测量结果的准确性。②帆面预紧力的测量。受帆面与支撑臂连接工艺限制，以及受支撑臂气压不稳定性的影响，帆面预紧力发生变化，会导致原理样机频率特性的变化。在不影响原理样机特性的条件下，应设法对连接绳索预紧力进行实时测量。③发展新的激励方式。对于太阳帆大型柔性薄膜结构，由于其低频密集模态，采用锤击法所得帆面的前几阶频率在频谱图上不够清晰，需要发展新的激励方式比如 PVDF 薄膜驱动等方式，以更好地研究其振动特性。

通过上述结果分析，可得到以下结论：①针对太阳帆折叠展开原理样机的力学特性进行了地面试验和测试，主要包括帆面静力学特性测试和原理样机的振动特性测试。通过试验得到了缩比样机在地面环境下的静力学和动力学特征参数，包括不同预紧力状态下帆面变形、最大挠度以及局部褶皱形态，帆面薄膜的振动频率、支撑臂的振动频率与模态。②采用激光三维扫描测量的方法得到了帆面在不同预紧力状态下的帆面变形、最大挠度以及局部褶皱形态，当预紧力超过 4 kgf 之后，帆面最大挠度变化趋于平缓，薄膜和厚膜在 4 kgf 时最大挠度分别达到 126 mm 和 130.3 mm。③采用锤击法对原理样机进行了振动模态测试，帆面前 5 阶固有频率分别为 0.19 Hz、0.28 Hz、0.43 Hz、0.63 Hz、0.90 Hz，支撑臂的前三阶固有频率分别为 5.77 Hz、10.15 Hz、20.63 Hz。

■ 5.4　结论

本章节针对太阳帆折叠展开原理样机的地面测试主要包括原理样机折叠展开

试验和力学测试方面内容，得到如下结论。

折叠展开试验结果表明，折叠展开方案合理，三种折叠方式均能实现顺利展开，且斜叶外折叠能在最小的作用力下实现平稳快速的展开，更具有优势。斜叶外折叠的帆面能够与卷曲折叠的充气支撑臂较好地配合，带动太阳帆面逐步有序稳定地展开。

通过折叠展开原理样机力学测试，得到了缩比样机在地面环境下的静力学和动力学特征参数，包括不同预紧力状态下帆面变形、最大挠度以及局部褶皱形态，帆面薄膜的振动频率、支撑臂的振动频率与模态。帆面展开后原理样机的平整度达到了 99.4%，达到任务指标需求。

附表 1　原理样机静力学测试结果

1. 厚度 12.5 μm 的单面镀铝聚酰亚胺薄膜

（1）薄膜形变结果（表 5 – 18）。

表 5 – 18　薄膜不同预紧力下的形变示意图

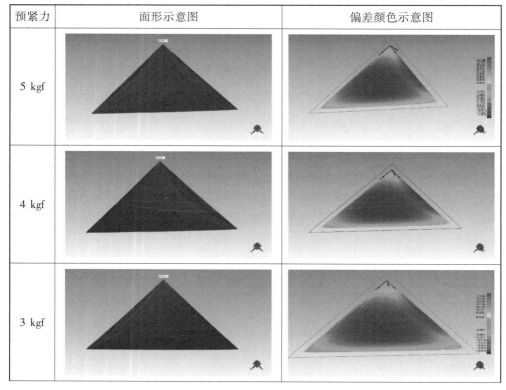

预紧力	面形示意图	偏差颜色示意图
5 kgf		
4 kgf		
3 kgf		

续表

预紧力	面形示意图	偏差颜色示意图
2 kgf		
1 kgf		

（2）薄膜截面挠度（图 5 – 80、图 5 – 81）。

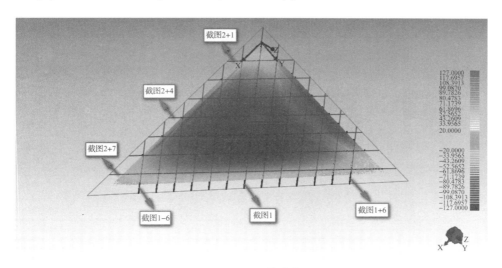

图 5 – 80　预紧力 5 kgf 薄膜截面位置示意

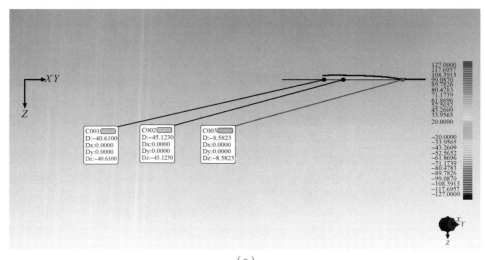

（a）

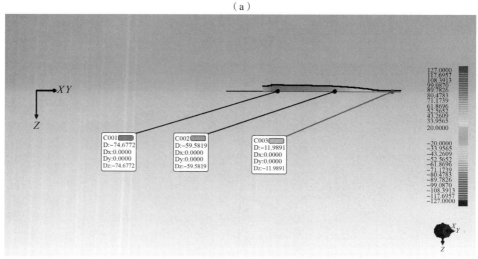

（b）

图 5-81 预紧力 5 kgf 薄膜截面偏差示意

（a）截面 1—6 偏差示意；（b）截面 1—5 偏差示意

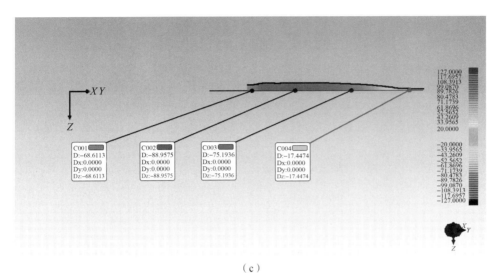

（c）

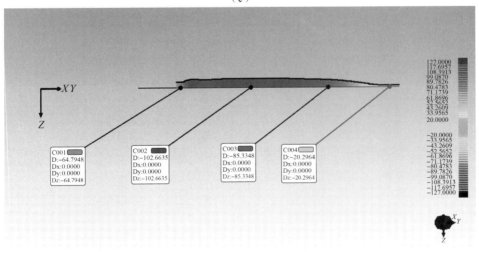

（d）

图 5 - 81　预紧力 5 kgf 薄膜截面偏差示意（续）

（c）截面 1—4 偏差示意；（d）截面 1—3 偏差示意

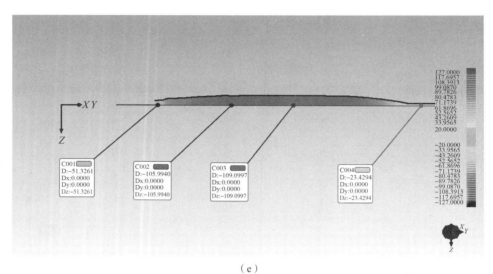

（e）

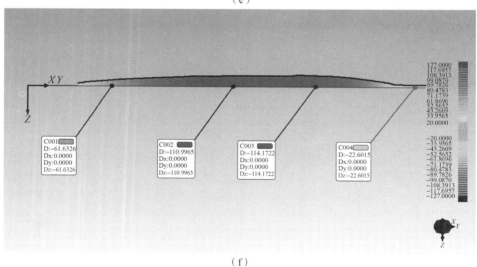

（f）

图 5 - 81　预紧力 5 kgf 薄膜截面偏差示意（续）

（e）截面 1—2 偏差示意；（f）截面 1—1 偏差示意

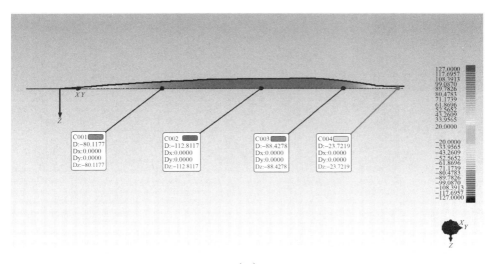

（g）

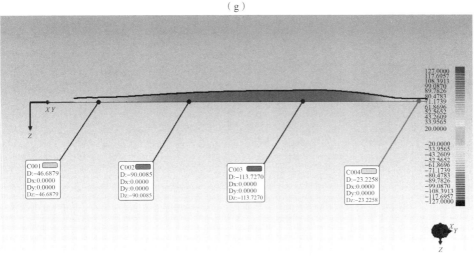

（h）

图 5 – 81　预紧力 5 kgf 薄膜截面偏差示意（续）

（g）截面 1 偏差示意；（h）截面 1 + 1 偏差示意

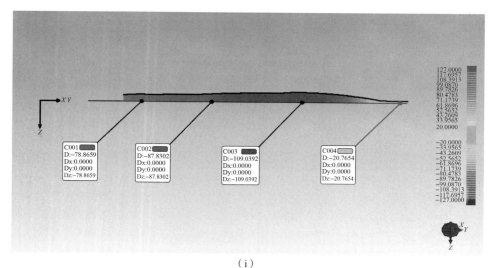

（i）

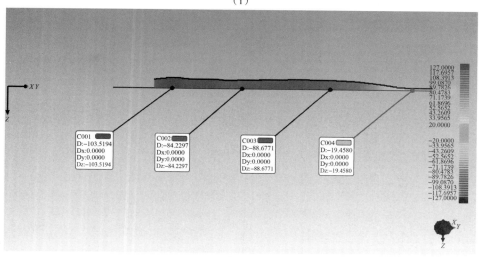

（j）

图 5－81　预紧力 5 kgf 薄膜截面偏差示意（续）

（i）截面 1＋2 偏差示意；（j）截面 1＋3 偏差示意

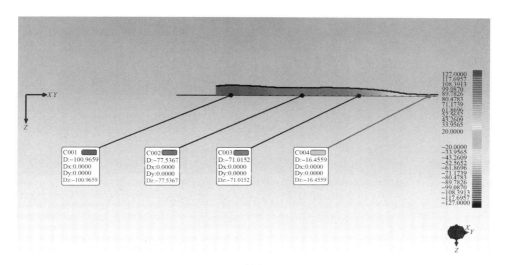

（k）

（l）

图 5 - 81　预紧力 5 kgf 薄膜截面偏差示意（续）

（k）截面 1 + 4 偏差示意；（l）截面 1 + 5 偏差示意

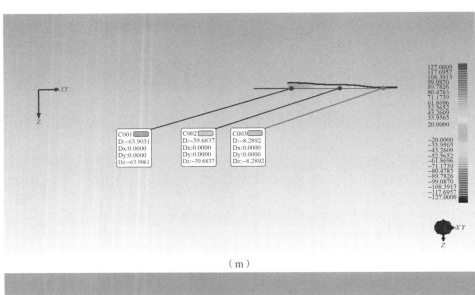

（m）

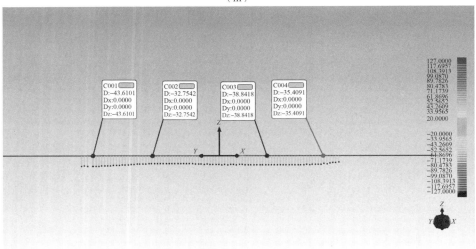

（n）

图 5 – 81　预紧力 5 kgf 薄膜截面偏差示意（续）

（m）截面 1 + 6 偏差示意；（n）截面 2 + 1 偏差示意

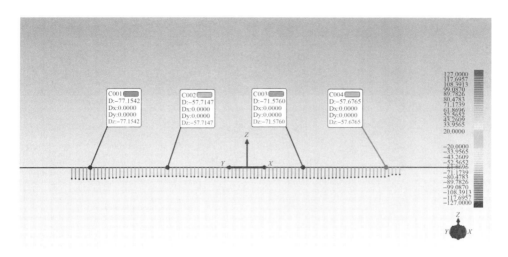

（o）

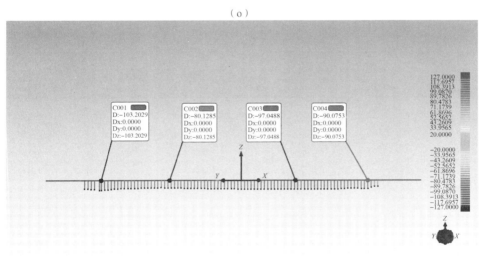

（p）

图 5 - 81　预紧力 5 kgf 薄膜截面偏差示意（续）

（o）截面 2 + 2 偏差示意；（p）截面 2 + 3 偏差示意

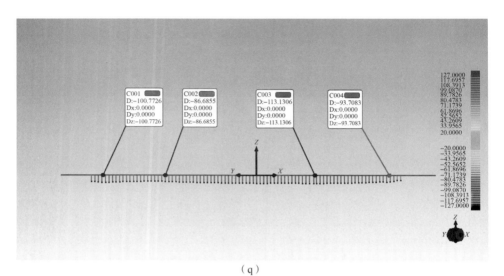

（q）

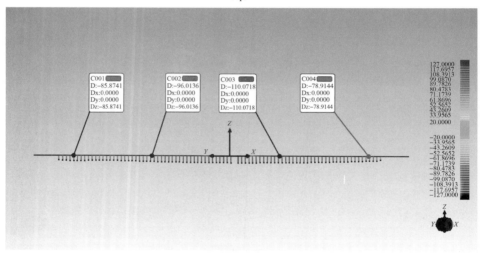

（r）

图 5 – 81 预紧力 5 kgf 薄膜截面偏差示意（续）

（q）截面 2 + 4 偏差示意；（r）截面 2 + 5 偏差示意

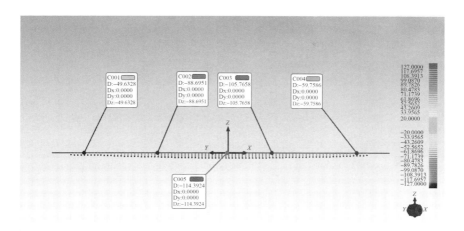

（s）

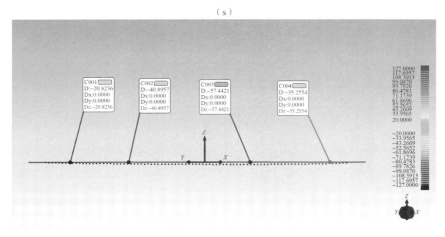

（t）

图 5 – 81 预紧力 5 kgf 薄膜截面偏差示意

（s）截面 2 + 6 偏差示意；（t）截面 2 + 7 偏差示意

（3）绳索拉力方向。

使用上文中的方法建立坐标系，测量得到三条拉索的方向见表 5 – 19，表示拉力的方向。

2. 厚度 25 μm 的无镀层聚酰亚胺薄膜

（1）薄膜形变结果。

25 μm 厚度无镀层薄膜在不同预紧力作用下的面形示意图及偏差颜色示意图如表 5 – 20 所列。

表 5-19 薄膜绳索拉力方向

镀铝膜		直线1			直线2			直线3		
		起点/mm	终点/mm	方向	起点/mm	终点/mm	方向	起点/mm	终点/mm	方向
5 kgf	$X(i)$	-24.124 6	-62.223 1	-0.704 5	-240.901 5	-426.625 6	-0.569 9	5 368.777 5	5 545.126 1	0.849 6
	$Y(j)$	-27.437 2	-65.707 5	-0.707 7	5 295.756 5	5 561.575 4	0.815 7	-30.036 7	-139.390 3	-0.526 8
	$Z(k)$	4.237 3	7.126 9	0.053 4	0.955 9	33.359 1	0.099 4	-2.996 9	2.480 7	0.026 4
4 kgf	$X(i)$	-22.250 7	-60.919 6	-0.702 7	-247.181 1	-436.511 3	-0.592 4	5 379.885 6	5 506.835 0	0.828 6
	$Y(j)$	-25.206 3	-64.200 8	-0.708 6	5 307.217 8	5 559.108 0	0.788 2	-22.923 1	-108.331 9	-0.557 4
	$Z(k)$	4.025 9	7.564 0	0.064 3	3.065 7	56.362 0	0.166 8	1.982 1	9.972 9	0.052 2
3 kgf	$X(i)$	-24.018 2	-66.679 3	-0.712 8	-252.876 2	-433.811 5	-0.564 8	5 366.043 8	5 536.457 5	0.853 3
	$Y(j)$	-23.262 4	-65.064 7	-0.698 4	5 305.102 8	5 566.341 7	0.815 5	-23.874 1	-127.853 8	-0.520 6
	$Z(k)$	4.536 8	8.407 0	0.064 7	-0.483 4	39.929 2	0.126 2	-1.890 8	4.098 4	0.030 0
2 kgf	$X(i)$	-22.533 7	-59.827 8	-0.641 9	-249.545 9	-431.094 6	-0.548 9	5 358.212 1	5 533.296 4	0.850 7
	$Y(j)$	-23.729 7	-67.780 6	-0.758 2	5 290.598 9	5 563.434 4	0.824 9	-21.779 0	-129.204 7	-0.522 0
	$Z(k)$	6.022 5	12.668 4	0.114 4	4.210 4	48.741 7	0.134 6	0.633 7	13.357 0	0.061 8
1 kgf	$X(i)$	-21.966 9	-52.421 5	-0.631 1	-272.186 0	-440.350 0	-0.491 6	5 329.719 4	5 509.353 3	0.877 0
	$Y(j)$	-23.581 1	-59.384 2	-0.741 9	5 273.548 0	5 563.199 3	0.846 7	-21.738 2	-115.804 8	-0.459 2
	$Z(k)$	8.954 2	19.893 9	0.226 7	3.549 7	73.221 8	0.203 7	2.406 5	31.375 4	0.141 4

表 5 − 20　薄膜不同预紧力下的形变示意图

预紧力	面形示意图	偏差颜色示意图
5 kgf		
4 kgf		
3 kgf		
2 kgf		
1 kgf		

（2）绳索拉力方向。

使用上文中的方法建立坐标系，测量得到三条拉索的方向见表 5 − 21，表示拉力的方向。

表 5 - 21　绳索拉力方向

厚膜		直线1			直线2			直线3		
		起点/mm	终点/mm	方向	起点/mm	终点/mm	方向	起点/mm	终点/mm	方向
5 kgf	X(i)	-33.615 6	-71.068 6	-0.651 9	-329.022 7	-452.241 0	-0.528 6	5 373.520 7	5 547.795 0	0.874 8
	Y(j)	-40.200 7	-83.729 8	-0.757 7	5 345.011 0	5 542.697 8	0.848 1	-26.840 9	-122.960 3	-0.482 5
	Z(k)	5.632 1	7.362 9	0.030 1	6.889 1	15.456 6	0.036 8	2.495 8	11.383 7	0.044 6
4 kgf	X(i)	-34.336 0	-70.701 4	-0.617 1	-328.305 3	-445.281 0	-0.506 9	5 365.464 5	5 547.373 0	0.884 5
	Y(j)	-38.733 3	-84.780 9	-0.781 4	5 338.871 0	5 537.455 7	0.860 5	-33.302 4	-128.590 4	-0.463 3
	Z(k)	5.113 3	10.551 0	0.092 3	2.819 5	14.776 0	0.051 8	1.353 5	12.428 6	0.053 9
3 kgf	X(i)	-41.001 3	-80.628 6	-0.675 8	-333.854 7	-479.182 4	-0.522 9	5 362.724 5	5 546.624 1	0.894 0
	Y(j)	-35.115 2	-77.508 9	-0.722 9	5 320.889 9	5 553.224 2	0.836 0	-30.397 1	-121.514 6	-0.443 0
	Z(k)	6.284 7	14.719 5	0.143 8	7.715 2	53.954 7	0.166 4	-3.942 5	9.940 3	0.067 5
2 kgf	X(i)	-39.109 1	-78.457 8	-0.707 5	-333.631 3	-480.369 2	-0.499 0	5 348.713 3	5 536.110 3	0.897 0
	Y(j)	-36.655 2	-74.899 0	-0.687 7	5 307.700 3	5 551.313 5	0.828 5	-20.496 3	-110.942 1	-0.432 9
	Z(k)	8.525 7	17.574 3	0.162 7	7.888 9	82.660 9	0.254 3	5.976 4	24.612 6	0.089 2
1 kgf	X(i)	-32.941 7	-69.734 9	-0.623 5	-313.707 9	-459.916 6	-0.438 9	5 322.993 1	5 514.190 1	0.896 7
	Y(j)	-35.619 9	-78.501 0	-0.726 7	5 269.347 6	5 548.729 1	0.838 7	-26.408 2	-111.671 7	-0.399 9
	Z(k)	14.239 5	31.263 6	0.288 5	12.004 7	119.440 7	0.322 5	7.853 2	48.341 2	0.189 9

参 考 文 献

［1］余后满，张燝，黄晓峰，等，我国小天体探测任务设想（下）［J］. 国际太空，2021（9）：4 –9.

［2］Bierhaus，E B，et al.（2018）. The OSIRIS – REx spacecraft and the touch – and – go sample acquisition mechanism（TAGSAM）［J］. Space Science，Reviews，doi：10. 1007/s11214 – 018 – 0521 – 6.

［3］Peypoudat V，Defoort B，Lacour D，et al. Development of a 3. 2m long inflatable and rigidizable solar array breadboard［C］. 2005：AIAA 2005 – 1881.

［4］刘宇艳，孟秋影，谭惠丰，等. 空间充气展开结构用刚化材料和刚化技术的研究现状［J］. 材料工程，2008（2）：76 – 80.

［5］Cadogan D P，Scarborough S E. Rigidizable materials for use in gossamer space inflatable structures［C］// Proceedings of the 42nd AIAA/ASME/ASCEAHS/ASC Structures，Structural Dynamics，and Materials Conference & Exhibit，AIAA Gossamer Spacecraft Forum，Seattle，2001.

［6］Stohlman O R，Lappas V. Deorbitsail：a deployable sail for de – orbiting［C］// 54th AIAA/ASME/ASCE/AHS/ASC Structures，Structural Dynamics，and Materials Conference April 8 – 11，2013，Boston，Massachusetts，AIAA 2013 – 1806.

［7］Chen Y，You Z. Curved – profile deployable structures based on Bennett linkages［C］//48th AIAA/ASME/ASCE/AHS/ASC Structures，Structural Dynamics，and Materials Conference 15th 23 – 26 April 2007，Honolulu，Hawaii，AIAA 2007 – 2115.

［8］　Lin Tze Tan，Silas Norager. Deployable slotted shell reflector antennas ［C］// 48th AIAA/ASME/ASCE/AHS/ASC Structures，Structural Dynamics，and Materials Conference 15th 23 − 26 April 2007，Honolulu，Hawaii，AIAA 2007 − 1846.

［9］　Zheng Fei，Chen Mei，Zhao Lingyan，et al. Deploying ability analyses of a folded hoop − rib space deployable structure ［C］//54th AIAA/ASME/ASCE/AHS/ ASC Structures，Structural Dynamics，and Materials Conference April 8 − 11，2013，Boston，Massachusetts，AIAA 2013 − 1830.

［10］　Natori M C，Katsumata N，Okuizumi N. Deployable membrane structures with rolled − up booms and their deployment characteristics ［C］//54th AIAA/ ASME/ASCE/AHS/ASC Structures，Structural Dynamics，and Materials Conference. April 8 − 11，2013，Boston，Massachusetts，AIAA − 2013 − 1596.

［11］　Juan M，Jeremy A，Emil V. Ardelean，creep effects and deployment characterization of rollable composite shell reflectors ［C］//53rd AIAA/ASME/ASCE/ AHS/ASC Structures，Structural Dynamics and Materials Conference 20th AI 23 − 26 April 2012，Honolulu，Hawaii，AIAA 2012 − 1955.

［12］　Hikari N，Yokosuka S. Rigidizable membranes for space inflatable structures ［C］//43rd AIAA/ASME/ASCE/AHS/ ASC Structures，Structural Dynamics，and Materials Con22 − 25 April 2002.

［13］　毕朕. 空间充气管展开过程仿真及模态分析 ［D］. 哈尔滨：哈尔滨工业大学，2006.

［14］　Straubel M，Block J，Sinapius M. Deployable composite booms for various gossamer space structures ［C］//52nd AIAA/ASME/ASCE/ AHS/ASC Structures，Structural Dynamics and Materials Conference 19th 4 − 7 April 2011，Denver，Colorado，AIAA 2011 − 2023.

［15］　David P，Mark S，Grahne S. Deployment control mechanisms for inflatable space structures ［C］//33rd Aerospace Mechanisms Conference，May 1999.

［16］　王长国，杜星文，万志敏. 薄膜褶皱的非线性屈曲有限元分析 ［J］. 计算力学学报，2007，24（3）：269 − 274.

［17］周涛，谢志民，杜星文. 空间充气支撑结构充气压力与刚度相关性研究 ［J］. 齐齐哈尔大学学报，2006，22（5）：111－114.

［18］杨萍萍，冯长凯. 可展开伸缩套管式伸展臂结构设计与分析 ［J］. 电子科技，2008，21（9）：8－11.

［19］Leipold M, Runge H, Sickinger C. Large SAR membrane antennas with leightweight deployable booms ［C］//Proceedings of the 28th ESA Antenna Workshop on Space Antenna Systems and Technol－ogies, ESA/ESTEC, 2005.

［20］Straubel M, Block J, Sinapius M, et al. Deployable composite booms for various gossamer space structures ［C］//52nd AIAA/ASME/ASCE/AHS/ASC Structures, Structural Dynamics and Materials Conference, 4－7 April 2011：AIAA 2011.

［21］Michael E Peterson, Thomas W Murphey. Large deformation bending of thin composite tape spring laminates ［C］//54th AIAA/ASME/ASCE/AHS/ASC Structures, Structural Dynamics, and Materials Conference. April 8－11, 2013, Boston, Massachus－etts, AIAA 2013－1667.

［22］Witold M Sokolowski, Seng C Tan, Mark K Pryor. Lightweight shape memory self－deployable structures for gossamer applications ［C］//45th AIAA/ASME/ASCE/AHS/ASC Structures, Structural Dynamics & Materials Conference 19－22 April 2004, Palm Springs, California, AIAA 2004－1660.

［23］张展智，赵国伟，焦景勇，等. 空间薄壁式伸展臂的展开仿真与卷曲方式研究 ［J］. 宇航学报，2013，34（3）：299－307.

［24］Omer Soykasap. Deployment analysis of a self－deployable composite boom ［C］. Composite Structures, 2009, 89：374－381.

［25］Tang－Tat Ng and Thomas W. Murphey. A novel deployable boom with flexible hinges ［C］//46th AIAA/ASME/ASCE/AHS/ASC Structures, Structural Dynamics & Materials Conference, 18－21 April 2005, Austin, Texas, AIAA 2005－2197.

［26］Sim A, Santer M. Analysis of a segmented compliant deployable boom for CubeSat magnetometer missions ［C］//51st AIAA/ASME/ASCE/AHS/ASC Structures, Structural Dynamics, and Materials Conference 18th 12－15 April 2010,

Orlando, Florida, AIAA 2010 – 2581.

[27] Karen H Lyle, Lucas G Horta. Deployment analysis of a simple tape – spring hinge using probabilistic methods [C]//53rd AIAA/ASME/ASCE/AHS/ASC Structures, Structural Dynamics and Materials Conference20th AI 23 – 26 April 2012, Honolulu, Hawaii, AIAA 2012 – 1915.

[28] Bavdaz M, Gondoin P, Wallace K, et al. IXO system studies and technology preparation [C]//Submitted to SPIE, July 2009.

[29] Tibert G. Deployable tensegrity structures for space applications [C]//Royal Institute of Technology, Stockholm, 2002.

[30] Gross D, Messner D. The able deployable articulated mast – enabling technology for the shuttle radar topography mission [C]//Proceedings of the 33rd Aerospace Mechanisms Symposium, 1999.

[31] 檀傈锰, 白化同, 程刚, 等. 大型可展收支撑臂模态试验研究 [J]. 航天器工程, 2012, 21 (6): 125 – 130.

[32] 马凯, 程刚, 彭慧莲, 等. 刚柔耦合状态下索杆式伸展臂多体动力学研究 [J]. 航天器工程, 2011, 20 (3): 70 – 74.

[33] 赵浩江, 刘荣强, 郭宏伟, 等. 桁架式支撑臂模态分析与振动主动控制研究 [J]. 机械设计与制造, 2012 (4): 4 – 6.

[34] 赵孟良, 吴开成, 关富玲. 空间可展桁架结构动力学分析 [J]. 浙江大学学报 (工学版), 2005, 39 (11): 1669 – 1674.

[35] 刘荣强, 郭宏伟, 邓宗全. 空间索杆铰接式伸展臂设计与试验研究 [J]. 宇航学报, 2009, 30 (1): 315 – 320.

[36] 郭宏伟, 刘荣强, 邓宗全, 等. 空间索杆式伸展臂展开过程力学分析与仿真 [J]. 机械设计, 2008, 25 (7): 31 – 34.

[37] 谢铁华, 关富玲, 苏斌, 等. 空间索杆式展开结构的动力学研究与分析 [J]. 空间结构, 2004, 10 (3): 48 – 54.

[38] 杨玉龙, 张土乔, 关富玲, 等. 连杆机构伸展臂结构方案的设计和研究 [J]. 空间结构, 1999, 5 (3): 47 – 53.

[39] Matthew J Santer. Deployable CubeSat truss structures with compliant shape

memory hinges［C］//54th AIAA/ASME/ASCE/ AHS/ASC Structures, Structural Dynamics, and Materials Conference April 8 – 11, 2013, Boston, Massachusetts, AIAA 2013 – 1673.

［40］戈冬明, 陈务军, 付功义, 等. 铰接盘绕式空间伸展臂屈曲分析理论研究［J］. 工程力学, 2008, 25（6）：176 – 180.

［41］薛纭, 翁德玮. 空间伸展臂由力螺旋控制的弹性盘绕折叠［J］. 机械设计与研究, 2009, 25（5）：108 – 110.

［42］Hillebrandt M, Straubely M, Huhnez C et al. A new deployable truss for gossamer space structures［C］//53rd AIAA/ASME/ASCE/AHS/ASC Structures, Structural Dynamics and Materials Conference 20th AI23 – 26 April 2012, Honolulu, Hawaii, AIAA 2012 – 1584.

［43］Puig L, Barton A, Rando N. A Review on large deployable structures for astrophy – sics missions［C］//Acta Astronautica 67, 2010：12 – 26.

［44］陈务军, 关富玲, 陈向阳. 可折叠航天结构展开动力学分析［J］. 计算力学学报, 1999, 16（4）：397 – 402.

［45］Furuya H, Yokoyama J. Bending properties of bellows – type inflatable tube elements［C］//54th AIAA/ASME/ASCE/ AHS/ASC Structures, Structural Dynamics, and Materials Conference April 8 – 11, 2013, Boston, Massachusetts, AIAA 2013 – 1865.

［46］Michael A Brown. Concept design of deployable isogrid booms［C］//52nd AIAA/ASME/ASCE/AHS/ASC Structures, Structural Dynamics and Materials Conference 19th 4 – 7 April 2011, Denver, Colorado, AIAA 2011 – 2020.

［47］Natori M C, Nobuhisa Katsumata, Nobukatsu Okuizumi. Deployable membrane structures with rolled – up booms and their deployment characteristics［C］//54th AIAA/ASME/ASCE/AHS/ASC Structures, Structural Dynamics, and Materials Conference. April 8 – 11, 2013, Boston, Massachusetts, AIAA 2013 – 1596.

［48］Sickinger C, Herbeck L, Strohlein T, et al. Lightweight deployable booms：Design, manufacture, verification, and smart materials application［C］//55th International Astronautical Congress 2004, Vancouver, Canada. IAC – 04 – I. 4. 10.

[49] Irwin R J, Veen J, Buchner – Santos E, et al. Low – mass deployable spacecraft booms [C]//AIAA SPACE 2010 Conference & Exposition. 2010 – 8926.

[50] Greschik G, Mikulas M M, Freeland R E. The nodal concept of deployment and the scale model testing of its application to a membrane antenna [C]// 40th Structures, Structural Dynamics, and Materials Conference and Exhibit. 1999: 2546 – 2554.

[51] Campbell J, Smith S W, Main J A, et al. Staged microgravity deployment of a pressurizing scale – model spacecraft [J]. Journal of Spacecraft and Rockets, 2004, 41 (4): 534 – 542.

[52] Clem A, Smith S, Main J. Experimental results regarding the inflation of unfolding cylindrical tubes [C]//Aiaa Applied Aerodynamics Conference, 2001.

[53] 刘晓峰, 杜星文, 谭惠丰. 薄膜充气管充气展开特性试验 [J]. 上海航天, 2007, 24 (6): 56 – 60.

[54] Welch A, Smith S, Main J. Experimental results regarding two – dimensional deployment of inflatable beams [J]. Aiaa Journal, 2013.

[55] Lou M, Fang H, Hsia L M. A combined analytical and experimental study on space inflatable booms [C]//IEEE Aerospace Conference Proceedings, 2000 IEEE Aerospace Conference, Big Sky, MT, 2000, 2: 503 – 512.

[56] Pappa R S, Lassiter J O, Ross B P. Structural dynamics experimental activities in ultralightweight and inflatable space structures [J]. Journal of Spacecraft and Rockets, 2003, 40 (1): 15 – 23.

[57] 管瑜. 充气展开自硬化支撑管的设计与分析 [D]. 杭州: 浙江大学, 2006.

[58] Tsunoda H, Senbokuya Y, Watanabe M. Deployment method of space inflatable structures using folding crease patterns [C]//Aiaa/asme/asce/ahs/asc Structures, Structural Dynamics, & Materials Conference, 2006.

[59] Senda K, Ohta S, Igarashi Y, et al. Deploy experiment of inflatable tube using work hardening [C]//47th AIAA/ASME/ASCE/AHS/ASC Structures, Struc-

tural Dynamics, and Materials Conference 14th AIAA/ASME/AHS Adaptive Structures Conference 7th, 2006.

[60] Fukuoka N. Deployment experiment on inflatable tubes of polygon folding under airplane microgravity [C]//International Astronautical Congress of the International Astronautical Federation, 2013.

[61] D Lichodziejewski, Cravey R, Hopkins G. Inflatably deployed membrane waveguide array antenna for space [J]. AIAA Journal, 2003.

[62] Palisoc A L, Redell F H, Andersen G. Deployment and structural support of space membrane optics system using rigidizable conical booms [J]. American Society of Civil Engineers, 2004: 946 – 953.

[63] Block J, Straubel M, Wiedemann M. Ultralight deployable booms for solar sails and other large gossamer structures in space [J]. Acta Astronautica, 2011.

[64] Colin Robert McInnes. Solar Sailing: Technology, dynamics and mission applications [M]. Praxis Publishing Ltd, Chichester, UK, 1999: 36 – 40.

[65] Matloff G. The Solar Photon Sail: History, Current Status and Future Prospects [J]. Space Chronicle: JBIS, 2011, 64 (2): 58 – 71.

[66] 霍倩, 饶哲, 周春燕. 太阳帆航天器展开结构技术综述 [J]. 航天控制, 2013, 31 (2): 94 – 99.

[67] Leipold M, Eiden M, Garner C E, et al. Solar sail technology development and demonstration [J]. Acta Astronautica, 2003, 52: 317 – 326.

[68] Nishimura Y, Tsuda Y, Mori O, et al. The deployment experiment of solar sail With a sounding rocket [C]//55th International Astronautical Congress, Vancouver, Canada, 2004: 2278 – 2285.

[69] Takeuchi S, Tsuda Y, Mori O, et al. Deployment experiment result of solar sail using sounding rocket [C]//55th International Astronautical Congress, Vancouver, Canada, 2004: 468 – 475.

[70] 陈罗婧. 太阳帆航天器推进技术及其在轨试验 [C]//第二十三届全国空间探测学术交流会, 厦门, 2010.

[71] 黄河. 宇宙 1 号太阳帆航天器 [J]. 太阳能, 2005 (5): 27 – 29.

[72] Alhorn D C, Casas J P, Agasid E F, et al. NanoSail – D: The small satellite that could [R]. National Aeronautics and Space Administration, Huntsville, AL. George C. Marshall Space Flight Center, 2011.

[73] Johnson L, Whorton M, Heaton A, et al. NanoSail – D: A solar sail demonstration mission [J]. Acta astronautica, 2011, 68 (5/6): 571 – 575.

[74] Vaios Lappas, Nasir Adeli, Lourens Visagie, et al. CubeSail: A low cost CubeSat based solar sail demonstration mission [J]. Advances in Space Research, 2011, 48: 1890 – 1901.

[75] Muta A, Matunaga S, Okuizumi N. High vacuum experiment of spinning deloyment using scaled – down model for solar sail [C]//61st International Astronautical Congress, Prague, CZ, 2010.

[76] Sawada H. Development of IKAROS mission system to expand Solar Power Sail [C]//61st International Astronautical Congress, Prague, CZ, 2010.

[77] Tsuda Y, Mori O, Funase R, et al. Flight status of IKAROS Deep Space Solar Sail Demonstrator [C]//61st International Astronautical Congress, Prague, CZ, 2010.

[78] Kawaguchi J, Mimasu Y, Mori O, et al. IKAROS – Ready for lift – off as the world's first solar sail demonstration in interplanetary space [C]//60th International Astronautical Congress, 2009.

[79] 沈自才, 张帆, 赵春晴, 等. IKAROS 太阳帆的关键技术分析与启示 [J]. 航天器工程, 2012, 21 (2): 101 – 107.

[80] Mori O, Tsuda Y, Sawada H, et al. World's first mission of solar power sail by IKAROS [J]. Space, Aeronautical and Navigational Electronics, 2010, 110 (250): 155 – 160.

[81] 荣思远, 刘家夫, 崔乃刚, 等. 太阳帆航天器研究及其关键技术综述 [J]. 上海航天, 2011, 28 (2): 53 – 62.

[82] 王伟志. 太阳帆技术综述 [J]. 航天返回与遥感, 2007, 28 (2): 1 – 4.

[83] Kobayashi H, Kresling B, Vincent J F V. The geometry of unfolding tree leaves [J]. The Royal Society, 1998, 265: 147 – 154.

［84］ Natori M, Shinjyuku, Kishimoto N, et al. Morphological concepts on efficient space structures with deployable and/or adaptive functions ［C］//49th AIAA/ASME/ASCE/AHS/ASC Structures, Structural Dynamics, and Materials Conference, Schaumburg, IL, 2008.

［85］ Furuya H, Inoue Y, Masuoka T. Deployment characteristics of rotationally skew fold membrane for spinning solar sail ［C］//46th AIAA/ASME/ASCE/AHS/ASC Structures, Structural Dynamics & Materials Conference, Austin, Texas, 2005.

［86］ Furuya H, Inoue Y. Dynamic properties of rotationally skew fold membrane for spinning solar sail ［C］//47th AIAA/ASME/ASCE/AHS/ASC Structures, Structural Dynamics, and Materials Conference, Newport, Rhode Island, 2006.

［87］ 陈丽. 薄膜抛物面反射器的圆柱式折叠研究 ［D］. 哈尔滨：哈尔滨工业大学, 2007.

［88］ 冯维明, 张敦福, 王玲华. 工程力学 ［M］. 北京：国防工业出版社, 2008.

［89］ Miura K, Natori M. 2 - D array experiment on board a space flyer unit ［J］. Space Solar Power Review, 1985, 5 （4）: 345 - 356.

［90］ Miura K. Method of packaging and deployment of large membranes in space ［R］. The Institute of Space and Astronautical, 1980.

［91］ Horner G C, Elliott M D. Fabrication and deployment approach for a Miura - Ori solar sail model ［C］//43rd AIAA/ASME/ASCE/AHS/ASC Structures, Structural Dynamics, and Materials Conference, Denver, Colorado, 2002.

［92］ Wright T, Laue G, Horner G. A practical approach to large - area solar sail assembly utilizing the Miura - Ori folding technique ［C］//39th AIAA/ASME/SAE/ASEE Joint Propulsion Conference and Exhibit, Huntsville, Alabama, 2003.

［93］ Papa A, Pellegrino S. Mechanics of systematically creased thin - film membrane structures ［C］//46th AIAA/ASME/ASCE/AHS/ASC Structures, Structural Dynamics & Materials Conference, Austin, Texas, 2005.

［94］ DeFocatiis DSA., SD. G. Deployable membranes designed from folding tree leaves ［J］. Philosophical Transactions of the Royal Society. Mathematical,

Physical, and Engineering Sciences, 2002, 360 (1791): 227 – 238.

[95] 钱航, 郑建华, 李明涛, 等. 星际探测太阳帆行星和太阳借力轨道全局优化 [J]. 国防科技大学学报, 2016, 38 (1): 137 – 142.

[96] 钱航, 郑建华, 吴霞, 等. 非理想太阳帆受阴影影响的地球逃逸轨道探讨 [J]. 航天器工程, 2014, 23 (2): 19 – 23.

[97] 钱航, 郑建华, 于锡峥, 等. 太阳帆航天器悬浮轨道动力学与控制 [J]. 空间科学学报, 2013, 33 (4): 458 – 464.

[98] 钱航, 郑建华, 于锡峥, 等. 太阳帆航天器移位轨道设计 [J]. 航天器工程, 2012, 21 (6): 25 – 29.

[99] 钱航, 郑建华. 太阳帆航天器行星际轨道转移优化算法 [J]. 空间控制技术与应用, 2012, 38 (1): 18 – 22.

[100] 钱航, 马鑫, 郑建华, 等. 大型柔性太阳帆航天器姿态动力学建模研究 [C]//全国第十六届空间及运动体控制技术学术会议, 哈尔滨, 2014: 42 – 47.

[101] 钱航, 郑建华, 于锡峥, 等. 考虑地影的非理想太阳帆地球逃逸轨道设计 [C]//2013 年航空宇航科学与技术全国博士生学术论坛, 湖南长沙, 2013: 271 – 278.

[102] 钱航, 郑建华, 于锡峥, 等. 飞向日心悬浮轨道的太阳帆航天器轨迹优化设计 [C]//中国宇航学会深空探测技术委员会第十届学术年会, 山西太原, 2013: 240 – 245.

[103] 钱航, 郑建华. 太阳帆航天器悬浮轨道控制 [C]//全国第十五届空间及运动体控制技术学术会议, 吉林长春, 2012: 274 – 279.

[104] 马鑫, 杨萱, 杨辰, 等. 太阳帆航天器姿态控制滚转轴稳定机设计 [J]. 红外与激光工程, 2014, 43 (S): 72 – 77.

[105] Gong S P, Li J F. Fuel consumption for interplanetary missions of solar sailing [J]. Science China Technological Sciences, 2014, 57 (3): 521 – 531.

[106] He J, Gong S P, Jiang F, et al. Time – optimal rendezvous transfer trajectory for restricted cone – angle range solar sails [J]. Acta Mechanica Sinica, 2014, 30 (5): 628 – 635.

［107］ Gong S, Li J. Solar sail halo orbit control using reflectivity control devices ［J］. Transactions of the Japan Society for Aeronautical and Space Sciences, 2014, 57 （5）: 279 - 288.

［108］ Gong S P, Li J F, Spin - stabilized solar sail for displaced solar orbits ［J］. Aerospace Science and Technology, 2014, 31 （1）: 188 - 199.

［109］ Hu X S, Gong S P, Li J F. Attitude stability criteria of axisymmetric Solar Sail ［J］. Advances in Space Research, 2014, 54 （1）: 72 - 81.

［110］ Zhang J, Wang T S, Gong S P. Influence of attitude control on orbital plane change for flexible solar sail ［C］//The 3rd International Symposium on Solar Sail, Glasgow, 2013.

［111］ Mu J S, Gong S P, Li J F. Coupled attitude – orbit dynamics and control of reflectivity modulated solar sail GeoSail formation flying ［C］//The 3rd International Symposium on Solar Sail, Glasgow, 2013.

［112］ He J, Gong S P, Li J F. The solar radiation pressure force models for a general sail surface shape ［C］//The 3rd International Symposium on Solar Sail, Glasgow, 2013.

［113］ 曾祥远, 龚胜平, 李俊峰, 等. 应用太阳帆悬停探测哑铃形小行星 ［C］//中国宇航学会深空探测技术专业委员会第十一届学术年会, 2014.

［114］ 龚胜平, 等, 太阳帆航天器动力学与控制 ［M］. 北京: 清华大学出版社, 2014.

［115］ 高鸿, 等. 空间领域用高性能聚酰亚胺薄膜现状与发展 ［J］. 航天器环境工程, 2014, 31 （3）: 248 - 253.

［116］ Liu Y, Wu S, Wu Z, et al. Dynamic characteristics of geosynchronous Laplace orbit for space solar power station ［J］. Chinese Space Science & Technology, 2016, 36 （5）: 1 - 8.

［117］ Li S, Jiang X, Liu Y. Innovative Mars entry integrated navigation using modified multiple model adaptive estimation ［J］. Aerospace Science and Technology, 2014, 39: 403 - 413.

［118］ Liu Y, Yang C. Contrastive study on solar radiation pressure force model for solar sail [C]//33rd Chinese Control Conference (CCC). IEEE, 2014.

[119] Liu Y, Zhou L, Cheng Z, et al. Simulation analysis of attitude – orbit – vibration coupling characteristics of the solar sail [C]//36rd Chinese Control Conference (CCC). IEEE, 2017.

[120] Huang Xiaoqi, Wang Li, Liu Yufei, et al. Numerical analysis on the deployment and folding process of large – scale solar sail membrane [J]. Zhongguo Kongjian Kexue Jishu (Chinese Space Science & Technology), 2014, 34 (4): 31 – 38.

[121] Liu Y, Cheng Z, Huang X. Solar sail interplanetary orbit design for multiple main belt asteroids exploration mission [C]//第 37 届中国控制会议, 2018.

[122] Liu F, Hu Q, Liu Y. Attitude dynamics of electric sail from multibody perspective [J]. American Institute of Aeronautics and Astronautics, 2008, 41: 1 – 14.

[123] Wu S, LiuYufei, Radice Gianmarco, et al. Autonomous pointing control of a large satellite antenna subject to parametric uncertainty [J]. Sensors, 2017, 17 (3): 560.

[124] Wang E, Wu S, Liu Y, et al. Distributed vibration control of a large solar power satellite [J]. Astrodynamics, 2019, 3 (2): 189 – 203.

[125] 霍明英, 齐乃明, 刘宇飞, 等. 电动帆改进推力模型及深空探测性能分析 [J]. 动力学与控制学报, 2018, 16 (2): 6.

[126] Huo M, Zhang G, Qi N, et al. Initial trajectory design of electric solar wind sail based on finite Fourier series shape – based method [J]. IEEE Transactions on Aerospace and Electronic Systems, 2019, 55 (6): 3674 – 3683.

[127] Wei J, Ma R, Liu Y, et al. Modal analysis and identification of deployable membrane structures [J]. Acta Astronautica, 2018, 152: 811 – 822.

[128] Cheng Z, Liu Y, Huang X, et al. Fold – deployment concept and prototype design for air – inflatable solar sail [C]//66th International Astronautical Congress, 2015.

[129] Cheng Zhengai, Huang Xiaoqi, Liu Yufei, et al. High cost – effectiveness deb-

ris removal platform with self – assembly modular solar sail units ［J］.

［130］ 成正爱，刘宇飞，卫剑征，等．太阳帆折叠展开及支撑包装结构设计 ［C］//2014 年可展开空间结构学术会议摘要集，2014.

［131］ 成正爱，柳青，冯展祖，等．空间带电粒子辐照与预应力耦合作用对功能形面薄膜结构性能影响研究 ［J］．空间电子技术，2021，18（5）：7.

［132］ 黄小琦，王立，刘宇飞，等．大型太阳帆薄膜折叠及展开过程数值分析 ［J］．中国空间科学技术，2014，34（4）：31－38.

［133］ 黄小琦，王立，刘宇飞，等．太阳帆表面薄膜空间电子辐照性能研究 ［J］．真空与低温，2014，20（3）：154－157.

［134］ Huang Xiaoqi，Liu Yufei，Zhang Xinghua，et al．Ground testing of solar sail ［C］//4th International Solar Sail symposium，2017.

［135］ Huang Xiaoqi，Cheng Zhengai，Liu Yufei，et al．Study on solar sail folding patterns ［C］//5th International Solar Sail symposium，2019.

［136］ 成正爱，刘宇飞，张兴华，等．面向采用充气辅助自回弹式支撑臂太阳帆的支撑包装结构：中国，CN103466197A ［P］．2013－12－25.

［137］ 刘海涛，刘宇飞，王立，等．一种具有电磁波收发能力的太阳光压推力获取结构：中国，CN104092005B ［P］．2016－06－29.

［138］ 杨辰，刘宇飞，张兴华，等．一种太阳帆结构有限元快速建模与后处理方法：中国，CN103886126A ［P］．2014－06－25.

［139］ 黄小琦，刘宇飞，王立，等．一种适于分块方形支撑杆型太阳帆帆面折叠技术：中国，CN103863580A ［P］．2014－06－18.

［140］ 刘宇飞，卫剑征，王立，等．一种用于大型薄膜结构展开的支撑臂：中国，CN104085541A ［P］．2014－10－08.

［141］ 刘宇飞，成正爱，黄小琦，等．一种利用太阳光压力驱动的深空太阳帆航天器：中国，CN104058105A ［P］．2014－09－24.

［142］ 杨辰，刘宇飞，张兴华，等．确定有效推进加速度折损的太阳帆瞬态动力学分析方法：中国，CN104484498A ［P］．2015－04－01.

［143］ 成正爱，黄小琦，刘宇飞，等．一种模块化太阳帆可组装重构的天基碎片清除平台和方法：中国，CN109279050A ［P］．2019－01－29.

索 引

W ~ X

（王彦祥、张若舒　编制）

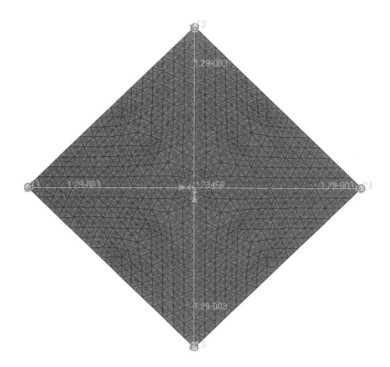

图 2 - 8　有限元模型

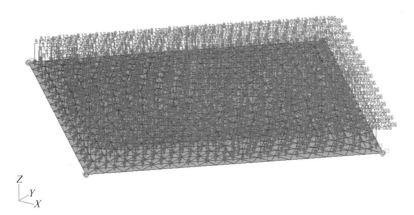

图 2 - 9　有限元模型节点编号

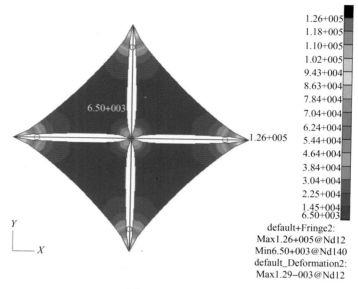

图 2 - 10　应力云图

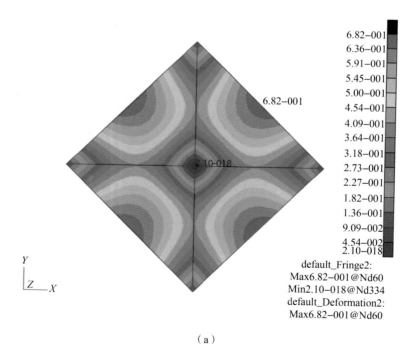

（a）

图 2 - 11　静力分析

（a）位移云图

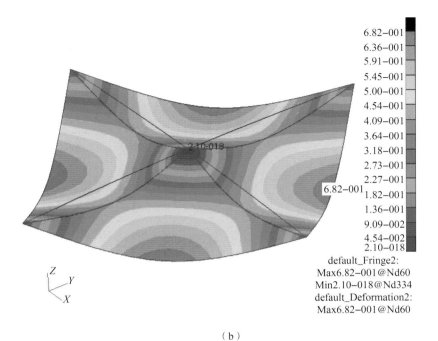

6.82−001
6.36−001
5.91−001
5.45−001
5.00−001
4.54−001
4.09−001
3.64−001
3.18−001
2.73−001
2.27−001
1.82−001
1.36−001
9.09−002
4.54−002
2.10−018

2.10-018

6.82−001

default_Fringe2:
Max6.82−001@Nd60
Min2.10−018@Nd334
default_Deformation2:
Max6.82−001@Nd60

（b）

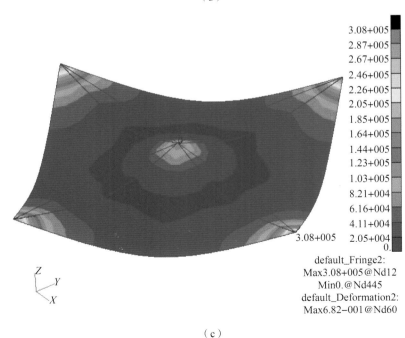

3.08+005
2.87+005
2.67+005
2.46+005
2.26+005
2.05+005
1.85+005
1.64+005
1.44+005
1.23+005
1.03+005
8.21+004
6.16+004
4.11+004
2.05+004
0.

3.08+005

default_Fringe2:
Max3.08+005@Nd12
Min0.@Nd445
default_Deformation2:
Max6.82−001@Nd60

（c）

图 2 – 11 静力分析（续）

（b）最大位移云图；（c）应力云图

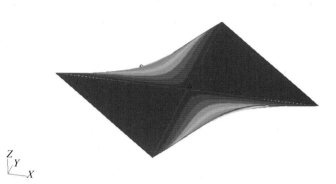

图 2 − 13　第 2 阶振型

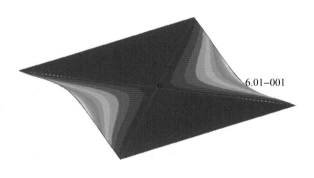

6.01−001

图 2 − 14　第 3 阶振型

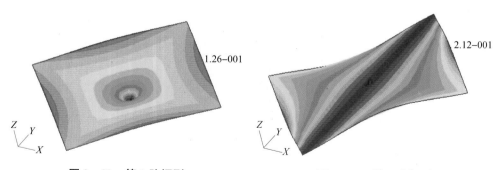

1.26−001

2.12−001

图 2 − 20　第 1 阶振型　　　　　　　图 2 − 21　第 2 阶振型

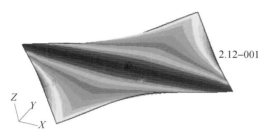

2.12-001

图 2-22 第 3 阶振型

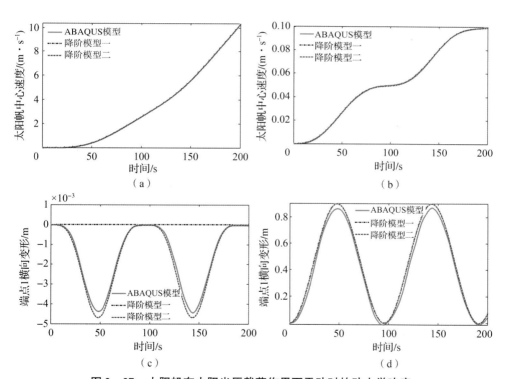

（a）

（b）

（c）

（d）

图 2-27 太阳帆在太阳光压载荷作用下平动时的动力学响应

（a）太阳帆中心的位移响应曲线；（b）太阳帆中心的速度响应曲线；

（c）端点的纵向变形响应曲线；（d）端点的横向变形响应曲线

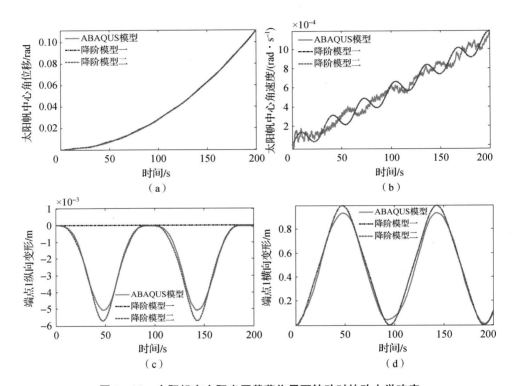

图 2 – 28　太阳帆在太阳光压载荷作用下转动时的动力学响应

（a）太阳帆中心的角位移响应曲线；（b）太阳帆中心的角速度响应曲线；

（c）端点的纵向变形响应曲线；（d）端点的横向变形响应曲线

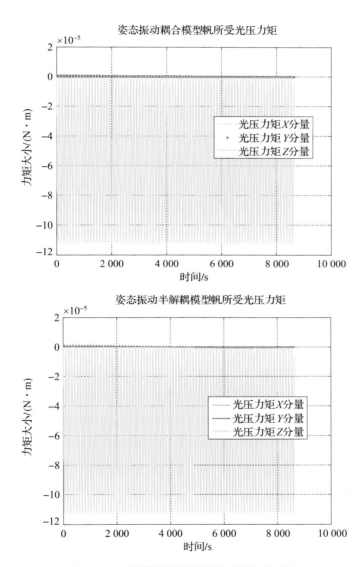

图 2-34 两模型中帆所受的光压力矩对比

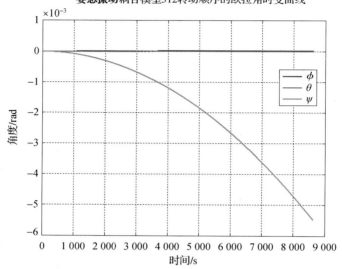

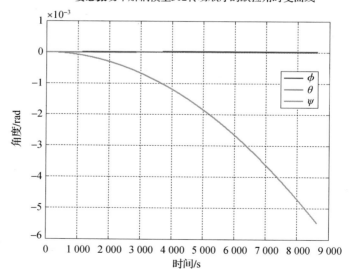

图 2-35 两模型情况下太阳帆姿态欧拉角对比

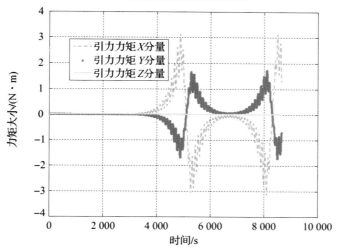

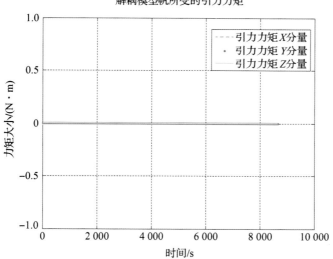

图 2 – 39 两模型下太阳帆所受引力梯度力矩

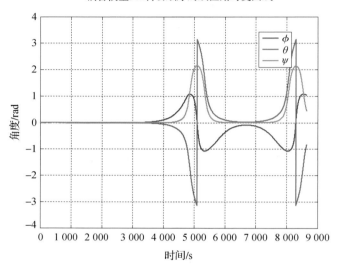

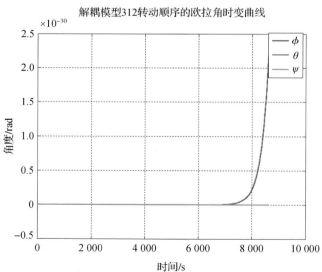

图 2-40　两模型下太阳帆姿态欧拉角的变化

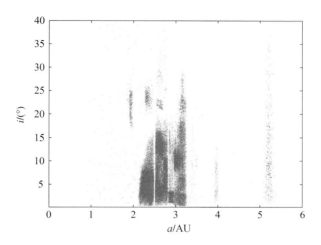

图3-1　已发现的小行星半长轴与倾角的关系统计

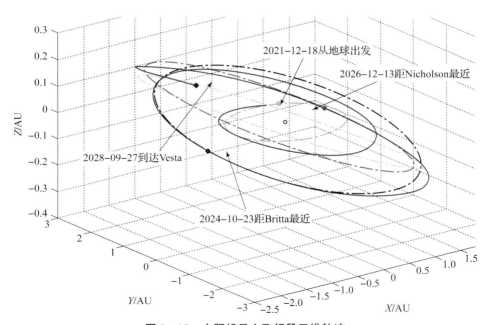

图3-15　太阳帆日心飞行段三维轨迹

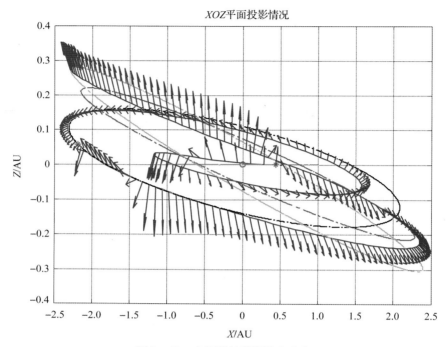

图 3 – 19 太阳帆的帆面法向定向

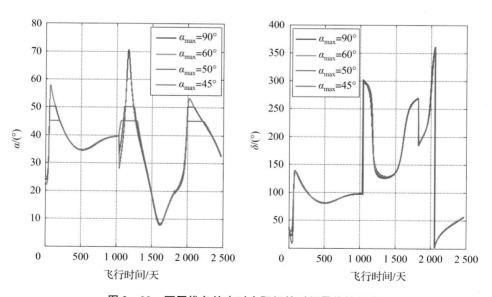

图 3 – 23 不同锥角约束时太阳帆的时间最优控制律

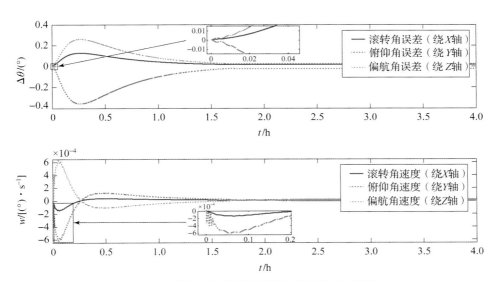

图 3 – 44　挠性太阳帆姿态稳定控制的姿态变化图

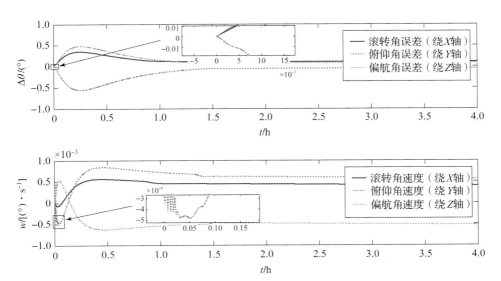

图 3 – 46　挠性太阳帆姿态机动控制的姿态变化

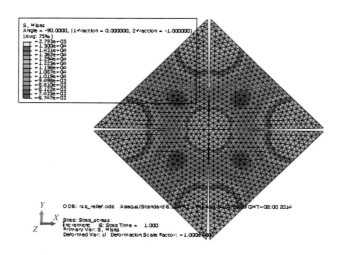

图 4 – 2　方形帆预应力仿真结果

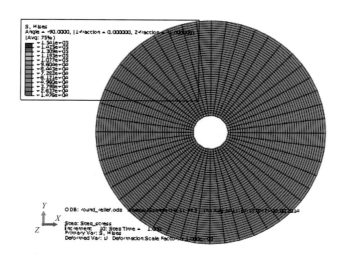

图 4 – 3　环形帆预应力仿真结果

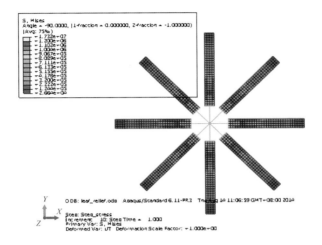

图 4 - 4　叶形帆预应力仿真结果

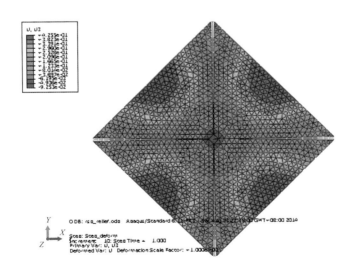

图 4 - 5　方形帆光压静变形仿真结果

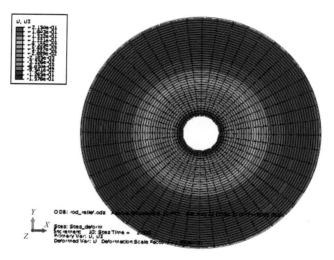

图 4 – 6　环形帆光压静变形仿真结果

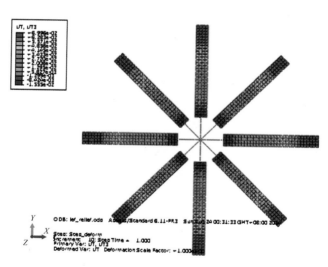

图 4 – 7　叶形帆光压静变形仿真结果

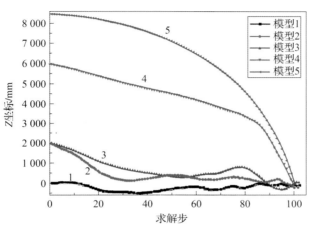

图 4 - 66　模型 Z 坐标变化曲线

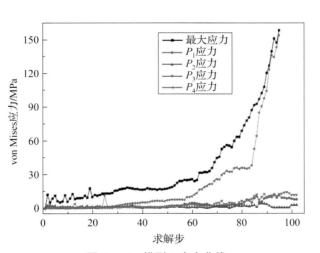

图 4 - 68　模型 1 应力曲线

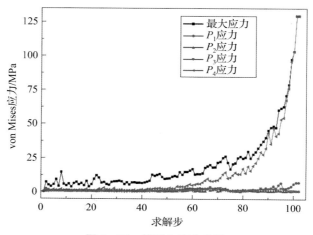

图 4 - 70　模型 2 应力曲线

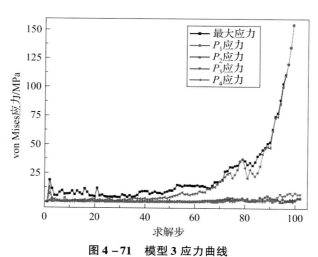

图 4 - 71　模型 3 应力曲线

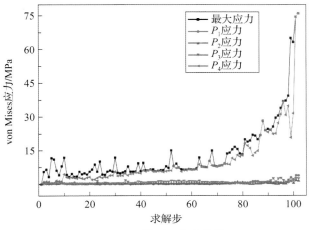

图 4 − 73 模型 4 应力曲线

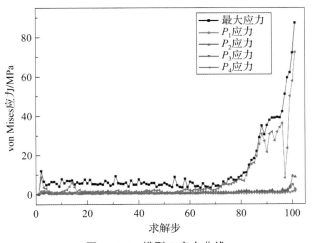

图 4 − 75 模型 5 应力曲线

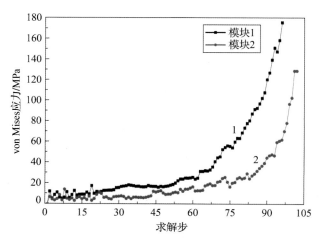

图 4 - 76　两种折叠宽度模型最大应力曲线

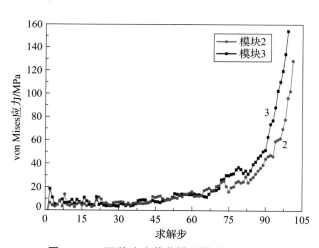

图 4 - 77　两种速度载荷模型最大应力曲线

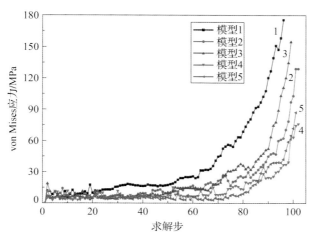

图 4 - 78　最大应力曲线

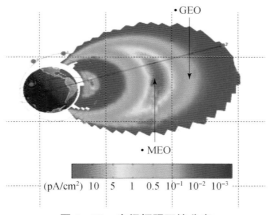

图 4 - 92　空间辐照环境分布

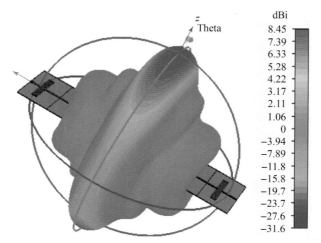

图 4 - 98　太阳帆 "帆面" 复用为低增益天线的辐射方向图

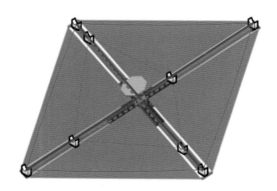

———— 滑块相对位置1的通信链路
———— 滑块相对位置1的通信区域
-------- 滑块相对位置2的通信链路
-------- 滑块相对位置2的通信区域

图 4 - 104　太阳帆展开过程节点拓扑变化

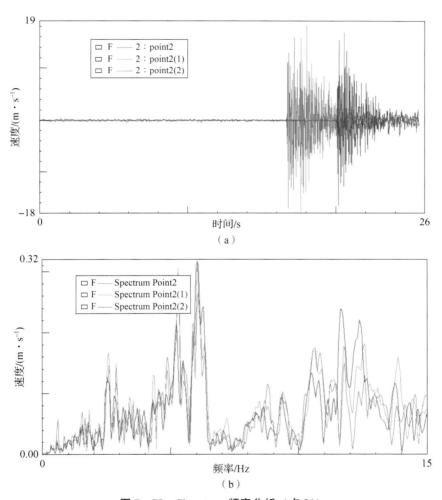

图 5 – 78 Signature 频率分析（点 21）

（a）采集的速度 – 时间信号；（b）响应信号的 FFT 曲线（3 次测量）

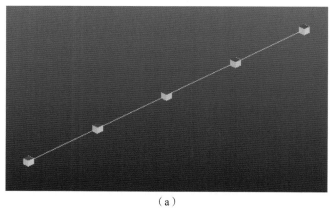

（a）

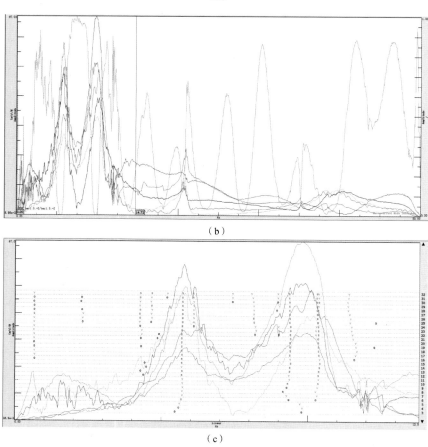

（b）

（c）

图 5 - 79　支撑臂模态测试过程

（a）LMS 中建立的测量模型；（b）响应信号的 FFT 曲线（5 个测量点，每点测 3 次取平均）；

（c）测量结果中固有频率的选取（5 个测量点，每点测 3 次取平均）